Hochschultext

Michael Klemm

Symmetrien von Ornamenten und Kristallen

Mit 89 Abbildungen

Springer-Verlag
Berlin Heidelberg New York 1982

Michael Klemm

Fachbereich Mathematik der Universität Mainz,
Saarstraße 21, 6500 Mainz

AMS Subject Classifications (1980): 10Exx, 15-XX, 20H15,
82A60

ISBN-13: 978-3-540-11644-8   e-ISBN-13: 978-3-642-68625-2
DOI: 10.1007/978-3-642-68625-2

CIP-Kurztitelaufnahme der Deutschen Bibliothek.
Klemm, Michael:
Symmetrien von rnamenten und Kristallen / Michael Klemm.
- Berlin; Heidelberg; New York: Springer, 1982.
(Hochschultext)
ISBN-13: 978-3-540-11644-8

2144/3140-543210

VORWORT

Dieses Buch behandelt zwei miteinander verwandte Themenkreise:

1) Die Theorie der diskreten Bewegungsgruppen in Euklidischen Räumen beliebiger Dimension.

Diese Theorie wurde von Bieberbach und Frobenius entwickelt. Ihr Inhalt sind verschiedene Beschreibungen der sogenannten Raumgruppen, sowie der Satz, daß es bei vorgegebener Dimension des Raumes bis auf Äquivalenz nur endlich viele Raumgruppen gibt. Daneben sind Abschätzungen für die Ordnung einer endlichen Matrizengruppe von Interesse.

2) Die Aufzählung der Ornament- und Kristallgruppen, also der Raumgruppen für die Dimensionen 2 und 3.

Diese Aufzählung erfolgt hier im Gegensatz zu den geometrischen Ableitungen von Fedorow und Schoenflies mit Hilfe einer algebraischen Methode, die Burckhardt das Lösen der Frobeniusschen Kongruenzen genannt hat. Diese Methode wurde von Zassenhaus präzisiert und als Algorithmus formuliert, später dann für den Einsatz von Computern ausgearbeitet. Es sei erwähnt, daß Brown, Bülow, Neubüser, Wondratschek und Zassenhaus auf diesem Wege nicht nur die 230 Kristallgruppen nachgerechnet, sondern auch 4895 vierdimensionale Raumgruppen aufgefunden haben.

Das Buch wendet sich an Studenten und Dozenten der Mathematik, denen es als Proseminartext oder Begleitbuch zur Vorlesung dienen soll.
Die Darstellung setzt Grundkenntnisse in linearer Algebra und einige Definitionen aus der Gruppentheorie voraus, Übungsaufgaben dienen der Vertiefung des Stoffs. Auf die Bedeutung der dreidimensionalen Raum-

und Punktgruppen für die Kristallgeometrie und die Kristallphysik der Kontinua wird eingegangen, andere Gebiete der Kristallographie bleiben dagegen unberücksichtigt. Für den Schulunterricht habe ich eine Liste der diskreten Bewegungsgruppen der Ebene mit jeweils einer Illustration und der zugehörigen Symmetriekarte angefertigt.

Den Herren Dempwolff und Kurzweil danke ich für ihr aufmerksames und kritisches Lesen der Korrekturen und Herrn Huppert für sein hilfreiches Interesse an der Entstehung des Buches. Für die sorgfältige Niederschrift bedanke ich mich bei Frau Breitenbücher, für die Ausführung der Zeichnungen bei Frau Bambach und Frau Feyerherd.

Mainz, November 1981 Michael Klemm

INHALTSVERZEICHNIS

Einleitung: Die Symmetrien von Kristallen 1

Einleitung: Die diskreten Bewegungsgruppen der Ebene 4

§ 1. Bewegungen 15

§ 2. Gitter 27

§ 3. Raumgruppen 46

§ 4.* Diskrete Untergruppen von AU(n,ℂ) 55

§ 5.* Endliche Untergruppen von GL(n,ℤ) 67

§ 6. Erweiterungen von Gruppen 74

§ 7. Netze und Punktgruppen der Ebene 91

§ 8. Die 17 Ornamentgruppen 99

§ 9. Die endlichen orthogonalen Gruppen des dreidimensionalen Raumes 103

§ 10. Die 32 geometrischen Kristallklassen und ihre Bedeutung in der Kristallphysik 121

§ 11.* Die arithmetische und die geometrische Äquivalenz von Punktgruppen 142

§ 12. Die arithmetischen Kristallklassen und Gitter (Bravaisgitter) des dreidimensionalen Raumes 146

§ 13.* Die Reduktionsbedingungen für ternäre quadratische Formen 161

§ 14. Die 230 Raumgruppen 171

§ 15.* Raumgruppen, deren Punktgruppen eine Gitterbasis permutieren 200

§ 16.* Irreduzible Darstellungen von Raumgruppen 205

Literaturverzeichnis 211

Symbole 212

Personen- und Sachverzeichnis 213

Etwas schwierigere Teile sind mit * bezeichnet. Die Sätze, Definitionen usw. sind innerhalb der Paragraphen durchnumeriert, mit A 2.3 wird die 3. Aufgabe von § 2 bezeichnet.

DIE SYMMETRIEN VON KRISTALLEN

Die in der Natur vorkommenden oder vom Menschen hergestellten anorganischen und organischen Festkörper sind im Normalfall kristallin, bestehen also aus mehr oder weniger großen Systemen, innerhalb derer die atomaren Bausteine regelmäßig zusammengesetzt sind. Daneben gibt es auch amorphe Körper, deren Atomverteilung wie die der Flüssigkeiten und Gase keine Fernordnung aufweist. Für ideale Einkristalle jedoch herrscht vollkommene Ordnung, die durch keinerlei Störfaktoren unterbrochen ist und sich in Gedanken nach allen Richtungen hin ins Unendliche fortsetzen läßt.

In der statistischen Physik beschreibt man die Lage von Teilchen durch eine Dichtefunktion $\rho(x)$, wobei ρdV die Wahrscheinlichkeit ist, ein einzelnes Teilchen im Volumenelement dV zu finden, und $x = (x_1,x_2,x_3)$ den Ort angibt. Für anisotrope, feste Medien (Kristalle) ist die Dichtefunktion jeder Atomsorte dreifach periodisch, d.h. in einem nach Richtung und Längeneinheit der Achsen geeignet gewählten Koordinatensystem gilt

$$\rho(x_1+z_1,x_2+z_2,x_3+z_3) = \rho(x_1,x_2,x_3),$$

wo z_1,z_2,z_3 beliebige ganze Zahlen sind. Dabei lassen die speziellen Translationen $(x_1,x_2,x_3) \rightarrow (x_1+z_1,x_2+z_2,x_3+z_3)$, die den Tripeln (z_1,z_2,z_3) zugeordnet sind, und nur diese $\rho(x)$ invariant.

Die Funktion $\rho(x)$ nimmt scharfe Maxima an, so daß man die Atome hinreichend genau lokalisieren kann. Die räumliche Anordnung der Atome nennt man das Kristallgitter. Im Unterschied hierzu bilden die Punkte (z_1,z_2,z_3) ein sogenanntes Translationen- oder Bravaisgitter, welches weniger Punkte pro Volumeneinheit enthalten kann als das Kristallgitter Atome. Alle physikalischen Größen, die Eigenschaften eines Kristallgitters charakterisieren, besitzen die durch das Bravaisgitter beschriebene Periodizität.

Wir fragen nun nach zusätzlichen Symmetrieeigenschaften von $\rho(x)$ und betrachten dazu die Gesamtheit (Invarianzgruppe) aller Kongruenzoperationen (Bewegungen) B mit der Eigenschaft, daß ρ für jedes transformierte Argument B(x) den gleichen Wert annimmt wie für x. Zu den Bewegungen rechnen wir nicht nur die direkten (Translationen, Drehungen, Schraubungen), sondern auch die indirekten (Spiegelungen, Drehspiegelungen, Gleitspiegelungen).

Eine Gruppe von Bewegungen heißt Raumgruppe, wenn sie Invarianzgruppe einer dreifach periodischen Ortsfunktion ist. Sieht man Raumgruppen als gleich an, wenn sie durch affine Transformation (Verzerrung, Drehung oder Translation) der zugehörigen Bravaisgitter ineinander übergehen, so gibt es 219 verschiedene Raumgruppen. Diese sind auch nicht isomorph, besitzen also selbst bei Vernachlässigung der geometrischen Bedeutung ihrer Elemente verschiedene Multiplikationsregeln. Läßt man dagegen nur affine Transformationen zu, die Rechtssysteme wieder in Rechtssysteme überführen, so gibt es 230 Raumgruppen. Für etwas mehr als die Hälfte dieser Gruppen kennt Klockmanns Lehrbuch der Mineralogie einen Vertreter unter etwa 1400 strukturmäßig bestimmten Mineralien.

Jeder Raumgruppe kann man eine Punktgruppe zuordnen, also eine Bewegungsgruppe, deren Elemente das Bravaisgitter in sich überführen und dabei den Ursprung festlassen. Als Bewegungen einer Punktgruppe kommen nur Drehungen, Spiegelungen und Drehspiegelungen in Frage. Die Zähligkeiten der Drehungen und Drehspiegelungen können nur die Werte 2, 3, 4 oder 6 annehmen, und die Gesamtzahl der Elemente einer Punktgruppe ist nicht größer als 48. Die größte Punktgruppe, welche auf einem Bravaisgitter operiert, heißt die Bravaisgruppe des Gitters.

Die Punktgruppen werden in 32 Klassen eingeteilt. Bei dieser Einteilung wird nur die relative Lage der Symmetrieelemente (Achsen, Spiegelebenen usw.) zueinander berücksichtigt. Unterscheidet man auch noch die verschiedenen Operationen auf den einzelnen Bravaisgittern, so entstehen 73 Klassen. Die 32 Kristallklassen sind für die Behandlung makroskopischer Eigenschaften wichtig, bei denen der Kristall sich wie ein homogener, dichter Körper verhält, so daß die betrachteten Eigenschaften nur von der Richtung im Kristall abhängig sind.

Die Bravaisgitter werden in 14 Typen eingeteilt, wobei nach der Größe der Bravaisgruppe und ihrer Operation auf dem Gitter unterschieden wird. Die 14 Gitter gehören zu 6 Familien. Die monokline Familie zum Beispiel besteht aus allen Gittern, deren Bravaisgruppe die Identität und 3 weitere Bewegungen besitzt. Für diese Familie unterscheidet man einfache und zentrierte Gitter. Die reichhaltigsten Bravaisgruppen mit 48 Elementen besitzen die kubischen Gitter.

Zu jeder der 73 Punktgruppen erhält man eine "symmorphe" Raumgruppe, indem man die sämtlichen Produkte aus Elementen der Punktgruppe und Translationen des Gitters bildet. Die übrigen 157 Raumgruppen sind nichtzerfallende Erweiterungen, sie entstehen durch eine kompliziertere Konstruktion aus den Punktgruppen und den Gittern.

DIE DISKRETEN BEWEGUNGSGRUPPEN DER EBENE

Die diskreten Bewegungsgruppen der Ebene dienen zur Beschreibung der Symmetrieeigenschaften von Flächenornamenten. Diese Gruppen sollen hier zunächst vollständig aufgezählt werden, die Beweise behandeln wir an späterer Stelle.

Wir betrachten in der Ebene eine Punktmenge oder Figur und bilden die Gesamtheit aller Bewegungen, welche die Figur in sich überführen. Diese Gesamtheit nennen wir die Deckbewegungsgruppe der Figur. Als direkte Bewegungen können Drehungen oder Translationen auftreten, als indirekte Bewegungen Spiegelungen an Geraden oder Gleitspiegelungen, also Spiegelungen, die mit einer Translation in Richtung der Spiegelachse gekoppelt sind. Eine spezielle Drehung (Translation) ist die Identität E, bei der alles unverändert bleibt. Enthält eine Bewegungsgruppe keine beliebig kleinen Drehungen oder Translationen $\neq E$, so nennen wir die Gruppe diskret. Durch die Beschränkung auf diskrete Gruppen, werden zum Beispiel die Deckbewegungsgruppen des Kreises und der Geraden von der Betrachtung ausgeschlossen. Die diskreten Bewegungsgruppen der Ebene lassen sich einteilen in Punktgruppen, Friesgruppen und Ornamentgruppen.

A) DIE PUNKTGRUPPEN

Eine diskrete Bewegungsgruppe heißt Punktgruppe, wenn sie keine Translationen $\neq E$ enthält. Für solche Gruppen gibt es stets einen Punkt der Ebene, der von allen Bewegungen der Gruppe festgelassen wird, vgl. 1.8.

a) Die *zyklische* Gruppe C_n, n = 1,2,3,... besteht aus den Drehungen um die Winkel α, 2α, $3\alpha, \ldots, n\alpha$ mit $\alpha = 2\pi/n$ um einen festen Punkt. Zyklische Gruppen gleicher Elementezahl aber mit verschiedenen Drehpunkten erhalten also das gleiche Symbol C_n (oder auch einfach n).

Figuren mit der Deckbewegungsgruppe C_n lassen sich leicht angeben.

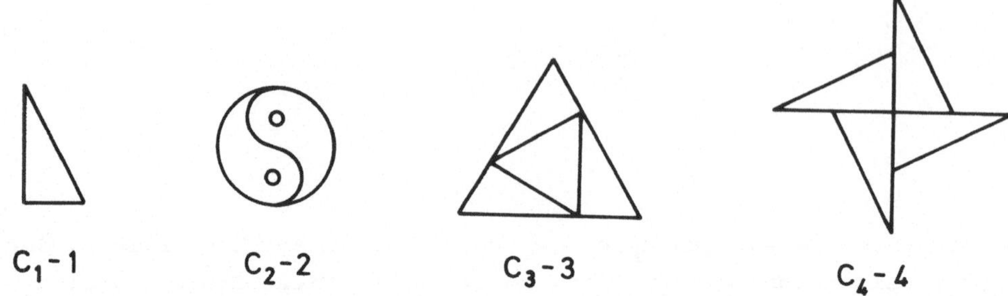

b) In der *Diedergruppe* D_n, n = 1,2,3,... bilden die Drehungen eine zyklische Gruppe C_n, weiter besitzt D_n noch n Spiegelungen, wobei benachbarte Spiegelachsen den Winkel π/n einschließen. Für diese Gruppen sind auch die Bezeichnungen

m, mm, 3m, 4mm, 5m, 6mm,...

in Gebrauch, wobei der Buchstabe m (mirror) für eine Klasse von Spiegelachsen steht: Ist n ungerade, so führen die Drehungen der Gruppe alle Spiegelachsen ineinander über; für gerades n entstehen dagegen zwei Klassen von Spiegelachsen.

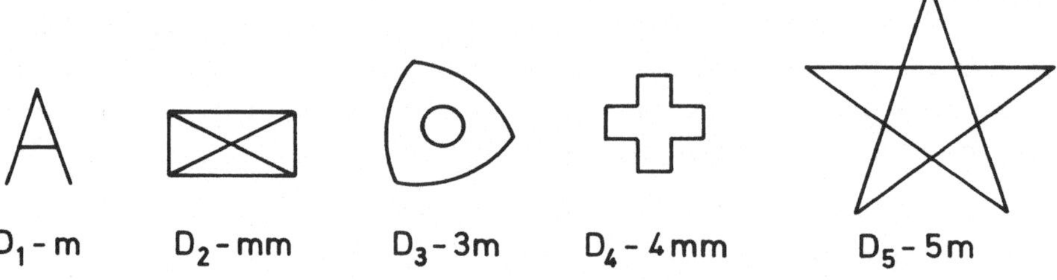

B) DIE 7 FRIESGRUPPEN

Eine Friesgruppe ist eine diskrete Bewegungsgruppe, die Translationen $\neq E$ enthält, und für die alle Translationen bis aufs Vorzeichen dieselbe Richtung haben. Diese Richtung nennen wir longitudinal, die dazu senkrechte Richtung transversal. Wenden wir sämtliche Translationen der Gruppe auf einen beliebigen Punkt der Ebene an, so entsteht eine unendliche longitudinale Punktreihe, wobei benachbarte Punkte stets den gleichen Abstand a haben.

a) Die Friesgruppe C_1* enthält nur Translationen. Maßstab und Lage der Punktreihe bleiben bei der Namensgebung unberücksichtigt. Eine Figur mit der Deckbewegungsgruppe C_1* ist das folgende Muster, das wir uns nach links und rechts ins Unendliche fortgesetzt denken.

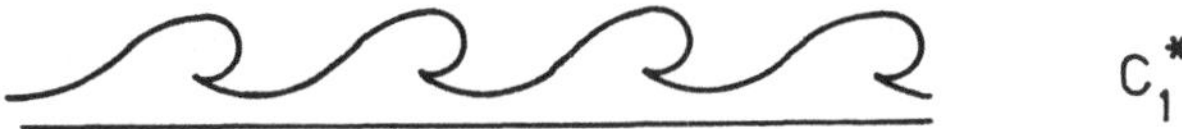

C_1^*

Die *Symmetriekarte* von C_1* ist ein longitudinaler Pfeil der Länge a, der eine Basistranslation angibt.

b) Die Friesgruppe C_2* besteht aus Translationen und Inversionen (Drehungen um 180°). Dabei haben benachbarte Inversionszentren den Abstand a/2. Wir geben eine Figur mit der Deckbewegungsgruppe C_2*, sowie die Symmetriekarte an, wobei Punkte Inversionszentren bedeuten.

c) Die Friesgruppe D_1* besteht aus Translationen und transversalen Spiegelungen. Dabei haben benachbarte Spiegelachsen den Abstand a/2. In der Symmetriekarte bezeichnen Geraden die Spiegelachsen.

d) Die Friesgruppe D_1** besteht aus Translationen, einer longitudinalen Spiegelung und somit auch Gleitspiegelungen an derselben Achse. Die Tatsache, daß die Spiegelachse auch Achse von Gleitspiegelungen ist, wird in der Symmetriekarte nicht vermerkt.

e) Die Friesgruppe D_1*** besteht aus Translationen und echten Gleitspiegelungen an einer gemeinsamen Achse, die mit ----- gekennzeichnet wird. Die Gleitvektoren haben die Gestalt $(z+\frac{1}{2})v$, $z = 0, \pm 1, \pm 2, \ldots$, wo v eine Basistranslation angibt.

Die Gruppen D_1*, D_1** und D_1*** haben die gemeinsame Eigenschaft, daß ihre Elemente einen beliebigen freien Vektor entweder spiegeln oder unverändert lassen. Diese drei Friesgruppen bewirken also auf den freien Vektoren die Punktgruppe D_1.

f) Die Friesgruppe D_2* besteht aus Translationen, Inversionen, transversalen Spiegelungen, longitudinalen Gleitspiegelungen und einer longitudinalen Spiegelung. Sie entsteht durch Kombination der Friesgruppen C_2*, D_1* und D_1**.

g) Die Friesgruppe D_2** besteht aus Translationen, Inversionen, transversalen Spiegelungen und echten longitudinalen Gleitspiegelungen. Sie entsteht durch Kombination der Friesgruppen C_2*, D_1* und D_1***. Die Inversionszentren haben von den benachbarten transversalen Achsen den Abstand a/4.

C) DIE 17 ORNAMENTGRUPPEN

Eine Ornamentgruppe ist eine diskrete Bewegungsgruppe, die Translationen $\neq E$ in zwei verschiedenen Richtungen enthält. Wenden wir sämtliche Translationen der Gruppe auf einen beliebigen Punkt der Ebene an, so entsteht ein doppelt periodisches Punktnetz, das bezüglich eines nach Richtung und Längen der Achsen geeigneten Koordinatensystem aus allen Punkten der Form (z_1, z_2) besteht, wo z_1, z_2 ganze Zahlen sind. Für die Ornamentgruppen verwenden wir die internationalen Bezeichnungen.

a) Die Ornamentgruppe p1 enthält nur Translationen. Dabei sind Lage und Form des zugehörigen Netzes beliebig. Die Symmetriekarte gibt ein Paar von Basistranslationen an.

b) Die Ornamentgruppe p2 enthält Translationen und Inversionen. Die Inversionspunkte bilden ein Netz mit den halben Abmessungen des Translationennetzes.

c) Die Ornamentgruppe pm enthält Translationen und Spiegelungen (Symbol m) an zueinander parallelen Achsen. (Diese Achsen sind auch Achsen von Gleitspiegelungen.) Das Translationennetz wird von zwei zueinander senkrechten Basisvektoren erzeugt.

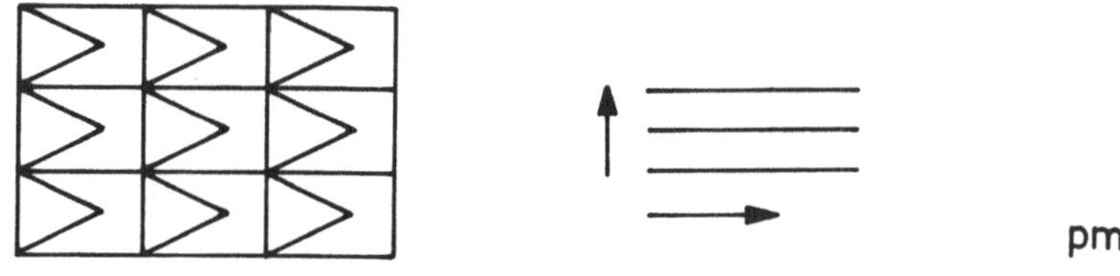

d) Die Ornamentgruppe pg enthält Translationen und echte Gleitspiegelungen (Symbol g) an zueinander parallelen Achsen. Die Gleitvektoren haben die Gestalt $(z+\frac{1}{2})v$, $z = 0, \pm 1, \pm 2, \ldots$, wo der Vektor v eine Basistranslation angibt.

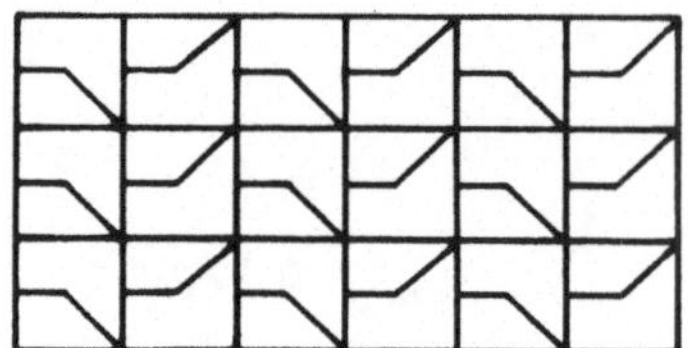

pg

e) Die Ornamentgruppe cm enthält Translationen, Spiegelungen und Gleitspiegelungen an zueinander parallelen Achsen. Die doppelten Gleitvektoren beschreiben Translationen der Gruppe. Das Translationennetz setzt sich aus zentierten Rechtecken (Symbol c) zusammen, während es für die Ornamentgruppen pm und pg aus primitiven Rechtecken (Symbol p) besteht.

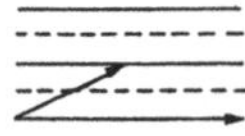

cm

f) Die Ornamentgruppe pmm ist eine Kombination der Gruppen p2 und pm.

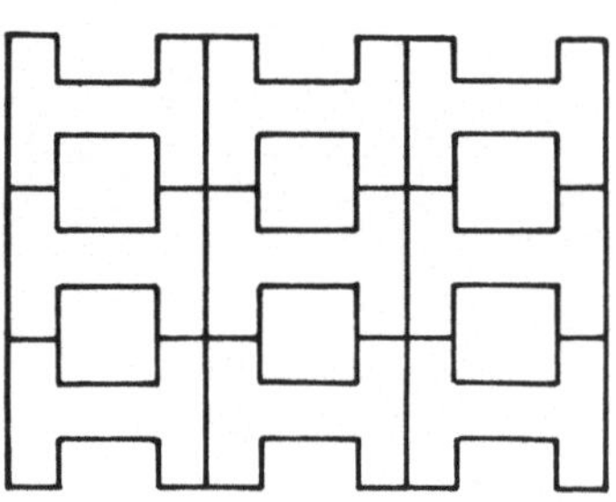

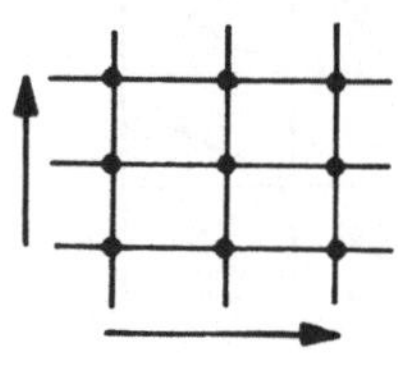

pmm

g) Die Ornamentgruppe pmg (oder pgm) ist eine Kombination der Gruppen p2, pm und pg.

h) Die Ornamentgruppe pgg ist eine Kombination der Gruppen p2 und pg.

i) Die Ornamentgruppe cmm ist eine Kombination der Gruppen p2 und cm.

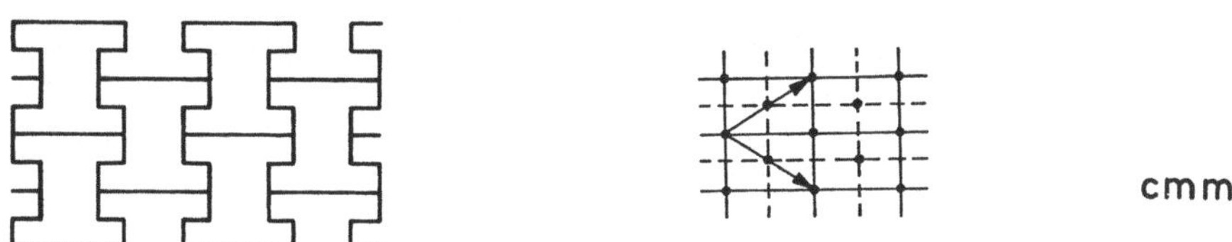

j) Die Ornamentgruppe p4 enthält Translationen und Drehungen mit ± 90°, deren Zentren wir mit ④ bezeichnen. Diese Zentren sind natürlich auch Inversionspunkte. Das Translationennetz ist quadratisch, ebenso sind die Netze der Inversionspunkte und der Zentren von Viererdrehungen quadratisch.

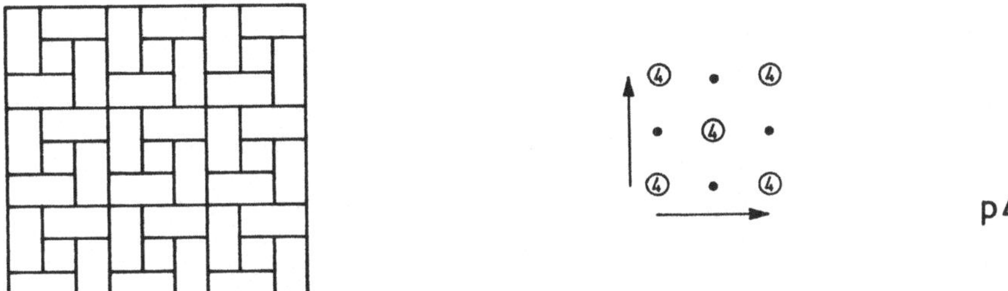

k) Die Ornamentgruppe p4m ist eine Kombination der Gruppen p4, pmm und cmm.

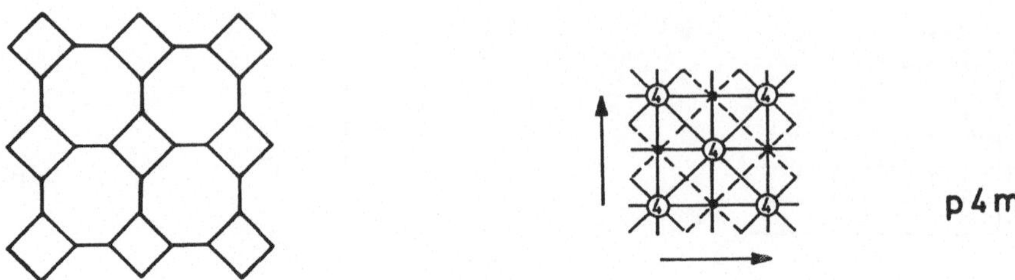

l) Die Ornamentgruppe p4g ist eine Kombination der Gruppen p4, pgg und cmm. In das Ornament ist eine Gleitspiegelachse eingezeichnet.

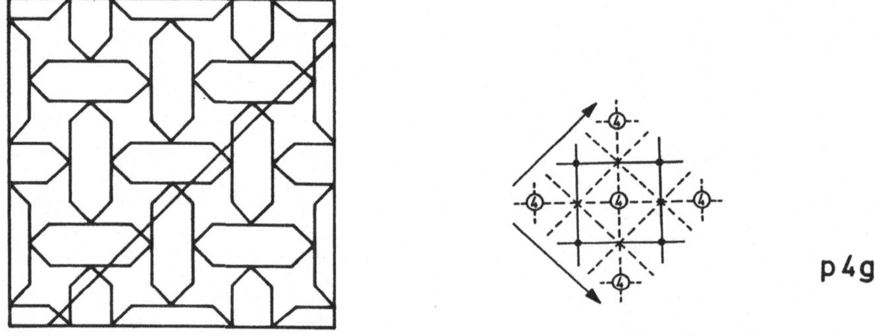

m) Die Ornamentgruppe p3 enthält Translationen und Drehungen um $\pm 120°$. Die Zentren dieser Drehungen bezeichnen wir mit ③. Das Translationennetz wird von zwei gleichlangen Basisvektoren erzeugt, die einen Winkel von 120° einschließen (hexagonales Netz). Die Drehpunkte bilden ebenfalls ein hexagonales Netz.

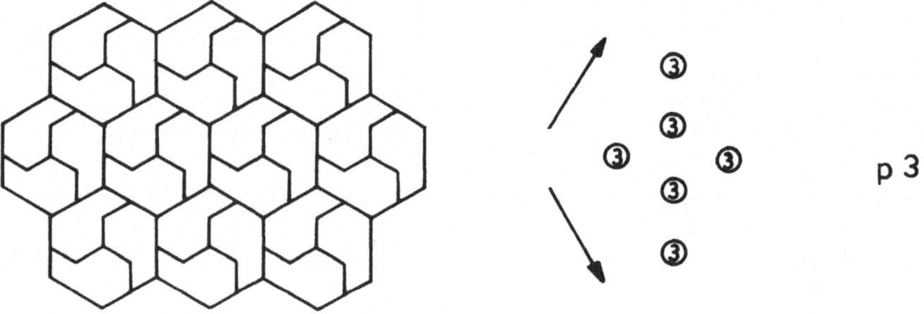

n) Die Ornamentgruppe p6 ist eine Kombination der Gruppen p2 und p3. Die Zentren der Drehungen um ±60° bezeichnen wir mit ⑥.

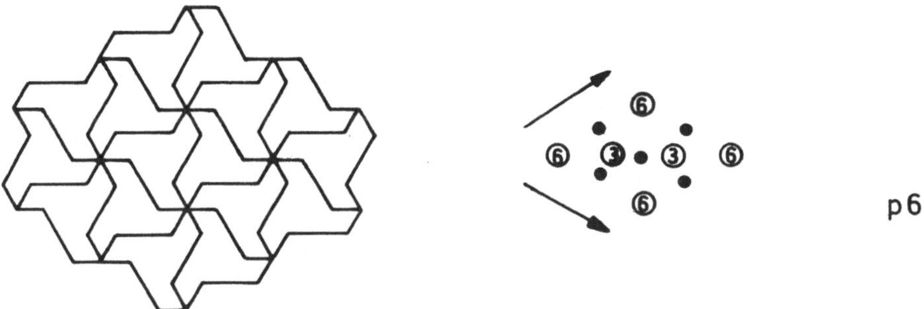

o) Die Ornamentgruppe p31m ist eine Kombination der Gruppen cm und p3, bei der nicht alle Drehpunkte auf Spiegelachsen liegen.

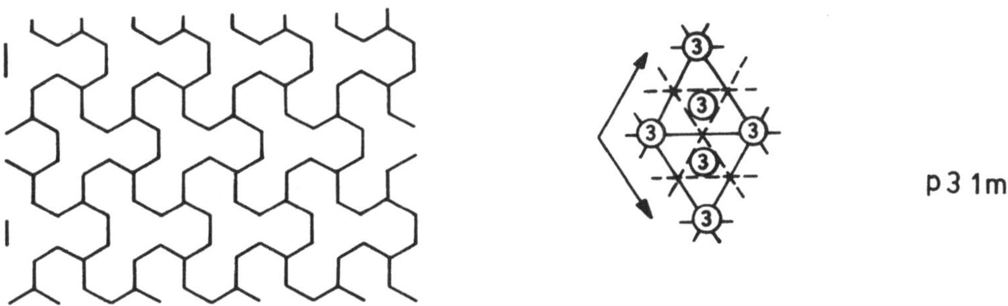

p) Die Ornamentgruppe p3m1 ist eine Kombination der Gruppen cm und p3, bei der alle Drehpunkte auf Spiegelachsen liegen.

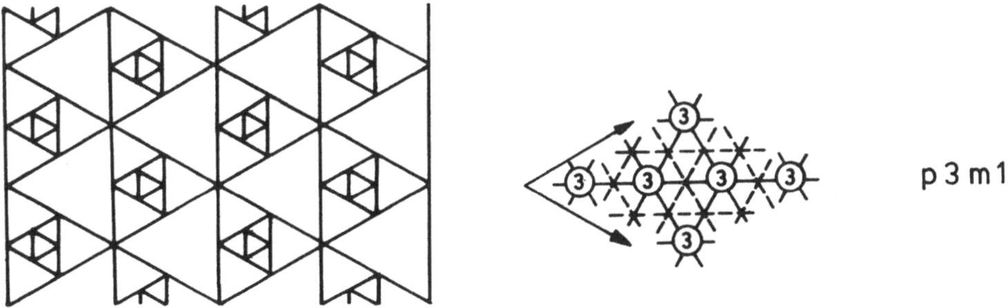

q) Die Ornamentgruppe p6m ist eine Kombination der Gruppen p6, p31m und p3m1. (Die Symmetriekarte ist etwas vergrößert.)

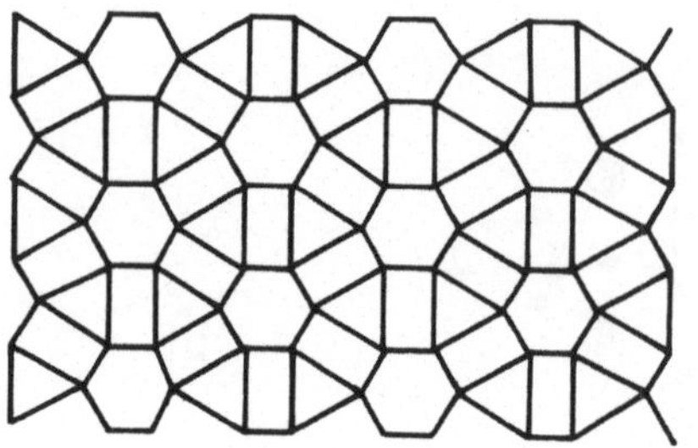

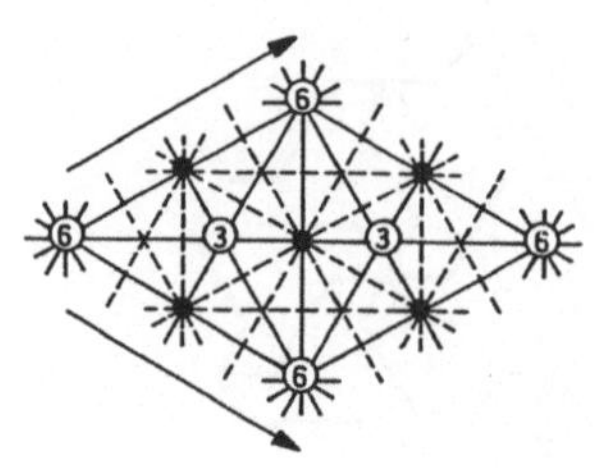

p6m

Die Liste der aufgezählten diskreten Bewegungsgruppen der Ebene ist vollständig.

Beweis: Die Punktgruppen bestimmen wir in 7.3, die Friesgruppen in 1.9 und A 1.3, die Ornamentgruppen in § 8.

A u f g a b e

Man bestimme die Deckbewegungsgruppen folgender Ornamente:

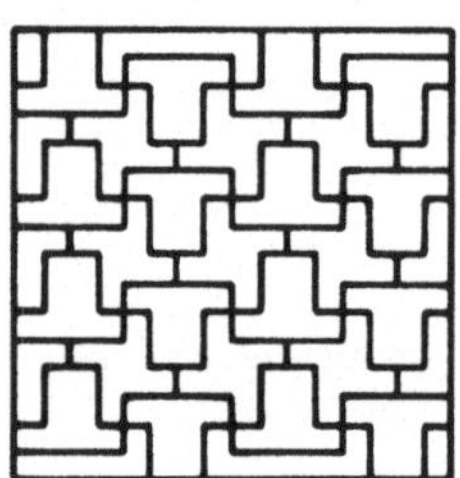

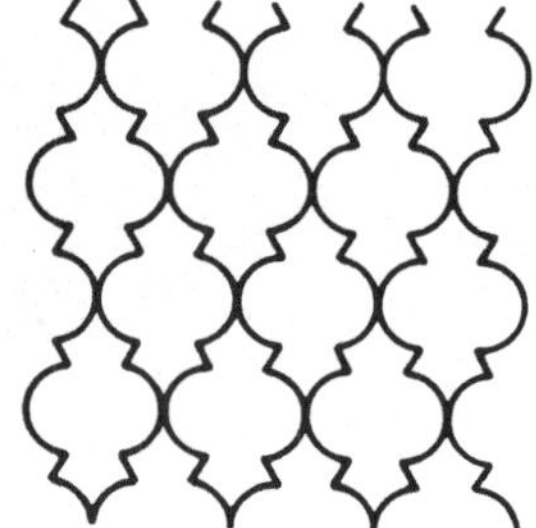

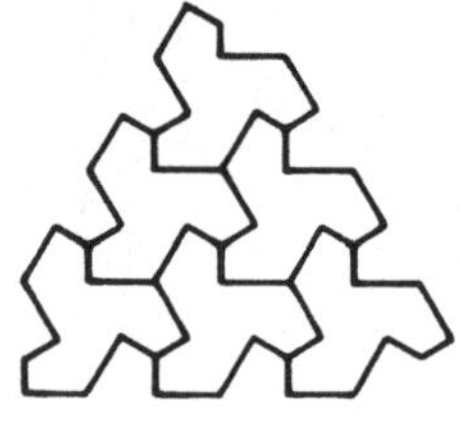

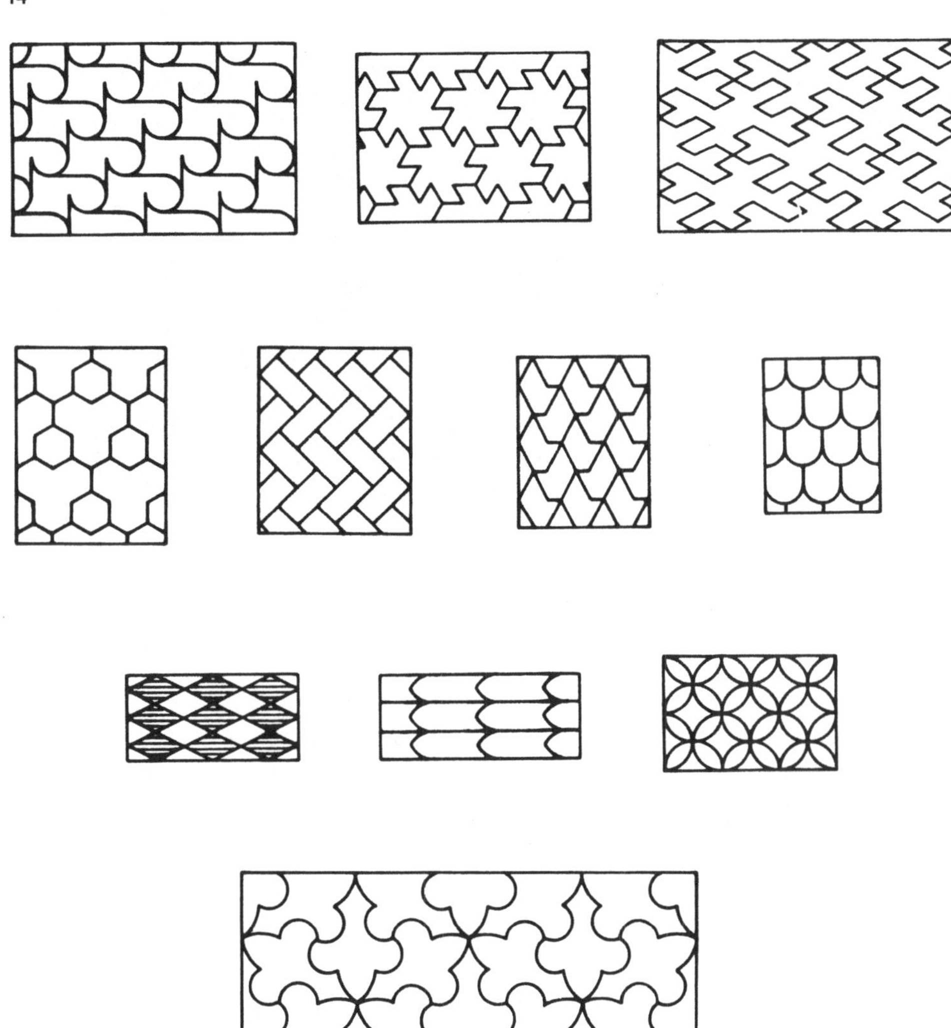

§ 1. BEWEGUNGEN

Wir legen dem n-dimensionalen Euklidischen Raum ein cartesisches Koordinatensystem zugrunde. Die Punkte $(x_1,\ldots,x_n)$ können wir als Elemente eines reellen Vektorraums mit positiv definitem Skalarprodukt $v \cdot w$ interpretieren. Wir sprechen dann von einem Hilbertraum. Für je zwei Punkte $v = (x_1,\ldots x_n)$ und $w = (y_1,\ldots y_n)$ sei

$$d(v,w) = \| v-w \| = \sqrt{(v-w)\cdot(v-w)} = \sqrt{\sum_1^n (x_i-y_i)^2}$$

der Abstand zwischen v und w.

<u>1.1 Definition.</u> Es sei V der n-dimensionale Euklidische Raum. Eine Abbildung $B: V \to V$ mit

$$d(Bv,Bw) = d(v,w) \text{ für alle } v,w \in V$$

heißt eine <u>Bewegung</u> von V.

<u>1.2 Beispiele.</u> a) Für alle $u \in V$ ist die *Translation* T_u mit

$$T_u v = u+v, \quad v \in V,$$

eine Bewegung. Die Umkehrabbildung von T_u ist $T_u^{-1} = T_{-u}$, und T_0 ist die Identität E. Auch ist $T_u T_{u'} = T_{u+u'}$.

b) Es sei H eine orthogonale Abbildung, also eine bijektive, lineare Abbildung von V in sich mit $Hv \cdot Hw = v \cdot w$ für alle v und w. Dann ist H eine Bewegung.

c) Sind B_1 und B_2 Bewegungen, so ist auch die Zusammensetzung $B_1 B_2$ eine Bewegung.

1.3 Satz. a) *Es sei* B *eine Bewegung mit* B0 = 0. *Dann ist* B *eine orthogonale Abbildung.*

b) *Es sei* B *eine Bewegung mit* Bu = u *für ein* $u \in V$. *Dann gibt es eine orthogonale Abbildung* H *mit* $B = T_u H T_u^{-1}$.

c) *Es sei* B *eine Bewegung. Dann gibt es eine Translation* T_u *und eine orthogonale Abbildung* H *mit* $B = T_u H$. *Dabei sind der Translationsanteil* T_u *und der homogene Anteil* H *durch* B *eindeutig bestimmt.*

d) *Für alle* $u, u' \in V$ *und alle linearen Abbildungen* $H, H' : V \to V$ *gilt*

$(T_u H)(T_{u'} H') = T_{u+Hu'} HH'$ *und, falls* $\det H \neq 0$,

$(T_u H)^{-1} = T_{-H^{-1}u} H^{-1}$.

Beweis. a) Da B eine Bewegung ist, haben wir

$$\| Bv - Bw \| = \| v - w \| \text{ und insbesondere } \| Bv \| = \| v \|$$

für alle $v, w \in V$. Daher ist auch

$$v \cdot w = \frac{1}{2}(- \| v-w \|^2 + \| v \|^2 + \| w \|^2)$$

$$= \frac{1}{2}(- \| Bv-Bw \|^2 + \| Bv \|^2 + \| Bw \|^2)$$

$$= Bv \cdot Bw.$$

Nun sei $e_1, \dots, e_n$ eine Orthonormalbasis von V. Dann ist $Be_i \cdot Be_j = e_i \cdot e_j = 0$ oder 1, also ist auch $Be_1, \dots, Be_n$ eine Orthonormalbasis von V. Für alle $v = \sum_1^n x_i e_i \in V$ ist weiter $x_i = v \cdot e_i = Bv \cdot Be_i$, also $Bv = \sum_1^n x_i (Be_i)$.

Mit $w = \sum_1^n y_i e_i$ erhalten wir daher

$$B(v+w) = B \sum_1^n (x_i + y_i) e_i = \sum_1^n (x_i + y_i) Be_i = \sum_1^n x_i Be_i + \sum_1^n y_i Be_i = Bv + Bw.$$

Ebenso einfach folgt $B(av) = a(Bv)$ für $a \in \mathbb{R}$. Also ist B linear. Für $Bv = 0$ wird $\| v \| = \| Bv \| = 0$, also $v = 0$. Daher ist B injektiv und wegen $\dim V < \infty$ sogar bijektiv, insgesamt also orthogonal.

b) Setzen wir $H = T_{-u} B T_u$, so ist H nach 1.2 c) eine Bewegung, und es gilt $H0 = 0$. Nach a) ist daher H orthogonal mit $B = T_u H T_u^{-1}$.

c) Mit $H = T_{-B0}B$ ist H nach a) orthogonal, und es gilt $B = T_{B0}H$. Ist umgekehrt $B = T_uH$ mit $H0 = 0$, so ist notwendig $u = B0$ und $H = T_{-B0}B$.

d) Für alle $v \in V$ ist

$$HT_{u'}H^{-1}v = H(u'+H^{-1}v) = Hu'+v = T_{Hu'}v.$$

Daher ist $HT_{u'}H^{-1} = T_{Hu'}$ und

$$(T_uH)(T_{u'}H') = T_u(HT_{u'}H^{-1})HH' = T_{u+Hu'}HH'.$$

Ist $\det H \neq 0$, so sind H und T_uH bijektiv. Wir setzen dann $u' = -H^{-1}u$ und $H' = H^{-1}$ und erhalten

$$(T_uH)(T_{u'}H') = T_0 = E, \text{ also } T_{u'}H' = (T_uH)^{-1}.$$

<u>1.4 Definition.</u> Es sei $O(V)$ die Gruppe der orthogonalen Abbildungen und $AO(V) = \{T_vH \mid v \in V,\ H \in O(V)\}$ die Gruppe der Bewegungen von V. Auch sei $SO(V) = \{H \in O(V) \mid \det H = 1\}$ die spezielle orthogonale Gruppe. Die Untergruppen von $AO(V)$ nennen wir <u>Bewegungsgruppen</u>.

<u>1.5 Satz.</u> a) *Es sei* e_1, e_2 *eine Orthonormalbasis der Ebene* V.

(1) *Es sei* $H \in SO(V)$. *Dann gibt es ein* $\alpha \in \mathbb{R}$ *mit*

$$He_1 = \cos\alpha\ e_1 + \sin\alpha\ e_2$$
$$He_2 = \sin\alpha\ e_1 + \cos\alpha\ e_2,$$

und H *ist eine Drehung um* 0 *mit dem Winkel* α *von* e_1 *nach* e_2 *gemessen. (Ist speziell* $\alpha = 180°$, *so nennen wir* H *eine Inversion.)*

(2) *Es sei* $H \in O(V) - SO(V)$. *Dann gibt es ein* $v \in V$, $\neq 0$ *mit* $Hv = v$, *und* H *ist die Spiegelung an der Geraden* $\langle v \rangle$.

b) *Es sei nun* $\dim V = 3$.

(1) *Es sei* $H \in SO(V)$. *Dann gibt es ein* $v \in V$, $\neq 0$ *mit* $Hv = v$, *und* H *ist eine Drehung um die Achse* $\langle v \rangle$.

(2) *Es sei* $H \in O(V) - SO(V)$. *Dann ist* H *eine Drehspiegelung mit dem Fixpunkt* 0, *also*

$$H = -D_{v,\alpha} = S_vD_{v,\alpha+\pi} = D_{v,\alpha+\pi}S_v \text{ für geeignete } v,\alpha.$$

Dabei sei $D_{v,\alpha}$ *die Drehung um die gerichtete Achse* $\langle v \rangle$ *mit dem Winkel* α *und* S_v *die Spiegelung an der Ebene* $\langle v \rangle^{\perp}$, *also* $S_vv = -v$.

Für den Spezialfall $\alpha = 0$ ist $H = -E$ die Inversion am Nullpunkt. (Wir vereinbaren, daß Spiegelungen im 3-dimensionalen Raum immer an einer Ebene erfolgen. "Punktspiegelungen" nennen wir Inversionen.)

Beweis. Ich nehme an, daß der Leser die Aussagen bereits kennt, und zeige nur a2): Wegen $H \in O(V)$ ist $H^t H = E$, wo H^t die zu H adjungierte (transponierte) Abbildung ist. Daher ist $\det H = -1$ und $\det(E-H) = \det(H^t H - H) = \det(H-E)^t H = -\det(H-E) = -\det(E-H)$, also $\det(E-H) = 0$.
Folglich gibt es ein $v \in V$, $\neq 0$ mit $Hv = v$. Für alle $w \in \langle v \rangle^{\perp}$ ist dann $Hw = -w$.

1.6 Definition. a) Es sei $B = T_v H$ mit $H \in O(V)$ und $Hv = v$. Wir nennen B eine Gleitspiegelung (bzw. Schraubung) mit dem Verschiebungsvektor v, wenn H eine Spiegelung (bzw. Drehung) ist. Dabei ist auch der Spezialfall $v = 0$ zugelassen.

b) Es sei B eine Drehung, Spiegelung, Drehspiegelung, Inversion, Gleitspiegelung oder Schraubung. Weiter sei $u \in V$. Dann heißt $T_u B T_{-u}$ die um u verschobene Drehung, Spiegelung usw.

Zur geometrischen Begründung dieser Definition beschreiben wir Bewegungen der Ebene und des dreidimensionalen Raumes durch sog. Symmetrieelemente: Translationen beschreiben wir durch Pfeile, Drehungen durch den Drehpunkt (die Drehachse) und einen gekrümmten Pfeil, dessen Länge den Drehwinkel angibt, Spiegelungen durch ihre Spiegelachse (-ebene), Drehspiegelungen durch eine Ebene mit gekrümmten Pfeil, Inversionen durch ihr Zentrum, Gleitspiegelungen und Schraubungen durch zusätzliche Angabe des Verschiebungsvektors. Sind nun A und B Bewegungen, so erhält man die Symmetrieelemente von ABA^{-1}, indem man die Bewegung A auf die Symmetrieelemente von B anwendet:

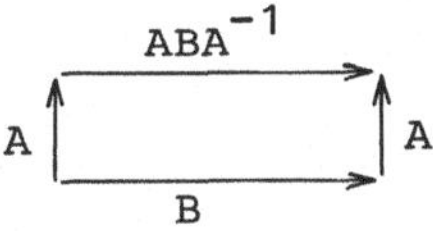

Ist insbesondere $A = T_u$, so werden die Symmetrieelemente von B um u verschoben.

1.7 Satz. *Es sei* $B = T_v H$ *eine Bewegung.*

a) *Es sei* $v = w+w'$ *mit* $w \in F = \{x \in V \mid Hx = x\}$ *und* $w' \in F^{\perp}$.

Dann gibt es ein $u \in V$ *mit* $B = T_u(T_w H)T_{-u}$. *Dabei ist* $(E-H)u = w'$.

b) *Für* $\dim V = 2$ *gibt es folgende Möglichkeiten:*

(1) $H = E$: *Dann ist* B *eine Translation.*

(2) $H \neq E$, $\det H = 1$: *Dann ist* B *eine Drehung mit dem Drehpunkt*

(3) $\det H = -1$: *Dann ist* B *eine Gleitspiegelung an der Geraden* $u+F$.

c) *Für* $\dim V = 3$ *gibt es folgende Möglichkeiten:*

(1) $H = E$: *Dann ist* B *eine Translation.*

(2) $H \neq E$, $\det H = 1$: *Dann ist* B *eine Schraubung mit der Achse* $u+F$.

(3) $\det H = -1$, H *keine Spiegelung: Dann ist* B *eine Drehspiegelung mit dem einzigen Fixpunkt u.*

(4) H *Spiegelung: Dann ist* B *eine Gleitspiegelung an der Ebene* $u+F$.

Beweis. a) Nach 1.3 d) ist $T_u(T_w H)T_{-u} = T_{u+w-Hu}H$.
Wir haben $(E-H)F^{\perp} \subseteq F^{\perp}$, und $(E-H)_{F^{\perp}}$ ist injektiv, also bijektiv. Daher besitzt die Gleichung $u-Hu = w'$ die Lösungen $u \in u_0+F$ mit $u_0 = ((E-H)_{F^{\perp}})^{-1}w'$, man beachte $F = \text{Kern}(E-H)$.

b), c) Wir wenden a) an und setzen $B^* = T_w H$.
Zunächst sei $\dim V = 2$. Für $E \neq H \in SO(V)$ ist $w=0$, also $B^*=H$. Für $\det H = -1$ ist B^* eine Gleitspiegelung an der Geraden F. Nun sei $\dim V = 3$. Für $E \neq H \in SO(V)$ ist B^* eine Schraubung mit der Achse F. Für $H = S_v D_{v,\alpha}$ und $\alpha \neq 0$ ist $B^* = H$ eine Drehspiegelung mit 0 als einzigem Fixpunkt. Für $H = S_v$ ist B^* eine Gleitspiegelung an $F = \langle v\rangle^{\perp}$.
Beim Übergang von B^* zu $B = T_u B^* T_{-u} = T_w(T_u H T_{-u})$ erhalten wir mit $T_u H T_{-u}$ die auf den Punkt u transformierte orthogonale Abbildung H, und der Verschiebungsvektor w bleibt unverändert.

Aus 1.7c) folgt zum Beispiel, daß das Produkt zweier Spiegelungen $S = T_v H$ und $S' = T_{v'}H'$ eine Drehung oder eine Translation ist. Wegen $SS' = T_{v+Hv'}HH'$ mit $\det HH' = 1$ gibt es nämlich nur die Möglichkeiten.

1) $H = H'$: Die Spiegelebenen e und e' von S und S' sind parallel, SS' ist die Translation um die doppelte Strecke von e nach e'.

2) $H \neq H'$: SS' ist eine Drehung um die Schnittgerade von e und e'. Der Drehwinkel ist doppelt so groß wie der Winkel zwischen e' und e.

1.8 Satz. *Es sei G eine Bewegungsgruppe der Ebene V. Weiter sei E die einzige in G enthaltene Translation. Dann gibt es ein $v \in V$ mit $Gv = v$ für alle $G \in G$.*

Beweis. (1) G enthält nur Drehungen und Spiegelungen:
Es sei $G \in G$ eine Gleitspiegelung, etwa $G = T_w H$ mit $Hw = w$ und det $H = -1$. Wegen $H^2 = E$ ist dann $G^2 = T_{2w} \in G$, also $w = 0$. Daher ist G eine Spiegelung. Mit 1.7b) folgt die Behauptung.

(2) Es seien D,D' Drehungen aus G um Punkte v,v' mit Drehwinkel $\neq 0$. Dann ist v=v':
Es sei etwa $v = 0$, also $D \in SO(V)$. Weiter sei $D' = T_w H$ mit $H \in SO(V)$. Dann enthält G das Element

$$\begin{aligned} DD'D^{-1}D'^{-1} &= DT_w HD^{-1}H^{-1}T_{-w} \\ &= T_{Dw}DHD^{-1}H^{-1}T_{-w} \\ &= T_{Dw-w}, \text{ denn } SO(V) \text{ ist eine abelsche Gruppe.} \end{aligned}$$

Nach Voraussetzung über G folgt $Dw = w$. Da D nur einen Drehpunkt besitzt, ist $w = 0$, $D' = H$ und $v' = 0$.

(3) Besitzt G eine Drehung $D \neq E$ und eine Spiegelung S, so liegt der Drehpunkt auf der Spiegelachse:
Es sei $Dv = v$. Dann ist $SDS^{-1} \in G$ eine Drehung um Sv. Nach (2) ist $Sv = v$. Also liegt v auf der Spiegelachse.

(4) Besitzt G keine Drehung $\neq E$, so gibt es in G höchstens eine Spiegelung: Das Produkt zweiter Spiegelungen ist eine Drehung oder eine Translation, wie aus 1.7b) folgt.

Der folgende Satz ist ein wesentlicher Schritt bei der Aufstellung der 7 Friesgruppen:

1.9 Satz. *Es sei G eine Bewegungsgruppe der Ebene V. Weiter erzeuge die Menge $\Gamma(G) := \{v \in V \mid T_v \in G\}$ einen Unterraum U von V der Dimension 1. Dann gibt es eine zu U parallele Gerade $\mathfrak{g}$, die von allen Elementen der Gruppe G in sich übergeführt wird. Daher ist jede in G enthaltene Drehung $\neq$ E eine Inversion, jede von $\mathfrak{g}$ verschiedene Spiegelachse steht auf $\mathfrak{g}$ senkrecht und $\mathfrak{g}$ ist die einzig mögliche echte Gleitspiegelachse.*

Beweis. Es sei D eine Drehung $\neq$ E aus G, etwa mit $D0 = 0$.
Nach Voraussetzung gibt es in G eine Translation T_u mit $u \neq 0$. Weiter ist $DT_u D^{-1} = T_{Du} \in G$, also $Du \in \Gamma(G) \subseteq U$ und $\|Du\| = \|u\|$. Wegen $D \neq E$ ist $Du = -u$, und D ist eine Inversion.

(1) Sind I und I' Inversionen aus G mit den Zentren w und w', so ist $w-w' \in U$:
Mit $H = -E$ haben wir $I = T_w H T_{-w}$ und $I' = T_{w'} H T_{-w'}$, also $II' = T_{2(w-w')} \in G$, also $2(w-w') \in \Gamma(G)$. Daher ist $w-w' \in U$.

(2) Ist G eine Gleitspiegelung aus G, so hat die Gleitspiegelachse die Gestalt $v+U$ oder $v+U^{\perp}$. Im zweiten Fall ist G eine Spiegelung. Insbesondere ist in beiden Fällen $G(v+U) = v+U$:
Es ist $G = T_w H$ mit einer Spiegelung H, $H0=0$. Wegen $T_u \in G$ für ein $u \neq 0$ und $GT_uG^{-1} = T_{Hu} \in G$ ist $Hu = u$ oder $Hu = -u$. Im ersten Fall ist die Achse von G zu U parallel. Im zweiten Fall steht sie senkrecht auf U. Dann ist $G^2 = T_{u'} \in G$ mit $u' \in U^{\perp}$, also $u' = 0$.

(3) Sind G,G' Gleitspiegelungen aus G mit Achsen $v+U$, $v'+U$, so ist $v+U = v'+U$:
Es sei etwa $v = 0$, also $G = T_{u_1}H$, $G' = T_{u'}(T_{u_2}H)T_{u'}^{-1}$

mit $u_1, u_2 \in U$ und $u' \in U^{\perp}$. Wegen $Hu_2 = u_2$, $Hu' = -u'$ ist dann

$GG' = T_{u_1-u'+u_2-u'} \in G$, also $u' \in U$, also $u' = 0$.

Daher ist $v'+U = u'+(v+U) = v+U$.

(4) Ist I eine Inversion und G eine Gleitspiegelung aus G mit der Achse $v+U$, so liegt das Zentrum von I auf dieser Achse:
Hat I das Zentrum w, so ist GIG^{-1} eine Inversion aus G mit dem Zentrum Gw. Wegen (1) liegen w und Gw auf der Achse $v+U$.

Aus (1)-(4) folgt nun die Behauptung.

1.10 Satz. *Es sei* $G \leq AO(V)$ *eine Bewegungsgruppe. Für ein* $u \in V$ *besitze die Bahn* $B = \{Xu \mid X \in G\}$ *nur endlich viele, etwa* m, *Elemente. Ist dann*

$$s = \frac{1}{m} \sum_{v \in B} v$$

der Schwerpunkt von B*, so ist* $Gs = s$ *für alle* $G \in G$.

Beweis. Wir haben $G = T_w H$ mit $H \in O(V)$, also

$$Gs = w + \frac{1}{m} \sum_v Hv = \frac{1}{m} \sum_v (w+Hv) = \frac{1}{m} \sum_v Gv = s$$

wegen $GB = G(Gu) = (GG)u = Gu = B$.

Beim Beweis von 1.10 haben wir nur benutzt, daß G eine Gruppe von affinen Automorphismen ist:

1.11 Definition. Es sei V ein reeller Vektorraum. Eine Abbildung A: $V \to V$ heißt affiner Automorphismus von V, wenn es ein $H(A) \in GL(V)$, also eine bijektive, lineare Abbildung $H(A)\colon V \to V$ mit $H(A)(v-w) = Av-Aw$ für alle $v,w \in V$ gibt.

1.12 Folgerung. *Genau dann ist* A *ein affiner Automorphismus, wenn es Elemente* $u \in V$ *und* $H \in GL(V)$ *mit* $A = T_u H$ *gibt. Dabei ist* $u = A0$ *und* $H = H(A)$. *Die affinen Automorphismen von* V *bilden also nach* 1.3d) *eine Gruppe, die wir mit* $AGL(V)$ *bezeichnen.*

Beweis. Es sei A ein affiner Automorphismus. Dann ist $H(A)v = Av-A0$ für alle $v \in V$, also $A = T_{A0}H(A)$. Umgekehrt sei $A = T_u H$. Dann ist $Av-Aw = (u+Hv)-(u+Hw) = H(v-w)$.

Wir wenden uns nun der Analyse und Konstruktion von affinen Automorphismengruppen zu.

1.13 Definition. Es sei G eine Untergruppe von $AGL(V)$.

a) Wir nennen

$$\Gamma(G) = \{v \in V \mid T_v \in G\}$$

den Translationenbereich von G. Sind $v,w \in \Gamma(G)$, so ist auch $v \pm w \in \Gamma(G)$, daher ist $\Gamma(G)$ eine additive Untergruppe von V.

b) Die multiplikative Untergruppe

$$G_0 = \{H \in GL(V) \mid T_v H \in G \text{ für ein } v \in V\}$$

von $GL(V)$ nennen wir die Punktgruppe von G.

1.14 Satz. *Es sei* $G \leq AGL(V)$.

a) $T = \{T_v \mid T_v \in G\}$ *ist ein Normalteiler von* G. *Weiter ist* $T \cong \Gamma(G)$ *und* $G/T \cong G_0$.

b) G_0 *permutiert die Elemente von* $\Gamma(G)$.

Beweis. a) Es sei $\Phi\colon G \to G_0$ definiert durch $\Phi(T_v H) = H$, $T_v H \in G$. Nach 1.3d) ist dann Φ ein Gruppenhomomorphismus. Auch ist Φ surjektiv mit Kern $\Phi = T$. Der Homomorphiesatz liefert nun $T \trianglelefteq G$ und $G/T \cong G_0$. Weiter ist die Abbildung $v \to T_v$ ein Isomorphismus von $\Gamma(G)$ nach T.

b) Es sei $H \in G_0$ und $v \in \Gamma(G)$. Dann ist $T_v \in G$ und $T_w H \in G$ für ein $w \in V$. Nach 1.3d) ist $(T_w H) T_v (T_w H)^{-1} = T_{Hv} \in G$. Es folgt $Hv \in \Gamma(G)$. Wegen $H^{-1} \in G_0$ ist $H_{\Gamma(G)}$ bijektiv.

Die Gleichung $H(A)(v-w) = Av-Aw$ aus 1.11 gestattet es, die Punktgruppe eines gegebenen Ornaments geometrisch zu bestimmen: Der homogene Anteil einer Bewegung A entsteht durch Anwendung von A auf Anfangs- und Endpunkt des von v nach w führenden Pfeils ("freien" Vektors) $v - w$. Zum Beispiel ist die Punktgruppe zur Ornamentgruppe p4g die Diedergruppe 4mm, aus den Gleitspiegelachsen werden parallele Spiegelachsen durch den Ursprung, den man als Drehpunkt einer Viererdrehung wählen kann.

1.15 Hilfssatz. *Es sei* $G \leq \mathrm{AGL}(V)$. *Die Bezeichnungen seien wie in 1.14. Für jedes* $H \in G_0$ *wählen wir ein Element* $\nu(H) \in V$ *mit* $T_{\nu(H)} H \in G$. *Dann ist* $G = \bigcup_{H \in G_0} T T_{\nu(H)} H$ *und*

$$\nu(H) + H\nu(H') - \nu(HH') \in \Gamma(G) \quad \textit{für alle } H, H' \in G_0.$$

Beweis. Es sei $G = T_v H \in G$. Dann ist $G = T_{v-\nu(H)} T_{\nu(H)} H$ mit $T_{v-\nu(H)} = G(T_{\nu(H)} H)^{-1} \in G$, also $\in T$. Daher ist $G \in T T_{\nu(H)} H$ und $G = \bigcup_{H \in G_0} T T_{\nu(H)} H$. Dabei sind die Nebenklassen $T T_{\nu(H)} H$ paarweise disjunkt, vgl. 1.3c). Weiter ist

$$(T_{\nu(H)} H)(T_{\nu(H')} H') = T_{\nu(H) + H\nu(H')} HH' \in T \, T_{\nu(HH')} HH',$$

also

$$T_{\nu(H) + H\nu(H') - \nu(HH')} \in T \text{ und } \nu(H) + H\nu(H') - \nu(HH') \in \Gamma(G).$$

1.16 Satz. *Es sei* Γ *eine additive Untergruppe des reellen Vektorraums* V. *Weiter sei* H *eine Untergruppe von* $\mathrm{GL}(V)$, *die auf* Γ *operiert. Es sei also*

$$Hu \in \Gamma \quad \textit{für alle } H \in H \textit{ und } u \in \Gamma.$$

Schließlich sei $\nu : H \to V$ *eine Funktion mit*

$$(*) \qquad \nu(H)+H\nu(H')-\nu(HH') \in \Gamma \qquad \textit{für alle } H,H' \in \mathcal{H}.$$

Wir setzen

$$\mathcal{T}_\Gamma = \{T_u \mid u \in \Gamma\} \quad \textit{und} \quad G = \bigcup_{H \in \mathcal{H}} \mathcal{T}_\Gamma T_{\nu(H)} H.$$

Dann ist G *eine Gruppe von affinen Automorphismen mit der Punktgruppe* $\mathcal{H}$ *und dem Translationenbereich* Γ.

Beweis. Wegen (*) mit H = E haben wir $\nu(E)+\nu(H')-\nu(H') = \nu(E) \in \Gamma$, setzen wir in (*) $H' = H^{-1}$, so ist also $\nu(H)+H\nu(H^{-1}) \in \Gamma$ und damit

$$(**) \qquad H^{-1}\nu(H)+\nu(H^{-1}) \in \Gamma \qquad (\text{wegen } H^{-1}\Gamma = \Gamma).$$

Auch ist $H\mathcal{T}_\Gamma H^{-1} = \{T_{Hu} \mid u \in \Gamma\} = \mathcal{T}_\Gamma$, also $H\mathcal{T}_\Gamma = \mathcal{T}_\Gamma H$, und weiter $\mathcal{T}_\Gamma \mathcal{T}_\Gamma = \mathcal{T}_\Gamma$ und $\mathcal{T}_\Gamma^{-1} = \mathcal{T}_\Gamma$. Wir erhalten

$$(\mathcal{T}_\Gamma T_{\nu(H)} H)(\mathcal{T}_\Gamma T_{\nu(H')} H') = \mathcal{T}_\Gamma T_{\nu(H)+H\nu(H')} HH' = \mathcal{T}_\Gamma T_{\nu(HH')} HH'$$

wegen (*) und

$$(\mathcal{T}_\Gamma T_{\nu(H)} H)^{-1} = \mathcal{T}_\Gamma H^{-1} T_{-\nu(H)} = \mathcal{T}_\Gamma T_{-H^{-1}\nu(H)} H^{-1} = \mathcal{T}_\Gamma T_{\nu(H^{-1})} H^{-1}$$

wegen (**). Daher ist G eine Gruppe. Wegen $\nu(E) \in \Gamma$ ist $\Gamma(G) = \Gamma$.

1.17 Beispiel. Mit $\nu = 0$ erhalten wir die Gruppe $G = \mathcal{T}_\Gamma \mathcal{H}$, die wir die 0-Erweiterung von $\mathcal{T}_\Gamma$ mit $\mathcal{H}$ nennen.

1.18 Beispiel. Wir definieren Bewegungen des $\mathbb{R}^2$ durch

$E(x,y) = (x,y)$	(Identität)
$S_1(x,y) = (x,-y)$	(Spiegelung an x-Achse)
$S_2(x,y) = (-x,y)$	(Spiegelung an y-Achse)
$I(x,y) = (-x,-y)$	(Inversion mit Zentrum (0,0))
$T_{(r,s)}(x,y) = (x+r,y+s)$	(Translationen)
$G_1 = T_{(\frac{1}{2},0)} S_1$	(Gleitspiegelung an x-Achse)
$G_2 = T_{(0,\frac{1}{2})} S_2$	(Gleitspiegelung an y-Achse)

$$I^* = T_{(\frac{1}{4},\frac{1}{4})} I T_{-(\frac{1}{4},\frac{1}{4})} = T_{(\frac{1}{2},\frac{1}{2})} I \qquad \text{(Inversion mit Zentrum } (\tfrac{1}{4},\tfrac{1}{4})).$$

Auch sei

$$\mathcal{T} = \{T_{(a,b)} \mid a,b \in \mathbb{Z}\} \quad \text{und} \quad G = \mathcal{T} \cup \mathcal{T}G_1 \cup \mathcal{T}G_2 \cup \mathcal{T}I^*.$$

Es ist $G_2 G_1 = T_{(-\frac{1}{2},\frac{1}{2})} I = T_{(-1,0)} I^* \in \mathcal{T}I^*$. Allgemein ist für alle $X,Y \in G$ stets $XY \in G$ und $X^{-1} \in G$. Zum Beweis müssen wir nur die 16 Bedingungen 1.16 (*) mit $\Gamma = \{(a,b) \mid a,b \in \mathbb{Z}\}$ und

$\nu(E) = (0,0)$, $\nu(S_1) = (\frac{1}{2},0)$, $\nu(S_2) = (0,\frac{1}{2})$, $\nu(I) = (\frac{1}{2},\frac{1}{2})$

nachprüfen, und wir werden später Methoden kennenlernen, mit denen man den Rechenaufwand noch weiter einschränken kann. Also ist G eine Gruppe mit $\Gamma = \Gamma(G)$ und $G_0 = \{E,S_1,S_2,I\}$. Mit 1.7 überlegt man sich, daß G im Gegensatz zu G_0 keine Spiegelungen enthält. Die Gruppe G ist die Invarianzgruppe eines Ornaments vom Typ pgg.

A u f g a b e n

A 1.1 a) Man überlege sich, daß die für die Friesgruppen verwendeten Symbole $C_1{*}$, $C_2{*}, \ldots, D_2{**}$ genau genommen keine bestimmten Gruppen sondern Klassen von Gruppen bezeichnen.

b) Man gebe für jede der 7 Klassen von Friesgruppen ein konkretes Beispiel an (also $C_1{*} = \{T^z \mid z \in \mathbb{Z}\}$ mit $T: \mathbb{R}^2 \to \mathbb{R}^2$, $T(x,y) = (x+1,y)$, usw.) und bestimme die Translationenbereiche $\Gamma(G)$ und Punktgruppen G_0. Ist G_0 stets eine Untergruppe der Friesgruppe G?

c) Welche der 7 Klassen bestehen aus abelschen Gruppen?

A 1.2 Man zeige: Wendet man sämtliche Translationen einer Friesgruppe G auf einen Punkt der Ebene an, so entsteht eine unendliche Punktreihe, wobei benachbarte Punkte den gleichen Abstand haben. (Hinweis: Was bedeutet dies für $\Gamma(G)$?)

A 1.3 Man zeige, daß jede Friesgruppe einer der 7 Klassen $C_1{*}, \ldots, D_2{*}$ angehört. (Hinweis: Man diskutiere zunächst die Möglichkeiten für die Punktgruppe und benutzte 1.9 und A 1.2.)

A 1.4 Man zeige: Es sei G eine Bewegungsgruppe des 3-dimensionalen Raumes V. Weiter enthalte G keine Schraubungen und Translationen $\neq$ E. Dann gibt es ein $v \in V$ mit Gv = v für alle $v \in V$.
(Hinweis: Man lasse sich von dem Beweis 1.8 inspirieren. Insbesondere zeige man, daß das Produkt zweier Drehungen mit windschiefen Achsen keinen Fixpunkt haben kann.)

A 1.5 Für $0 \neq r \in \mathbb{R}$ sei $A_r : \mathbb{R}^2 \to \mathbb{R}^2$ definiert durch
$A_r(x,y) = r(x \cos \pi r - y \sin \pi r,\ x \sin \pi r + y \cos \pi r + 1)$.

a) Man zeige, daß A_r eine affiner Automorphismus ist.

b) Für welche Werte r ist A_r eine Bewegung?
(Das Skalarprodukt sei definiert durch $(x,y)\cdot(x',y') = xx'+yy'$.)

c) Man bestimme die Ordnung der Gruppe $\{A_r^z \mid z \in \mathbb{Z}\}$ für alle Werte r.

A 1.6 Man zeige, daß SO(V) nur für dim $V \leqq 2$ abelsch ist.

A 1.7 Für $G \leq AGL(V)$ und $s \in V$ zeige man $\{G \in G \mid Gs = s\} = T_s G_0 T_{-s} \cap G$.

§ 2. GITTER

Es sei G die Invarianzgruppe eines Kristalls. Dann sind für jeden Punkt v die sämtlichen Punkte der Gestalt Gv mit $G \in G$ geometrisch und physikalisch gleichberechtigt. Wegen der diskreten Struktur der Materie liegt es nahe zu fordern, daß sich diese Punkte nirgendswo häufen.

2.1 Definition. Es sei V der n-dimensionale Euklidische Raum.
a) Eine Teilmenge M von V heißt beschränkt, wenn es ein $v \in V$ und ein $r \in \mathbb{R}$ mit

$$M \subseteqq K_r(v) := \{w \in V \mid d(v,w) \leq r\}$$

gibt.
b) Eine Teilmenge M von V heißt diskret, wenn jede beschränkte Teilmenge von M nur endlich viele Elemente besitzt.
(Zum Beispiel ist die Teilmenge $\mathbb{Z}$ von $\mathbb{R}$ diskret, während $\{\frac{1}{n} \mid n = 1,2,3,\ldots\}$ nicht diskret ist.)

c) Eine Bewegungsgruppe G heißt diskret, wenn jede Bahn $\{Gv \mid G \in G\}$, $v \in V$, von G eine diskrete Teilmenge von V ist. (Man vergleiche diese Definition mit 3.8b) und 3.10.)

Wir beschäftigen uns zunächst mit den diskreten Bewegungsgruppen, die ganz aus Translationen bestehen.

2.2 Definition. Es sei V der n-dimensionale reelle Hilbertraum.
a) Eine Teilmenge Γ von V heißt Gitter, wenn gilt:

1) Γ ist eine additive Untergruppe von V.
2) Γ ist eine diskrete Teilmenge von V.
3) Γ ist in keinem echten Teilraum von V enthalten.

b) Gitter in der Ebene heißen Netze.

Mit Hilfe der Definition 2.2 läßt sich z.B. leicht nachprüfen, daß $\Gamma = \{(x,y,z) \in \mathbb{Z}^3 \mid x+y+z \equiv 0(2)\}$ ein Gitter des $\mathbb{R}^3$ (mit dem üblichen Skalarprodukt) ist, indem man sich zunächst davon überzeugt, daß $\Gamma_1 = \mathbb{Z}^3$ und $\Gamma_2 = \{2v \mid v \in \Gamma_1\}$ Gitter mit $\Gamma_1 \supset \Gamma \supset \Gamma_2$ sind.

2.3 Folgerung. *Es sei G eine Bewegungsgruppe, die ganz aus Translationen besteht. Genau dann ist G diskret, wenn der Translationenbereich $\Gamma(G)$ in dem Unterraum $U = \langle\Gamma(G)\rangle_{\mathbb{R}}$ aller Linearkombinationen von $\Gamma(G)$ ein Gitter bildet.*

Beweis. " $\Rightarrow$ ": G sei diskret. Dann ist die Bahn $\Gamma(G) = \{G0 \mid G \in G\}$ diskret. Also ist $\Gamma(G)$ ein Gitter von U.

" $\Leftarrow$ ": Es sei $\Gamma(G)$ ein Gitter von U. Dann ist die Bahn $\Gamma(G) = \{G0 \mid G \in G\}$ diskret. Wie man sich leicht überlegt, sind nun auch alle anderen Bahnen $\{Gv \mid G \in G\} = v+\Gamma(G)$ diskret.

Ist Γ ein Gitter und U ein Teilraum von V, so ist $\Gamma \cap U$ eine diskrete, additive Untergruppe von U, die aber möglicher Weise nicht ganz U erzeugt. Wir definieren daher:

2.4 Definition. Es sei Γ ein Gitter von V. Ein Teilraum U von V heißt Γ-Teilraum, wenn $U = \langle\Gamma \cap U\rangle_{\mathbb{R}}$ ist.

2.5 Definition. Es sei Γ eine additiv geschriebene abelsche Gruppe, weiter seien $v_1,\dots,v_r \in \Gamma$. Wir nennen $v_1,\dots,v_r$ eine $\mathbb{Z}$-Basis von Γ, wenn es für jedes $v \in \Gamma$ eindeutig bestimmte Zahlen $z_1,\dots,z_r \in \mathbb{Z}$ mit $v = \sum_{i=1}^{r} z_i v_i$ gibt.

Ist Γ eine additive Untergruppe des Hilbertraums V mit der $\mathbb{Z}$-Basis $v_1,\dots,v_r$, und ist $U = \langle\Gamma\rangle_{\mathbb{R}}$, so ist $r \geq \dim U$, denn $v_1,\dots,v_r$ ist ein Erzeugendensystem des Vektorraums U. Genau dann ist $r = \dim U$, wenn $v_1,\dots,v_r$ eine Vektorraumbasis ($\mathbb{R}$-Basis) von U ist. (In A 2.3 geben wir ein Beispiel für $r > \dim U$.) Wir wollen zeigen, daß jedes Gitter eine $\mathbb{Z}$-Basis $v_1,\dots,v_n$ mit $n = \dim V$ besitzt.

2.6 Hilfssatz. *Es sei Γ ein Gitter des n-dimensionalen Hilbertraums V.*

a) *Es sei U ein Γ-Teilraum $\neq V$ von V. Dann gibt es in $\Gamma - U$ Vektoren mit minimalem Abstand von U.*

b) *Es sei U ein Γ-Teilraum von V mit dim U = n-1.*
Weiter sei $v_1,\dots,v_{n-1}$ eine $\mathbb{Z}$-Basis von $\Gamma\cap U$. Genau dann ist $v_1,\dots,v_n$ eine $\mathbb{Z}$-Basis von Γ, wenn v_n in $\Gamma-U$ minimalen Abstand von U hat.

c) *Es sei $v_1,\dots,v_k\in\Gamma$, $0\leq k\leq n$. Wir setzen $U = \langle v_1,\dots,v_k\rangle_{\mathbb{R}}$. Genau dann gibt es eine $\mathbb{Z}$-Basis $v_1,\dots,v_n$ von Γ, wenn dim U = k und $v_1,\dots,v_k$ eine $\mathbb{Z}$-Basis von $\Gamma\cap U$ ist. Insbesondere* (k = 0) *besitzt Γ eine $\mathbb{Z}$-Basis.*

d) *Es sei $v_1,\dots,v_n$ eine $\mathbb{Z}$-Basis von Γ. Weiter sei $v = \sum_1^n s_i v_i \in\Gamma$. Genau dann gibt es eine $\mathbb{Z}$-Basis $v_1,\dots,v_{k-1},v,w_{k+1},\dots,w_n$ von Γ, wenn* $ggT(s_k,\dots,s_n) = 1$ *ist.*

Beweis. a) Wegen $U\neq V$ ist $\Gamma-U\neq\emptyset$. Es sei $v\in\Gamma-U$, $v = u+u'$ mit $u = \sum_{i=1}^k a_i v_i\in U$ und $u'\in U^{\perp}$, dabei sei $v_1,\dots,v_k$ eine $\mathbb{R}$-Basis von U mit $v_i\in\Gamma$. Dann hat v von U den Abstand $a = \|u'\|$. Dabei ist ohne Einschränkung $0\leq a_i\leq 1$ für alle i, denn wir können zu v ein Element aus $\Gamma\cap U$ addieren, ohne daß sich der Abstand a verändert. Nach der Dreiecksungleichung ist dann $\|u\|\leq\sum_{i=1}^k\|v_i\|$ und $\|v\|\leq r := a+\sum_1^k\|v_i\|$. Nach 2.2a) enthält die Kugel $K_r(0)$ nur endlich viele Elemente aus Γ. Daher gibt es in $(\Gamma-U)\cap K_r(0)$ Elemente mit minimalem Abstand von U, und dieser Abstand wird nach obigem Argument in $\Gamma-U$ nicht unterboten.

b) $v_n\in\Gamma-U$ habe von U den minimalen Abstand a.
" $\Leftarrow$ ": Es sei $v\in\Gamma$. Dann ist $v = (x+y)v_n+u$ mit $u\in U$, $x\in\mathbb{Z}$ und $0\leq y<1$. Dabei hat $v-xv_n$ von U den Abstand ay. Wegen $ay<a$ ist $y = 0$, $u\in\Gamma$ und $v\in\langle v_1,\dots,v_n\rangle_{\mathbb{Z}}$.

" $\Rightarrow$ ": Es sei $v_1,\dots,v_{n-1},v_n'$ eine $\mathbb{Z}$-Basis von Γ. Dann ist $v_n'\in sv_n+U$ und $v_n\in tv_n'+U$ mit $s,t\in\mathbb{Z}$ und $st=1$, also $v_n'+U = \pm v_n+U$. Daher haben v_n und v_n' den gleichen (minimalen) Abstand von U.

c) " $\Rightarrow$ ": Es sei $v_1,\dots,v_n$ eine $\mathbb{Z}$-Basis von Γ. Dann ist $v_1,\dots,v_k$ eine $\mathbb{R}$-Basis von U und eine $\mathbb{Z}$-Basis von $\Gamma\cap U$.

" $\Leftarrow$ ": Es sei $v_1,\dots,v_k$ eine $\mathbb{Z}$-Basis von $\Gamma\cap U$, k = dim U. Dann gibt es eine $\mathbb{R}$-Basis $v_1,\dots,v_k,w_{k+1},\dots,w_n$ von V mit $w_{k+i}\in\Gamma$. Setzen wir $U_i = \langle U,w_{k+1},\dots,w_{k+i}\rangle_{\mathbb{R}}$, so folgt die Existenz einer $\mathbb{Z}$-Basis $v_1,\dots,v_{k+i}$ von $\Gamma\cap U_i$ aus a) und b) durch Induktion nach i.

d) Es sei $v^* = \sum_{i=k}^n s_i v_i$ und $s = ggT(s_k,\dots,s_n)$.

Für $s = 0$, also $v^* = 0$ ist $v\in\langle v_1,\dots,v_{k-1}\rangle$.

Nun sei $s \neq 0$ und $\neq \pm 1$. Dann ist $\frac{1}{s}v^* = \frac{1}{s}\,(v - \sum_{1}^{k-1} s_i v_i) \in \Gamma$.

Nach c) gibt es also keine $\mathbb{Z}$-Basis $v_1,\ldots,v_{k-1},v,\ldots$ von Γ. Schließlich sei $s = \pm 1$. Es sei $xv^* \in \Gamma$ für ein $x \in \mathbb{R}$. Dann ist $xs_i \in \mathbb{Z}$ für $k \leq i \leq n$. Wegen $s = \pm 1$ ist $1 = \sum_{k}^{n} s_i t_i$ mit geeigneten $t_i \in \mathbb{Z}$, und es folgt $x \in \mathbb{Z}$. Nach c) gibt es also eine $\mathbb{Z}$-Basis $v^*, w_{k+1},\ldots,w_n$ von $\langle v_k,\ldots,v_n\rangle_{\mathbb{Z}}$. Dann ist $v_1,\ldots,v_{k-1},v,w_{k+1},\ldots,w_n$ eine $\mathbb{Z}$-Basis von Γ.

2.7 Satz. a) *Es sei* Γ *eine additive Untergruppe des reellen Hilbertraums* V *mit* $V = \langle\Gamma\rangle_{\mathbb{R}}$. *Genau dann ist* Γ *ein Gitter von* V, *wenn* Γ *eine* $\mathbb{Z}$-*Basis* $v_1,\ldots,v_n$ *mit* $n = \dim V$ *besitzt.*

b)* *Besitzt eine abelsche Gruppe* Γ *eine endliche* $\mathbb{Z}$-*Basis, so haben alle* $\mathbb{Z}$-*Basen von* Γ *die gleiche Anzahl von Elementen, die wir den* Rang *von* Γ *nennen.*

Beweis. a) " $\Rightarrow$ ": Jedes Gitter besitzt nach 2.6c) mit $k = 0$ eine $\mathbb{Z}$-Basis der Länge n.

(Die torsionsfreie, abelsche Gruppe Γ ist also endlich erzeugbar und ihr Rang ist gleich der Dimension von V. Für nichtdiskrete, endlich erzeugbare Untergruppen von V kann der Rang dagegen beliebig groß werden, vgl. A 2.3.)

" $\Leftarrow$ ": Es sei $v_1,\ldots,v_n$ eine $\mathbb{Z}$-Basis der additiven Gruppe Γ. Nach 2.2 müssen wir nur noch zeigen, daß Γ diskret ist. Es sei M eine beschränkte Teilmenge von Γ, also $\|v\| \leq R$ für alle $v = \sum_{1}^{n} x_i v_i = \sum_{1}^{n} y_j e_j \in M$, dabei sei $e_1,\ldots,e_n$ eine Orthonormalsbasis von V. Weiter sei $e_j = \sum_{i=1}^{n} a_{ij} v_i$. Dann ist $x_i = \sum_j a_{ij} y_j$ und

$$|x_i| \leq \sum_j |a_{ij}|\,|y_j| \leq \sum_j |a_{ij}|\;\|v\| \leq c_i$$

mit $c_i = \sum_j |a_{ij}| R$. Ist d_i die Anzahl der $x \in \mathbb{Z}$ mit $|x| \leq c_i$, so ist also $|M| \leq \prod_i d_i$.

b) Es sei $v_1,\ldots,v_n$ eine $\mathbb{Z}$-Basis von Γ. Es gibt einen $\mathbb{Q}$-Vektorraum V mit der $\mathbb{Q}$-Basis $v_1,\ldots,v_n$, denn wir können $\Gamma = \mathbb{Z}^n$, $v_i = (0,\ldots,0,\underset{i}{1},0,\ldots 0)$ und $V = \mathbb{Q}^n$ setzen. Es sei nun $w_1,\ldots,w_m$ eine zweite $\mathbb{Z}$-Basis von Γ. Dann ist $V = \langle w_1,\ldots,w_m\rangle_{\mathbb{Q}}$, denn es ist $V = \langle v_1,\ldots,v_n\rangle_{\mathbb{Q}}$, und die v_i sind Linearkombinationen der w_j. Aus $0 = \sum_{j=1}^{m} r_j w_j$ mit $r_j = \frac{a_j}{b_j} \in \mathbb{Q}\,(a_j, b_j \in \mathbb{Z})$ folgt durch Multiplikation mit $b := b_1 \dots b_m$ weiter $0 = \sum_j br_j w_j$ mit $br_j \in \mathbb{Z}$, also $br_j = 0$, $b \neq 0$, und somit $r_j = 0$ für $j = 1, \dots, m$. Daher ist $w_1, \dots, w_m$ eine $\mathbb{Q}$-Basis von V. Da V ein Vektorraum ist, erhalten wir $m = n$.

<u>2.8 Definition.</u> Es sei Γ ein Gitter von V. Wir setzen

$$GL(\Gamma) = \{G \in GL(V) \mid G\Gamma = \Gamma\} \text{ und } S(\Gamma) = GL(\Gamma) \cap O(V)$$

und nennen $S(\Gamma)$ die <u>(homogene)</u> <u>Symmetriegruppe</u> oder <u>Bravaisgruppe</u> von Γ. Eine Gruppe G heißt <u>kristallographische Punktgruppe</u>, wenn es ein Gitter Γ (vom Rang 3) mit $G \leq S(\Gamma)$ gibt.
(Wir bemerken, daß $GL(\Gamma)$ offenbar zur Automorphismengruppe Aut Γ der Gruppe Γ isomorph ist.

<u>2.9 Folgerung.</u> *Es sei* $v_1, \dots, v_n$ *eine* $\mathbb{Z}$*-Basis des Gitters* Γ. *Für* $1 \leq j \leq n$ *sei* $w_j = \sum_{i=1}^{n} a_{ij} v_i \in V$. *Dann sind folgende Aussagen gleichwertig:*

a) $w_1, \dots, w_n$ *ist eine* $\mathbb{Z}$*-Basis von* Γ.

b) *Es gibt ein* $G \in GL(\Gamma)$ *mit* $Gv_j = w_j$ *für* $1 \leq j \leq n$.

c) *Es ist* $(a_{ij}) \in GL(n,\mathbb{Z}) = \{(x_{ij})_{1 \leq i,j \leq n} \mid x_{ij} \in \mathbb{Z},\ \det(x_{ij}) = \pm 1\}$.

<u>Beweis.</u> a) $\Rightarrow$ b): Da $w_1, \dots, w_n$ eine $\mathbb{R}$-Basis von V ist, gibt es ein $G \in GL(V)$ mit $Gv_j = w_j$ für $1 \leq j \leq n$. Da $v_1, \dots, v_n$ und $w_1, \dots, w_n$ Gitterbasen sind, haben wir $G\Gamma = \Gamma$.

b) $\Rightarrow$ c): Wegen $G \in GL(\Gamma)$ ist $w_j \in \Gamma$, also $a_{ij} \in \mathbb{Z}$. Ebenso ist die Matrix zu G^{-1} ganzzahlig. Es folgt $(\det G)(\det G^{-1}) = 1$ mit $\det G \in \mathbb{Z}$ und $\det G^{-1} \in \mathbb{Z}$. Also ist $\det G = \pm 1$.

c) $\Rightarrow$ a): Wegen $(a_{ij}) \in GL(n,\mathbb{Z})$ ist $(a_{ij})^{-1} = \frac{1}{\det(a_{ij})} (\tilde{a}_{ij}) \in GL(n,\mathbb{Z})$.
Daher ist $w_1, \dots, w_n$ eine Gitterbasis.

Orthogonale Gruppen, die auf einem Gitter operieren, sind starken Einschränkungen unterworfen:

<u>2.10 Satz.</u> *Die Symmetriegruppe* $S(\Gamma)$ *eines Gitters ist endlich.*

<u>Beweis.</u> Es sei $v_1, \dots, v_n$ eine $\mathbb{Z}$-Basis von Γ, wir setzen $R = \max_i \|v_i\|$. Die Menge $M = \{v \in \Gamma \mid \|v\| \leq R\}$ ist nach 2.2a) endlich. Jedem Element $G \in S(\Gamma)$ ordnen wir die Permutation $G|_M$ von M zu. Diese Zuordnung ist

injektiv, denn M enthält eine $\mathbb{R}$-Basis von V. Daher ist $|S(\Gamma)| \leq |M|!$.

<u>2.11 Satz.</u> *Es sei* $H \in S(\Gamma)$ *mit* det H = 1 *für ein Gitter* Γ *von* V. *Dabei sei* dim V = 3. *Wir setzen* s = (Spur H)-1. *Auch sei* m = O(H) *die Ordnung von* H. *Dann gibt es die folgenden Möglichkeiten:*

s	-2	-1	0	1	2
m	2	3	4	6	1

.

Daher ist jede Drehachse von $S(\Gamma)$ *eine* <u>*Di*</u>-, <u>*Tri*</u>-, <u>*Tetra*</u>- *oder* <u>*Hexagyre*</u>.

<u>Beweis.</u> Nach 1.5 b1) gibt es eine Orthonormalbasis e_1, e_2, e_3 von V mit $He_3 = e_3$. Nach 1.5 a1) ist daher Spur H = s+1 = 2 (cos α)+1. Berechnen wir andererseits Spur H bezüglich einer $\mathbb{Z}$-Basis von Γ, so folgt $s \in \mathbb{Z}$. Daher ist 2 cos $\alpha \in \{-2,-1,0,1,2\}$ und

$$\alpha \in \{-\pi, \pm 2\pi/3, \pm\pi/2, \pm\pi/3, 0\}.$$

<u>2.12 Definition.</u> Es sei $\Gamma = \langle v_1, \ldots, v_n\rangle$ ein Gitter. Zur Beschreibung der Metrik von Γ, also der Längen $\|v_i\|$ und der Winkel

$$\sphericalangle(v_i, v_j) = \arccos \frac{v_i \cdot v_j}{\|v_i\|\,\|v_j\|}$$ bilden wir die Zahlen $f_{ii} = \|v_i\|^2$ und

$f_{ij} = 2v_i \cdot v_j$, $1 \leq i \leq j \leq n$, die wir in dem Polynom $f = \sum_{1\leq i\leq j\leq n} f_{ij}x_ix_j$, wo $x_1, \ldots, x_n$ Unbestimmte sind, zusammenfassen, und wir sagen, daß Γ bezüglich der $\mathbb{Z}$-Basis $v_1, \ldots, v_n$ zur <u>quadratischen Form</u> f gehört. Für alle $r_1, \ldots, r_n \in \mathbb{R}$ ist dann $f(r_1, \ldots, r_n) = \|\sum_{i=1}^{n} r_iv_i\|^2$. (Zum Beispiel beschreibt die Form $f(x_1, x_2) = x_1^2 + x_2^2 - x_1x_2$ ein hexagonales Netz, denn es ist $\|v_1\| = \|v_2\| = 1$ und $\sphericalangle(v_1, v_2) = 120°$.)

<u>2.13 Beispiel.</u> Das Gitter $\Gamma = \langle v_1, \ldots, v_n\rangle_{\mathbb{Z}}$ gehöre zur Form $a(x_1^2 + \ldots + x_n^2)$, $a > 0$. Für alle Permutationen $P \in S_n$ und Funktionen $f\colon \{1, \ldots, n\} \to \{\pm 1\}$ sei $G_{P,f} \in O(V)$ definiert durch $G_{P,f}v_i = f(i)v_{Pi}$. Dann ist

$$S(\Gamma) = \{G_{P,f} \mid P, f\} \text{ und } G_{P,f}G_{Q,g} = G_{PQ,h} \text{ mit } h(i) = (Qi)g(i).$$

Insbesondere ist $|S(\Gamma)| = n!2^n$.

Beweis. Es sei $G \in \mathcal{S}(\Gamma)$. Dann ist $Gv_j = \sum_{i=1}^{n} a_{ij}v_i$ mit $a_{ij} \in \mathbb{Z}$ und

$$Gv_j \cdot Gv_j = a \sum_i a_{ij}^2 = v_j \cdot v_j = a.$$

Daher ist $G = G_{P,f}$ für geeignete P,f. Umgekehrt ist stets $G_{P,f} \in \mathcal{S}(\Gamma)$. Es folgt $|\mathcal{S}(\Gamma)| = n!2^n$. Auch ist

$$G_{P,f}G_{Q,g}v_i = g(i)G_{P,f}v_{Qi} = f(Qi)g(i)v_{PQi} = G_{PQ,h}v_i.$$

Nach 2.9 besitzt ein Gitter für $\dim V \geq 2$ sehr viele verschiedene $\mathbb{Z}$-Basen. Besonders wichtig sind jedoch solche Gitterbasen, deren Vektoren möglichst kurz sind.

2.14 Definition. Es sei Γ ein Gitter von V. Eine $\mathbb{R}$-Basis $v_1,\ldots,v_n$ von V mit $v_k \in \Gamma$, $1 \leq k \leq n$, heißt ein Minimalsystem von Γ, wenn v_k ein kürzester von $v_1,\ldots,v_{k-1}$ linear unabhängiger Gittervektor ist. (Insbesondere wird also gefordert, daß v_1 ein kürzester Gittervektor $\neq 0$ ist.)

2.15 Folgerungen. a) *Jedes Gitter besitzt ein Minimalsystem.*

b) *Es sei* $v_1,\ldots,v_n$ *ein Minimalsystem des Gitters* Γ.
Dann ist $\|v_1\| \leq \|v_2\| \leq \ldots \leq \|v_n\|$.
In Verschärfung der Schwarzschen Ungleichung $|v_i \cdot v_j| \leq \|v_i\|\,\|v_j\|$ *gilt weiter* $|2v_i \cdot v_j| \leq \|v_i\|^2$ *für* $i<j$.

c) *Es seien* $v_1,\ldots,v_n$ *und* $w_1,\ldots,w_n$ *Minimalsysteme des Gitters* Γ. *Dann ist* $\|v_k\| = \|w_k\|$ *für* $1 \leq k \leq n$.

Beweis. a) Da jede nichtleere Menge von Gittervektoren nach 2.2a) einen kleinsten enthält, findet man rekursiv ein Minimalsystem von Γ.

b) Da v_{k+1} von $v_1,\ldots,v_{k-1}$ linear unabhängig ist, haben wir $\|v_{k+1}\| \geq \|v_k\|$. Ebenso ist $\|v_i \pm v_j\|^2 \geq \|v_j\|^2$, also $|2v_i \cdot v_j| \leq \|v_i\|^2$ für $i<j$.

c) Angenommen, es wäre zum Beispiel $\|v_k\| < \|w_k\|$ für ein k. Dann gibt es ein i mit $1 \leq i \leq k$ und $v_i \notin \langle w_1,\ldots,w_{k-1}\rangle_{\mathbb{R}}$, und es ist $\|v_i\| \leq \|v_k\| < \|w_k\|$ im Widerspruch zur Minimalität von $\|w_k\|$.

2.16 Hilfssatz. a) *Es sei* $v_1,\ldots,v_n$ *eine Basis des Gitters* Γ. *Dann gibt es eine eindeutig bestimmte Orthonormalbasis* $e_1,\ldots,e_n$ *von* V *mit* $v_j = h_j e_j + \sum_{i=1}^{j-1} h_{ij}e_i$, $h_j > 0$ *für alle* j.

Wir nennen die Zahlen $h_1,\dots,h_n$ *die Höhen von* $v_1,\dots v_n$.

b) *Es sei* $v_1,\dots,v_n$ *eine Basis des Gitters* Γ *mit den Höhen* $h_1,\dots,h_n$. *Weiter sei* $v \in V$. *Dann gibt es ein* $w \in \Gamma$ *mit* $\|v-w\|^2 \leq (h_1^2+\dots+h_n^2)/4$.

Beweis. a) Die Basis $e_1,\dots,e_n$ läßt sich nach dem bekannten Verfahren von E. Schmidt rekursiv aus $v_1,\dots,v_n$ konstruieren.

b) Es seien $e_1,\dots,e_n$ wie in a). Es genügt, ein $w \in \Gamma$ mit $|(v-w)\cdot e_i| \leq h_i/2$ für $1 \leq i \leq n$ zu bestimmen.

Dazu sei $v = \sum_{i=1}^{k} x_i v_i$. Dann gibt es ein $y_k \in \mathbb{Z}$ mit $|x_k-y_k| \leq \frac{1}{2}$, und es ist $v' = v-y_k v_k-(x_k-y_k)h_k e_k \in \langle v_1,\dots,v_{k-1}\rangle_{\mathbb{R}}$.

Vermöge Induktion nach k gibt es ein $w' \in \langle v_1,\dots,v_{k-1}\rangle_{\mathbb{Z}}$ mit $|(v'-w')\cdot e_i| \leq h_i/2$ für $1 \leq i \leq k-1$.

Wir setzen $w = w'+y_k v_k$. Dann ist $w \in \langle v_1,\dots,v_k\rangle_{\mathbb{Z}}$ und $v-w = v'-w'+(x_k-y_k)h_k e_k$, also $|(v-w)\cdot e_i| \leq h_i/2$ für $1 \leq i \leq k$.

2.17 Satz. *Es sei* $v_1,\dots,v_n$ *ein Minimalsystem des Gitters* Γ.

a) (Lagrange). *Für* $n = 2$ *ist* v_1, v_2 *eine Basis von* Γ.

b)* (Seeber). *Für* $n = 3$ *ist* v_1, v_2, v_3 *eine Basis von* Γ.

c)* (Julia). *Es sei* $n = 4$ *und* $v_1,\dots,v_4$ *sei keine Basis von* Γ. *Dann ist* $v_i \cdot v_j = \delta_{ij} a$ *mit* $a > 0$. *Weiter ist* $v_1, v_2, v_3, \sum_1^4 v_i/2$ *eine Basis von* Γ.

Beweis. a) Angenommen, v_1, v_2 wäre keine $\mathbb{Z}$-Basis. Dann gibt es ein $v = x_1v_1+x_2v_2 \in \Gamma$ mit $x_1 \notin \mathbb{Z}$ oder $x_2 \notin \mathbb{Z}$. Da wir zu v Elemente aus $\langle v_1,v_2\rangle_{\mathbb{Z}}$ addieren können, dürfen wir $|x_1|, |x_2| \leq \frac{1}{2}$ annehmen. Mit 2.15b) erhalten wir dann $\|v\|^2 \leq \frac{3}{4}\|v_2\|^2 < \|v_2\|^2$.

Nach Wahl von v_1 ist $x_2 \neq 0$, also ist v von v_1 linear unabhängig. Wir erhalten somit einen Widerspruch zur Wahl von v_2.

b), c) Es sei $n = 3$ oder 4, weiter sei $U = \langle v_1,\dots,v_{n-1}\rangle_{\mathbb{R}}$. Gemäß Induktion nach n können wir annehmen, daß $v_1,\dots,v_{n-1}$ eine $\mathbb{Z}$-Basis von $\Gamma \cap U$ ist. Nach 2.6c) gibt es daher eine Basis $v_1,\dots,v_{n-1},v$ von Γ. Also ist

$$v_n = \sum_{i=1}^{n-1} s_i v_i + s_n v \text{ mit } s_i \in \mathbb{Z} \text{ und } s_n \neq 0.$$

Für $s_n = \pm 1$ ist $v_1,\ldots,v_n$ eine Basis von Γ. Es sei also $|s_n| \geq 2$. Die Höhen von $v_1,\ldots,v_{n-1}$ (in U) seien $h_1,\ldots,h_{n-1}$. Weiter sei

$$v = u+u' \text{ mit } u \in U \text{ und } u' \in U^{\perp}.$$

Durch Addition eines geeigneten Vektors aus $\Gamma \cap U$ zu v wird nach 2.16 und 2.15b)

$$\|u\|^2 \leq \frac{1}{4}(h_1^2+\ldots+h_{n-1}^2) \leq \frac{1}{4}(\|v_1\|^2+\ldots+\|v_{n-1}\|^2) \leq \frac{n-1}{4}\|v_n\|^2.$$

Andererseits ist $v_n = u_o+s_n u'$ mit

$$u_o = \sum_{i=1}^{n-1} s_i v_i + s_n u \in U \text{ und } |s_n| \geq 2, \text{ also } \|v_n\|^2 \geq \|s_n u'\| \geq 4\,\|u'\|^2.$$

Es folgt $\|v\|^2 = \|u+u'\|^2 = \|u\|^2+\|u'\|^2 \leq \frac{n}{4}\|v_n\|^2$.

Für $n = 3$ widerspricht dies der Minimalität von $\|v_3\|$.

Also ist $n = 4$, und in allen Abschätzungen gilt das Gleichheitszeichen. Wir erhalten

$$\|v\| = \|v_1\| = \ldots = \|v_4\| = \sqrt{a},$$

$$|s_4| = 2 \text{ und } u_0 = 0, \text{ also } v_n = \pm 2u' \in U^{\perp},$$

$$h_i = \|v_i\|, \text{ also } v_i \cdot v_j = a\delta_{ij},$$

$$u = \sum_1^3 t_i v_i \text{ mit } u_0 = \sum_1^3 (s_i \pm 2t_i)v_i = 0, \text{ also } s_i \pm 2t_i = 0,$$

$$\|u\|^2 = \frac{3}{4}a = a\sum_1^3 t_i^2 = \frac{a}{4}\sum_1^3 s_i^2, \text{ also } |s_i| = 2|t_i| = 1,\ i \leq 3.$$

Es folgt $v = u+u' = \sum_1^4 t_i v_i$ mit $|t_i| = \frac{1}{2}$.

<u>2.18* Beispiel.</u> Es sei $e_1,\ldots,e_n$ eine Orthonormalbasis von V und $e_1,\ldots,e_{n-1}, \sum_1^n e_i/2$ eine $\mathbb{Z}$-Basis des Gitters Γ. Für $n \geq 5$ ist kein Minimalsystem von Γ eine Gitterbasis, denn $e_1,\ldots,e_n$ ist dann bis auf Reihenfolge und Vorzeichen der Vektoren das einzige Minimalsystem.

<u>2.19 Hilfssatz.</u> *Es sei* $v_1,\ldots,v_n$ *eine Basis des Gitters* Γ, *weiter sei* $D_\Gamma = \det\,(v_i \cdot v_j)_{i,j}$ *die <u>Diskriminante</u> von* Γ.
Für das n-dimensionale Volumen $V_n(Z)$ *der <u>primitiven Zelle</u>*

$$Z = \{\sum_1^n x_i v_i \mid 0 \leq x_i < 1\} \text{ gilt dann } V_n(Z) = \sqrt{D_\Gamma}.$$

Beweis. Nach 2.9 ist D_Γ von der speziellen Wahl der Basis $v_1,\dots,v_n$ unabhängig, denn beim Übergang zu einer anderen Basis wird die Diskriminante mit dem Quadrat der Determinante der Transformationsmatrix multipliziert. Wir wählen nun die Bezeichnungen von 2.16a).

Dann ist $V_n(Z) = h_n V_{n-1}(\{\sum_1^{n-1} x_i v_i \mid 0 \le x_i < 1\})$.

Induktion nach n ergibt $V_n(Z) = \prod_1^n h_i$. Setzen wir $h_{ii} = h_i$ und $h_{ij} = 0$ für $i > j$, so ist andererseits

$$D_\Gamma = \det (h_{ij})^2 \det (e_i \cdot e_j)_{i,j} = (\prod_1^n h_i)^2.$$

2.20 Satz. *Es seien Z und* Z_0 *primitive Zellen der Gitter* Γ *und* Γ_0 *von V. Dabei sei* $\Gamma \ge \Gamma_0$.

a) $\Gamma \cap Z_0$ *ist eine Transversale der Untergruppe* Γ_0 *von* Γ, *enthält also aus jeder Nebenklasse* $v + \Gamma_0$, $v \in \Gamma$, *genau ein Element. Daher ist* Γ/Γ_0 *eine endliche, abelsche Gruppe der Ordnung* $|\Gamma \cap Z_0|$.

b) *Es gibt Basen* $v_1,\dots,v_n$ *von* Γ *und* $w_1,\dots,w_n$ *von* Γ_0, *sowie Zahlen* $d_1,\dots,d_n \in \mathbb{N}$ *mit* $d_1|d_2$, $d_2|d_3,\dots$ *und* $w_i = d_i v_i$, $1 \le i \le n$.

Weiter ist $\Gamma/\Gamma_0 \cong \bigoplus_{i=1}^n \mathbb{Z}/d_i\mathbb{Z}$.

c) *Für die Volumina von Z und* Z_0 *ist* $V_n(Z_0) = mV_n(Z)$ *mit* $m = |\Gamma \cap Z_0|$.

Beweis. a) Es sei $w_1,\dots,w_n$ eine Basis von Γ_0.

Für jedes $v = \sum_1^n x_i w_i \in \Gamma$ ist $x_i = y_i + z_i$ mit $z_i \in \mathbb{Z}$ und $0 \le y_i < 1$.

Also ist $v^* = \sum_1^n y_i w_i \in \Gamma \cap Z_0$ mit $v \in v^* + \Gamma_0$. Sind weiter $v = \sum_1^n x_i w_i$ und $w = \sum_1^n y_i w_i$ aus $\Gamma \cap Z_0$ mit $v - w \in \Gamma_0$, so ist $x_i - y_i \in \mathbb{Z}$ und $-1 < x_i - y_i < 1$, also $v = w$. Daher ist $\Gamma \cap Z_0$ eine Transversale von Γ_0 in Γ. Nach 2.2a) ist $|\Gamma \cap Z_0|$ endlich.

b) Dies ist ein Spezialfall des Elementarteilersatzes, vgl. v.d. Waerden, Algebra II, S. 4.

c) Wir können annehmen, daß Z und Z_0 zu Gitterbasen gehören, für die b) gilt. Dann ist

$$\Gamma \cap Z_0 = \{\sum_{i=1}^{n} x_i v_i \mid x_i \in \mathbb{Z}\ ,\ 0 \leq x_i < d_i\} \text{ und } Z_0 = \bigcup_{v \in \Gamma \cap Z_0} v+Z,$$

also $V_n(Z_0) = mV_n(Z)$ mit $m = |\Gamma \cap Z_0| = \prod_{i=1}^{n} d_i$.

2.21 Satz. *Es sei Γ ein Gitter von V, wir setzen*

$$\Gamma^* = \{w \in V \mid v \cdot w \in \mathbb{Z} \quad \text{für alle } v \in \Gamma\}.$$

a) *Γ^* ist ein Gitter von V, welches wir das zu Γ reziproke (duale) Gitter nennen. Weiter ist $\Gamma^{**} = \Gamma$.*

b) *Es sei $v_1,\dots,v_n$ eine Basis von Γ. Wir sitzen $a_{ik} = v_i \cdot v_k$,*

$$A = (a_{ik})_{i,k},\ v_j^* = \sum_{k=1}^{n} x_{kj} v_k \quad \textit{mit} \quad (x_{kj}) = A^{-1}.$$

Dann ist $v_1^*,\dots,v_n^*$ eine Basis von Γ^* mit $v_i \cdot v_j^* = \delta_{ij}$, $1 \leq i,j \leq n$, und $(v_i^* \cdot v_j^*) = A^{-1}$.

c) *Es ist $S(\Gamma) = S(\Gamma^*)$. Hat eine Symmetrie von Γ bzgl. $v_1,\dots,v_n$ die Matrix G, so hat sie bzgl. $v_1^*,\dots,v_n^*$ die Matrix $(G^t)^{-1}$, wo G^t die zu G transponierte Matrix ist.*

d) *Es sei U ein Teilraum von V. Genau dann ist U ein Γ-Teilraum, wenn $U^\perp$ ein Γ^*-Teilraum ist.*

e) *Es sei U eine Hyperebene von V, weiter sei $v_1,\dots,v_n$ eine Basis von Γ. Genau dann ist U eine Γ-Hyperebene, wenn es $s_1,\dots,s_n \in \mathbb{Z}$ mit $\mathrm{ggT}(s_1,\dots,s_n) = 1$ und*

$$U = \{\sum_1^n x_i v_i \in V \mid \sum_1^n x_i s_i = 0\} \textit{ gibt.}$$

(Die Zahlen $s_1,\dots,s_n$ heißen die Indizes von U bzgl. $v_1,\dots,v_n$.)

f) *Es sei U eine Γ-Hyperebene mit den Indizes $s_1,\dots,s_n$, weiter sei d_U der kleinste Abstand zwischen U und Vektoren aus $\Gamma - U$. Wir setzen $v_U = \sum_1^n s_i v_i^*$. Dann ist*

$$\Gamma^* \cap U^\perp = \{z v_U \mid z \in \mathbb{Z}\} \quad \textit{und} \quad \|v_U\| = 1/d_U.$$

g) (Gauß, Werke II, 305-310). *Es sei U eine Γ-Hyperebene mit den Indizes* $s_1,\dots,s_n$. *Weiter sei* $\tilde{A} = (\det A)\, A^{-1} = (\tilde{a}_{ij})$, $A = (v_i \cdot v_j)$. *Ist dann Z eine primitive Zelle von Γ und Z_U eine primitive Zelle von $\Gamma \cap U$, so ist* $V_n(Z) = d_U\, V_{n-1}(Z_U)$ *mit*

$$V_{n-1}(Z_U)^2 = \sum_{i,j} \tilde{a}_{ij} s_i s_j .$$

<u>Beweis.</u> a), b) Wir haben $v_i \cdot v_j^* = \sum_k a_{ik} x_{kj} = \delta_{ij}$ und $(v_i^* \cdot v_j^*) = X^t A X = A^{-1}$.

Auch ist $v_j^* \in \Gamma^*$, und für alle $w = \sum_{j=1}^{n} y_j v_j^* \in \Gamma^*$ ist $y_j = v_j \cdot w \in \mathbb{Z}$.

Daher ist Γ^* ein Gitter mit der Basis $v_1^*,\dots,v_n^*$, und es gilt $\Gamma^{**} = \Gamma$.

c) Es ist $S(\Gamma) \subseteq S(\Gamma^*) \subseteq S(\Gamma^{**})$. Mit $X = A^{-1}$ ist nach b) die Matrix der betrachteten Symmetrie bzgl. $v_1^*,\dots,v_n^*$ gleich $X^{-1}GX = AGA^{-1}$. Auch ist $G^t A G = A$.

d) Es sei U ein Γ-Teilraum mit $\dim U = k$. Dann gibt es eine Basis $v_1,\dots,v_n$ von Γ mit $U = \langle v_1,\dots,v_k\rangle_{\mathbb{R}}$. Folglich ist $v_{k+1}^*,\dots,v_n^*$ eine Basis von $\Gamma^* \cap U^\perp$. Wegen $\Gamma^{**} = \Gamma$ ergibt sich ebenso die Umkehrung.

e) Dies folgt aus d) und 2.6d) mit $k = 1$ und $v = \sum_1^n s_i v_i^* \in \Gamma^*$.

f) Nach e) ist $\Gamma^* \cap U^\perp = \{z v_U \mid z \in \mathbb{Z}\}$. Es sei $w_1,\dots,w_n$ eine Basis von Γ mit $U = \langle w_1,\dots,w_{n-1}\rangle_{\mathbb{R}}$. Dann ist $w_n^* = \pm v_U$.

Weiter sei $w_n = u + u'$ mit $u \in U$ und $u' \in U^\perp$, also

$1 = w_n \cdot w_n^* = u' \cdot w_n^* = \|u'\|\,\|w_n^*\|$. Nach 2.6b) hat dann w_n von U den Abstand $d_U = \|u'\| = \|w_n^*\|^{-1} = \|v_U\|^{-1}$.

g) Nach f) und b) ist

$$\|v_U\|^2 = \sum_{i,j} s_i s_j v_i^* \cdot v_j^* = \sum_{i,j} s_i s_j \tilde{a}_{ij} (\det A)^{-1},$$

und nach 2.19 ist $\det A = V_n(Z)^2$.

Andererseits ist $V_n(Z) = V_{n-1}(Z_U) d_U$ mit $d_U = \|v_U\|^{-1}$ nach f).

Es sei speziell $\Gamma = \langle e_1, e_2, e_3\rangle$ ein Gitter im dreidimensionalen Raum. Das Volumen $V(Z)$ der von e_1, e_2, e_3 aufgespannten Zelle Z ist gleich

$$V(Z) = |e_1 \cdot (e_2 \times e_3)|,$$

wie man sich elementargeometrisch überlegt.

Für die Basis e_1^*, e_2^*, e_3^* des reziproken Gitters Γ^* haben wir

$$e_1^* = \frac{1}{v} e_2 \times e_3, \; e_2^* = \frac{1}{v} e_1 \times e_3, \; e_3^* = \frac{1}{v} e_1 \times e_2$$

$$\text{mit} \quad v = e_1 \cdot (e_2 \times e_3),$$

denn man verifiziert $e_i \cdot e_j^* = \delta_{ij}$.

Die Indizes s_1, s_2, s_3 der Ebene $U = \langle e_1, e_2 \rangle = \{ \sum_{i=1}^{3} x_i e_i \,|\, x_3 s_3 = 0\}$ zum Beispiel sind nach 2.21e) gleich 0,0,1. Der Abstand zwischen U und den Vektoren aus $\Gamma - U$ ist gleich der Höhe von Z, also gleich $|v| \; \|e_1 \times e_2\|^{-1}$, in Übereinstimmung mit 2.21f).

2.22 Die Millerschen Indizes und die Regel von Bravais.

Es sei Γ ein Gitter im dreidimensionalen Raum, weiter sei U eine Γ-Ebene. Wir definieren die Besetzungsdichte

$$\rho_U = 1/\sqrt{D_{\Gamma \cap U}}$$

von U, wo $D_{\Gamma \cap U}$ die Diskriminante des Netzes $\Gamma \cap U$ ist. Nach 2.19 ist ρ_U die Anzahl der Netzpunkte pro Flächeneinheit, denn das Flächenstück $Z \cap U$ enthält genau einen Netzpunkt.

Die *Regel von Bravais* besagt, daß bei einem ungestört gewachsenen Kristall die Begrenzungsflächen parallel zu dicht besetzten Γ-Ebenen sind. Dabei ist Γ das Translationengitter der Invarianzgruppe der Feinstruktur, vgl. § 3.

(Eine genauere Diskussion ergibt freilich, daß z.B. für Flächen, auf denen Schraubungsachsen aber keine Drehachsen senkrecht stehen, die Besetzungsdichte anders definiert werden muß: Diese Flächen sind verhältnismäßig selten.)

Wählen wir eine $\mathbb{Z}$-Basis v_1, v_2, v_3 von Γ, so wird jede Kristallfläche F durch die Millerschen Indizes s_1, s_2, s_3 der entsprechenden Γ-Ebene U beschrieben, vgl. 2.21e). (Um die Indizes eindeutig festzulegen, vereinbaren wir, daß der Vektor $v_U = \sum_1^3 s_i v_i^*$ vom Kristallmittelpunkt auf die Fläche F zuweist.) Nach 2.21 f),g) sind die Größen ρ_U und d_U proportional: $\rho_U = d_U/\sqrt{D_\Gamma}$ und es gilt

$$\rho_U = 1/\sqrt{\sum_{i,j} \tilde{a}_{ij} s_i s_j}.$$

Aus der Regel von Bravais erhalten wir (vgl. A 2.5) das *Rationalitätsgesetz:* Es gibt ein symmetriegerechtes Koordinatensystem, so daß die Indizes einer Kristallfläche betragsmäßig kleine ganze Zahlen (meist ≤ 5) sind. (Entsprechend den 7 Kristallsystemen unterscheidet man 7 verschiedene Achsenkreuze, vgl. § 12 und A 2.4)

2.23 Die Gleichungen von Laue und Bragg.

Treffen Röntgenstrahlen auf ein einen Kristall, so wird jeder Baustein zum Ausgangspunkt einer Elementarwelle, und infolge der Interferenz dieser Wellen entsteht ein charakteristisches Beugungsbild, an dem sich die Feinstruktur des Kristalls ablesen läßt. Wir nehmen in unserem vereinfachten Modell an, daß ein Bündel von parallelen Strahlen an den Punkten eines Gitters gebrochen wird.

Es sei v_1, v_2, v_3 eine Basis des betrachteten Gitters, wir setzen

$$\|v_1\| = a, \quad \|v_2\| = b, \quad \|v_3\| = c.$$

Die Winkel zwischen dem einfallenden bzw. gebeugten Strahlenbündel und den Achsen v_1, v_2, v_3, seien ϕ_1, ϕ_2, ϕ_3 bzw. $\bar{\phi}_1$, $\bar{\phi}_2$, $\bar{\phi}_3$.

Zwei an benachbarten Gitterpunkten gebeugte Strahlen addieren sich, falls ihr Gangunterschied ein ganzzahliges Vielfaches der Wellenlänge λ ist.

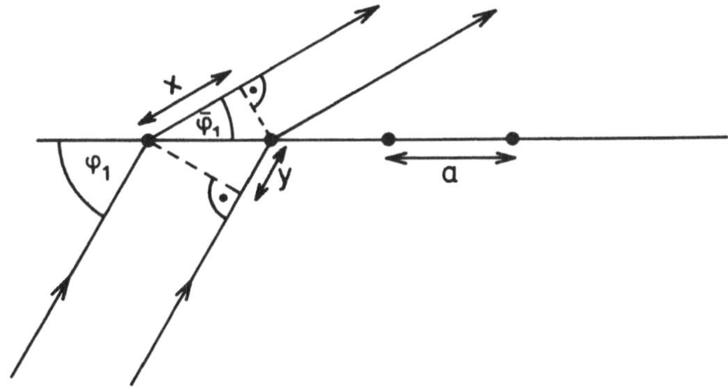

Der Gangunterschied ergibt sich aus der Zeichnung zu

$$x - y = a(\cos \bar{\phi}_1 - \cos \phi_1).$$

Wir erhalten also die *Laueschen Bedingungen*

$$a(\cos\ \bar{\phi}_1 - \cos\ \phi_1) = p\lambda$$

$$b(\cos\ \bar{\phi}_2 - \cos\ \phi_2) = q\lambda$$

$$c(\cos\ \bar{\phi}_3 - \cos\ \phi_3) = r\lambda,$$

wobei die 3 Laue-Zahlen p,q,r ganz sind.

Nun sei

$$n = ggT(p,q,r)$$

und $\quad p = nh,\ q = nk,\ r = nl,$

also $\quad ggT(h,k,l) = 1.$

Wir betrachten die Gitterebene mit den Indizes h,k,l und setzen

$$v = hv_1^* + kv_2^* + lv_3^*.$$

Nach 2.21f) ist $\|v\| = \frac{1}{d}$, wo

$$d = d_{h,k,l}$$

der Abstand zwischen der Gitterebene und einem nächsten nicht in der Ebene liegenden Gitterpunkt ist. Bezeichnen u und $\bar{u}$ Einheitsvektoren in Richtung des Primär- und Sekundärstrahls, so haben wir nach den Laueschen Gleichungen

$$(\bar{u}-u) \cdot v_1 = p\lambda = n\lambda\ v \cdot v_1 \text{ usw., also}$$

$$\bar{u}-u = n\,\lambda\,v.$$

Wegen $\|\bar{u}\| = \|u\|$ entsteht daher der Sekundärstrahl aus dem Primärstrahl durch Reflexion an der betrachteten Gitterebene.

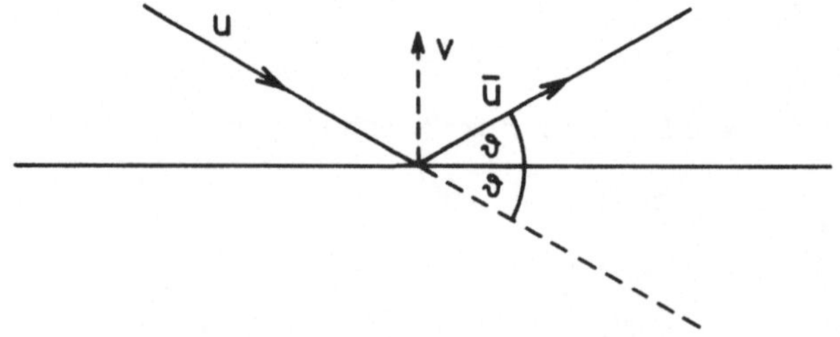

Es sei ϑ der Winkel zwischen dem Strahl und der Spiegelebene. Wir haben dann

$$\|\bar{u}-u\|^2 = (\bar{u}-u) \cdot (\bar{u}-u) = 2(1-\cos 2\vartheta) = 4 \sin^2\vartheta$$
$$= (\frac{n\lambda}{d})^2 .$$

Es gilt also die *Braggsche Bedingung*

$$2d_{h,k,l}\sin \vartheta = n\lambda, \ n = 1,2,3,\dots .$$

Der Abstand d_{max} gehöre zu einer möglichst dicht besetzten Gitterebene, und es sei $f = \lambda/2d_{max}$. Ist $f > 1$, so ist die Braggsche Bedingung nicht erfüllbar. Ist f jedoch hinreichend klein, so liefern die dicht besetzten Gitterebenen ein System von gebeugten Strahlen.

Im Jahre 1912, als weder die Natur der Röntgenstrahlen, noch die Struktur der Kristalle sicher bekannt war, gelang es Max von Laue und seinen Mitarbeitern Friedrich und Knipping beide Probleme durch ein Experiment zu lösen: Ein eng ausgeblendetes Röntgenstrahlenbündel tritt durch eine Kristallplatte K. Auf einer hinter K aufgestellten photographischen Platte P bildet sich um den Durchstoßpunkt des direkten Bündels ein System von schwarzen Flecken, die, wenn eine parallel zur Würfelfläche eines NaCl-Kristalls geschnittene Platte durchstrahlt wird, die Symmetriegruppe 4mm besitzen. (Die im Röntgenbild eingetragenen Zahlentripel sind die Millerschen Indizes der Netzebenen, an denen ein passender Wellenlängenbereich reflektiert wird.)

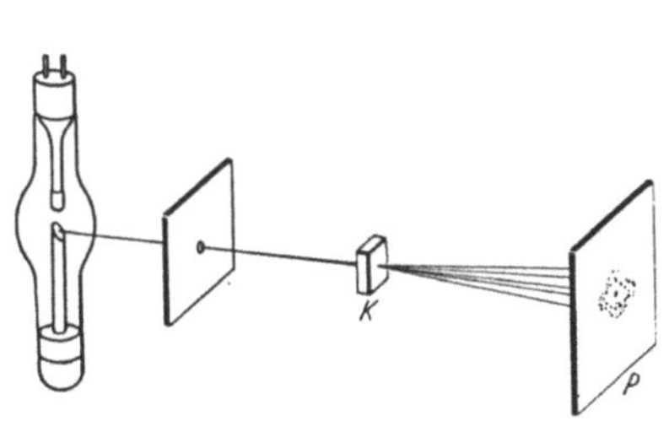

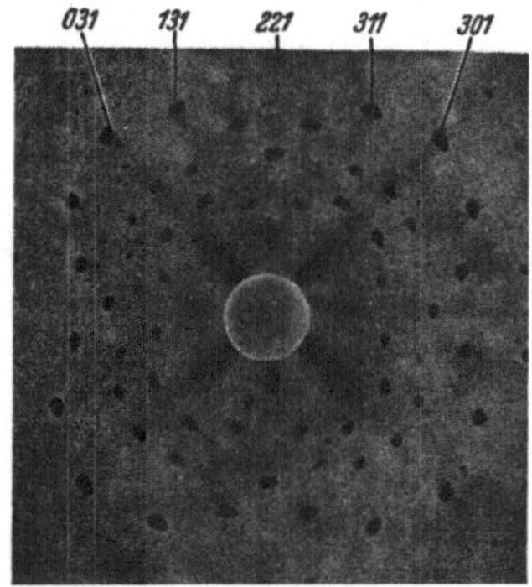

A u f g a b e n

A 2.1 Es sei G eine Gruppe, welche die Punkte einer Menge Ω permutiert. Wir nennen zwei Punkte $a,b \in \Omega$ gleichberechtigt $(a \sim b)$, wenn es ein $G \in G$ gibt mit $b = Ga$.

a) Man zeige, daß ~ eine Äquivalenzrelation ist.
(Die Äquivalenzklassen $\{Gx \mid G \in \mathcal{G}\}$, $x \in \Omega$, nennen wir die Bahnen von $\mathcal{G}$. Die Bahnen bilden also eine disjunkte Vereinigung von Ω).

b) Ein System bestehe aus 8 Atomen, die auf den Ecken eines Würfels angeordnet seien. Man zeige, daß die Atome bezüglich $O(\mathbb{R}^3)$ alle gleichberechtigt sind und bestimme die größte Untergruppe bezüglich der die Atome eine Bahn bilden.

c) Wir behaupten, daß es nur die 11 angegebenen wesentlich verschiedenen 4-punktigen Graphen gibt. Wie läßt sich der Begriff "wesentlich verschieden" präzisieren, damit die Behauptung richtig ist?

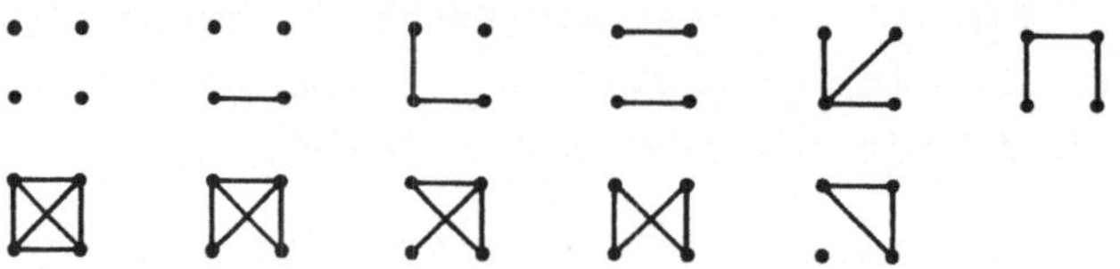

(Hinweis: Man ordne jeder Kante $\underset{i}{\bullet}\!\!-\!\!\!-\!\!\underset{j}{\bullet}$ die Menge $\{i,j\}$ zu, definiere also die Graphen als Teilmenge von $\Omega = \{\{i,j\} \mid 1 \leq i < j \leq 4\}$. Weiter führe man auf Ω eine geeignete Äquivalenzrelation ein.)

d) Bei welcher Definition sind

die sämtlichen wesentlich verschiedenen Graphen mit 4 Punkten und 4 Kanten?

A 2.2 a) Man bestimme alle Punkte (x',y'), die zu einem Punkt $(x,y) \in \mathbb{R}^2$ bezüglich der in 1.18 definierten Gruppe $\mathcal{G}$ = pgg im Sinne von A 2.1 äquivalent sind.

b) Wie ist in diesem Zusammenhang der Text:

Origin at 2

Co-ordinates of equivalent positions

$$x,y;\ \bar{x},\bar{y};\ \tfrac{1}{2}+x,\tfrac{1}{2}-y;\ \tfrac{1}{2}-x,\tfrac{1}{2}+y.$$

in "International tables for X-ray crystallography, Vol.I, Ch. 4.2, No.8" zu verstehen?

(Hinweis: Man beachte, daß dort der Ursprung mit einem Inversionszentrum zusammenfällt, während er in 1.18 auf dem Schnittpunkt zweier Gleitspiegelachsen liegt. Auch steht $\bar{x}$ für $-x$.)

A 2.3 Es sei $\Gamma = \{a+br \mid a,b \in \mathbb{Z}\}$, $r \in \mathbb{R}$. Man zeige:

a) Es ist $\operatorname{rang} \Gamma = \begin{cases} 1 & \text{für } r \in \mathbb{Q} \\ 2 & \text{für } r \notin \mathbb{Q} \end{cases}$

b) Es sei $r \notin \mathbb{Q}$. Zu jedem $x \in \mathbb{R}$ und jedem $\varepsilon > 0$ gibt es ein $y \in \Gamma$ mit $y \neq x$ und $|y-x| < \varepsilon$. Also ist Γ dicht in $\mathbb{R}$.

c) Es sei $r \notin \mathbb{Q}$. Für alle $\varepsilon > 0$ gibt es eine rationale Zahl $\frac{a}{b}$ mit $0 \neq |r-\frac{a}{b}| \leq \frac{\varepsilon}{b}$. (Dies verschärft die Aussage, daß $\mathbb{Q}$ dicht in $\mathbb{R}$ ist.)

d) Die Aussage c) ist für $r \in \mathbb{Q}$ falsch.

A 2.4 Es seien Γ und Γ_0 Gitter von V mit $\Gamma \supseteq \Gamma_0$.
Weiter sei $U \leq V$. Man zeige:

a) Genau dann ist U ein Γ-Teilraum, wenn U ein Γ_0-Teilraum ist.

b) Es sei $\Gamma = \langle v_1,\dots,v_n \rangle_{\mathbb{Z}}$, $\Gamma_0 = \langle e_1,\dots,e_n \rangle_{\mathbb{Z}}$ und $v_j = \sum_{i=1}^{n} c_{ij} e_i$, $1 \leq j \leq n$. Für die Basen der dualen Gitter ist dann

$e_j^* = \sum_i c_{ji} v_i^*$, $1 \leq j \leq n$.

c) Es sei U eine Γ_0-Hyperebene mit den Indizes $s_1,\dots,s_n$ bzgl. $e_1,\dots,e_n$. Weiter seien $t_1,\dots,t_n$ die Indizes von U als Γ-Hyperebene bzgl. $v_1,\dots,v_n$. Dann ist

$$t_i = z_0 \sum_j c_{ij} s_j \quad \text{mit} \quad \{z \in \mathbb{Z} \mid z \sum_j c_{ji} s_j \in \mathbb{Z},\ 1 \leq i \leq n\} = z_0 \mathbb{Z}.$$

A 2.5 Es sei $\Gamma = \langle v_1, v_2, v_3 \rangle_{\mathbb{Z}}$ mit

$$v_1 = \tfrac{1}{2}(e_2+e_3),\ v_2 = \tfrac{1}{2}(e_1+e_3),\ v_3 = \tfrac{1}{2}(e_1+e_2) \text{ und } e_i \cdot e_j = \delta_{ij}$$

ein kubisch flächenzentriertes Gitter. Weiter sei U eine Γ-Ebene mit den Indizes h,k,l bzgl. e_1,e_2,e_3.

a) Für die Besetzungsdichte ρ_U zeige man unter Verwendung von A 2.4

$$\rho_U = 4/z_0 \sqrt{h^2+k^2+l^2}, \quad z_0 = \begin{cases} 1 & \text{falls } h,k,l \text{ alle ungerade} \\ 2 & \text{sonst.} \end{cases}$$

b) Unter der Annahme $h \geq k \geq l$ bestimme man die Indizes der 5 dichtest besetzten Γ-Ebenen.

A 2.6 Man zeige:

a) Die zu einer Richtung [uvw] parallelen Kristallflächen (hkl) genügen der Zonengleichung

$$hu+kv+lw = 0.$$

Dabei sind h,k,l die Millerschen Indizes und u,v,w die Koordinaten eines die gegebene Richtung bestimmenden Vektors.

b) Sind $(h_1k_1l_1)$ und $(h_2k_2l_2)$ zwei nichtparallele Kristallflächen, so gilt für die Richtung [uvw] der Schnittkante in Determinantenschreibweise

$$u = \begin{vmatrix} k_1 & l_1 \\ k_2 & l_2 \end{vmatrix}, \quad v = \begin{vmatrix} l_1 & h_1 \\ l_2 & h_2 \end{vmatrix}, \quad w = \begin{vmatrix} h_1 & k_1 \\ h_2 & k_2 \end{vmatrix}.$$

c) Sind $[u_1v_1w_1]$ und $[u_2v_2w_2]$ zwei nichtparallele Richtungen, so ist die gemeinsame Kristallfläche (hkl) gegeben durch

$$h = \begin{vmatrix} v_1 & w_1 \\ v_2 & w_2 \end{vmatrix}, \quad k = \begin{vmatrix} w_1 & u_1 \\ w_2 & u_2 \end{vmatrix}, \quad l = \begin{vmatrix} u_1 & v_1 \\ u_2 & v_2 \end{vmatrix}.$$

A 2.7 Die Kristallfläche mit den Indizes h,k,l schneide die Koordinatenachsen in den Punkten (a,0,0), (0,b,0) und (0,0,c). Dann ist

$$ha = kb = lc.$$

(Interessiert man sich nur für das Verhältnis a:b:c der "Weiss'schen Koeffizienten", so kann man also $a = \frac{1}{h}$, $b = \frac{1}{k}$, $c = \frac{1}{l}$ setzen.)

§ 3. RAUMGRUPPEN

3.1 Definition. Es sei V der n-dimensionale Euklidische Raum.

a) Es sei X eine Menge und $f: V \longrightarrow X$ eine Funktion. Wir nennen

$$\mathrm{Inv}(f) := \{G \in AO(V) \mid f(Gv) = f(v) \text{ für alle } v \in V\}$$

die Invarianzgruppe von f.

b) Es sei $M \subseteq V$. Wir nennen

$$\mathrm{Inv}(M) := \{G \in AO(V) \mid GM = M\}$$

die Deckbewegungsgruppe von M.
(Offenbar ist $\mathrm{Inv}(M) = \mathrm{Inv}(f)$ mit $f(v) = \{\begin{smallmatrix} 1 & v \in M \\ 0 & v \notin M \end{smallmatrix}\}$.)

c) Eine Funktion $f: V \to X$ heißt streng periodisch, wenn der Translationenbereich $\Gamma(\mathrm{Inv}(f))$ von $\mathrm{Inv}(f)$ ein Gitter ist.

d) Eine Untergruppe G von $AO(V)$ heißt Raumgruppe, wenn es eine streng periodische Funktion $f: V \to X$ mit $G = \mathrm{Inv}(f)$ gibt. Für $n = 2$ heißen die Raumgruppen auch Ornamentgruppen und für $n = 3$ Kristallgruppen.

3.2 Satz. *Die Punktgruppe G_0 einer Raumgruppe G ist endlich und operiert auf dem Gitter $\Gamma(G)$ als Gruppe von Symmetrien.*

Beweis. Definitionsgemäß ist $\Gamma = \Gamma(G)$ ein Gitter, und nach 1.13b) ist G_0 eine Untergruppe der Symmetriegruppe $S(\Gamma)$, also nach 2.10 endlich.

Wir wollen zeigen, daß jede Raumgruppe diskret im Sinne von 2.1c) ist.

3.3 Satz. *Es sei $G \leq AO(V)$ eine Bewegungsgruppe. Wie in 1.15 setzen wir $G = \bigcup_{H \in H} TT_{\nu(H)}H$ mit $H = G_0$.*

a) *Es sei $B = \{Gs \mid G \in G\}$, $s \in V$, eine Bahn von G. Dann ist*

$$B = \bigcup_{H \in H} (\nu(H) + Hs + \Gamma(G)).$$

b) *Ist H endlich und $\Gamma(G)$ diskret, so ist auch G diskret.*

Beweis. a) Wir haben $T = \{T_u | u \in \Gamma(G)\}$, also

$$B = Gs = \bigcup_{H \in H} T(\nu(H)+Hs) = \bigcup_{H \in H} (\nu(H)+Hs+\Gamma(G)).$$

b) Nach a) ist jede Bahn von G eine endliche Vereinigung von diskreten Teilmengen von V, also selbst diskret.

3.4 Folgerung. *Jede Bahn einer Raumgruppe G ist eine Vereinigung von endlich vielen translatierten Gittern $\Gamma(G)$.*

Die Punktgruppe einer diskreten Bewegungsgruppe ist nicht immer endlich:

3.5 Beispiel. Es sei v_1, v_2, v_3 eine Orthonormalbasis von V. Weiter sei H die Drehung um die Achse v_3 mit dem Winkel ϕ. Dann ist $G = \langle T_{v_3} H \rangle$ eine diskrete Bewegungsgruppe. Ist ϕ ein irrationales Vielfaches von π, so ist $\Gamma(G) = \{0\}$ und G_0 unendlich.

Für die weitere Untersuchung der diskreten Bewegungsgruppen benötigen wir einige Vorbereitungen.

3.6 Definition. Es sei $P = (p_{jk}) \in \mathbb{C}_n$ eine komplexe Matrix vom Typ (n,n).

a) Wir setzen $P^t = (q_{jk})$ mit $q_{jk} = \bar{p}_{kj}$, $1 \leq j, k \leq n$.

b) Die Matrix P heißt unitär, wenn $P^t = P^{-1}$ ist.

c) Eine reelle, unitäre Matrix heißt orthogonal.

3.7 Hilfssatz. *Es sei $\mathbb{C}_{n,m}$ der Vektorraum der komplexen (n,m)-Matrizen. Wir definieren eine Norm auf $\mathbb{C}_{n,m}$ durch*

$$||P|| = \sqrt{\sum_{j,k} |p_{jk}|^2}, \quad P = (p_{jk}) \in \mathbb{C}_{n,m}.$$

(Aus $||P|| = 0$ folgt $P = 0$. Weiter ist $||P_1+P_2|| \leq ||P_1|| + ||P_2||$ und $||cP|| = |c|\ ||P||$.)

a) *Es sei $Q = (q_{kl}) \in \mathbb{C}_{m,r}$. Dann ist*

$$||PQ|| \leq ||P||\ ||Q||.$$

b) *Es seien $U \in \mathbb{C}_n$ und $V \in \mathbb{C}_m$ unitäre Matrizen. Dann ist*

$$||UP|| = ||PV|| = ||P||.$$

Beweis. a) Für alle j,l ist nach der Hölderschen Ungleichung

$$|\sum_k p_{jk}q_{kl}|^2 \leq \sum_{k,h} |p_{jk}q_{hl}|^2.$$

Daher ist

$$||PQ||^2 = \sum_{j,l} | \sum_k p_{jk}q_{kl}|^2 \leq \sum_{j,k,h,l} |p_{jk}|^2 |q_{hl}| = ||P||^2 ||Q||^2.$$

b) Wegen $||P||^2 = \text{Spur } PP^t = \text{Spur } P^tP$ ist

$$||PV||^2 = \text{Spur } (PV)(PV)^t = \text{Spur } PVV^tP^t = \text{Spur } PP^t = ||P||^2$$

und $\quad ||UP||^2 = \text{Spur } P^tU^tUP = ||P||^2.$

<u>3.8 Definition.</u> Es sei V der n-dimensionale reelle Hilbertraum.

a) Es sei $G \in O(V)$ mit $Ge_j = \sum_{i=1}^{n} a_{ij}e_i$, $a_{ij} \in \mathbb{R}$, bezüglich einer Orthonormalbaises $e_1,\ldots,e_n$ von V. Wir setzen dann

$$||G|| = ||(a_{ij})||.$$

(Nach 3.7b) hängt $||G||$ nicht von der benutzten Orthonormalbasis ab.)

b) Es sei $G \leq AO(V)$ eine Bewegungsgruppe. Wir sagen, daß G <u>keine infinitesimalen Bewegungen</u> enthält, wenn es ein $\varepsilon > 0$ gibt mit folgender Eigenschaft:

Ist $T_vH \in G$ mit $v \in V$ und $H \in O(V)$ und ist $||v|| \leq \varepsilon$ und $||E-H|| \leq \varepsilon$, so ist $v = 0$ und $H = E$.

<u>3.9 Hilfssatz.</u> *Es sei $G \leq AO(V)$ eine Bewegungsgruppe. Weiter seien $v_0,\ldots,v_n \in V$, und $v_1-v_0,\ldots,v_n-v_0$ sei eine Basis des Vektorraums V. Für jede Folge $(F_iv_j)_{i\in\mathbb{N}}$ mit $0\leq j\leq n$, $F_i \in G$ und $\lim_{i\to\infty} F_iv_j = v_j$ sei $F_iv_j = v_j$ für alle $i \geq r(j)$. Dann enthält G keine infinitesimalen Bewegungen.*

<u>Beweis.</u> Es sei $(F_i)_{i\in\mathbb{N}}$ eine Folge mit $F_i = T_{w_i}H_i \in G$ und $\lim_{i\to\infty} ||E-H_i|| = \lim_{i\to\infty} ||w_i|| = 0$. Zum Nachweis, daß G keine infinitesimalen Bewegungen enthält, müssen wir zeigen, daß $F_i = E$ für alle genügend großen i gilt.

Es sei $0\leq j\leq n$. Für jedes $\varepsilon > 0$ gibt es ein $m \in \mathbb{N}$ mit

$$||F_iv_j-v_j|| = ||w_i+(H_i-E)v_j|| \underset{3.7}{\leq} ||w_i|| + ||E-H_i||\ ||v_j|| \leq \varepsilon \text{ für alle } i\geq m.$$

Daher ist $\lim_{i\to\infty} F_i v_j = v_j$. Nach Voraussetzung gibt es ein $r \in \mathbb{N}$ mit $F_i v_j = v_j$ für $j = 0,\ldots,n$ und alle $i \geq r$. Es folgt $F_i = E$ für alle $i \geq r$, denn $v_1-v_0,\ldots,v_n-v_0$ ist eine Basis von V. Daher enthält G keine infinitesimalen Bewegungen.

3.10 Satz. *Eine Bewegungsgruppe $G \leq AO(V)$ ist genau dann diskret, wenn sie keine infinitesimalen Bewegungen enthält.*

Beweis. " $\Rightarrow$ ": 3.9.
" $\Leftarrow$ ": G enthalte keine infinitesimalen Bewegungen. Es sei $B = \{Gv \mid G \in G\}$, $v \in V$, eine Bahn von G und M eine beschränkte Teilmenge von B. Wir zeigen, daß die Menge $K = \{G \in G \mid Gv \in M\}$ endlich ist. Dann ist auch M endlich.

Da M beschränkt ist, gibt es ein $r \in \mathbb{R}$ mit $\|w\| \leq r$ für alle $w \in M \cup \{v\}$. Es sei $G \in K$, also $G = T_u H \in G$ mit $Gv = u+Hv \in M$. Dann ist $\|u\| = \|Gv-Hv\| \leq \|Gv\| + \|v\| \leq 2r$. Wegen $H \in O(V)$ ist weiter $\|H\|^2 = \text{Spur } HH^t = n$.
Wir ordnen nun jedem Element $G = T_u H \in G$ injektiv das Element (u,H) aus einem reellen Hilbertraum R der Dimension $n+n^2$ zu, wobei die Norm auf R durch $\|(u,H)\|^2 = \|u\|^2 + \|H\|^2$ definiert sei. Bei dieser Abbildung geht K in eine beschränkte Teilmenge K^* von R über, denn für $T_u H \in K$ ist $\|(u,H)\|^2 \leq 4r^2+n$. Wäre nun K unendlich, so hätte K^* einen Häufungspunkt. Dann gäbe es zu jedem $\varepsilon>0$ Elemente $G_1, G_2 \in K$ mit $G_i = T_{u_i} H_i$, $G_1 \neq G_2$ und $\|H_1-H_2\| \leq \varepsilon$, $\|u_1-u_2\| \leq \varepsilon$. Es wäre also

$$E \neq G_1^{-1} G_2 = H_1^{-1} T_{-u_1} T_{u_2} H_2 = T_{H_1^{-1}(u_2-u_1)} H_1^{-1} H_2 \in G$$

mit $\|H_1^{-1} H_2 (u_2-u_1)\| = \|u_2-u_1\| \leq \varepsilon$ und $\|E-H_1^{-1}H_2\| \overset{3.7b)}{=} \|H_1-H_2\| \leq \varepsilon$.
Dies widerspricht aber der Voraussetzung, daß G keine infinitesimalen Bewegungen enthält. Daher ist K, wie behauptet, endlich.

Der Beweis von 3.10 zeigt:

3.11 Folgerung. *Es sei $G \leq AO(V)$ eine diskrete Bewegungsgruppe und M eine beschränkte Teilmenge von V. Dann ist für jedes $v \in V$ die Menge $\{G \in G \mid Gv \in M\}$ endlich.*

3.12 Definition. Eine Bahn $B = \{Xv \mid X \in G\}$ einer Gruppe G von Permutationen heißt regulär, wenn $Gw \neq w$ für alle $w \in B$ und $E \neq G \in G$ gilt.

Wir werden zeigen, daß für diskrete Bewegungsgruppen jeder Punkt "in allgemeiner Lage" zu einer regulären Bahn gehört.

3.13 Hilfssatz. *Es seien $U_1,\ldots,U_r$ Unterräume des K-Vektorraums V mit $V = \bigcup_{i=1}^{r} U_i$. Dabei besitze der Körper K mindestens r+1 Elemente. Dann gibt es ein i mit $V = U_i$.*

Beweis. Wir zeigen durch Induktion nach m, $1 \leq m \leq \dim V$: Ist U ein Unterraum von V mit $\dim U = m$, so gibt es ein i mit $U \subseteqq U_i$.

Für m = 1 ist die Behauptung wegen $V = \bigcup_{i=1}^{r} U_i$ richtig.

Es sei nun $m \geq 2$. Weiter sei $v_1,\ldots v_m$ eine Basis von U. Für beliebiges $x \in K$ setzen wir

$$W_x = \langle v_1 + xv_m, v_2, \ldots v_{m-1} \rangle .$$

Wegen $\dim W_x = m-1$ gibt es nach Induktionsannahme eine Abbildung

$$f : K \longrightarrow \{1,\ldots,r\} \text{ mit } W_x \subseteqq U_{f(x)} .$$

Wegen $|K| \geq r+1$ ist f nicht injektiv. Daher gibt es Elemente $x,y \in K$, $x \neq y$ und ein i mit $W_x + W_y \subseteqq U_i$. Es folgt

$$U = \langle v_1,\ldots,v_m \rangle \subseteqq W_x + W_y \subseteqq U_i .$$

3.14 Satz. *Es sei $G \leq AO(V)$ eine diskrete Bewegungsgruppe. Dann gibt es in V reguläre Bahnen von G.*

Beweis. Da G diskret ist, ist die beschränkte Teilmenge $\{u \in V \mid T_u H \in G,\ \|u\| \leq 1\}$ von $\{G0 \mid G \in G\}$ endlich. Daher gibt es ein $\varepsilon > 0$ mit $\|u\| \geq 2\varepsilon$ für alle $T_u H \in G$ mit $u \neq 0$. Es sei

$$K = \{v \in V \mid \ \|v\| < \varepsilon\},\quad G^* = \{X \in G \mid X0 = 0\} \text{ und}$$

$$M = \{v \in K \mid Gv \neq v \text{ für alle } E \neq G \in G^*\}.$$

Nach 3.11 ist G^* endlich. (Für Raumgruppen G folgt dies auch aus 3.2 und A 1.7.)

Wir haben $M = K - \bigcup_{E \neq G \in G^*} U(G)$ mit echten Teilräumen $U(G) = \{v \in V \mid Gv = v\}$.

Daher gibt es nach 3.13 ein $v \in V - \bigcup_G U(G)$, wobei wir $\|v\| < \varepsilon$, also $v \in M$ annehmen können. Wir setzen nun $B = \{Xv \mid X \in G\}$.

Es sei $G = T_u H \in \mathcal{G}$ mit $Gv = u+Hv = v$. Dann ist $\|u\| = \|v-Hv\| \leq 2\|v\| < 2\varepsilon$. Nach Wahl von ε folgt $u = 0$, also $G \in \mathcal{G}^*$, also $G = E$. Ist $Gw = w$ mit $w = Xv \in \mathcal{B}$, so folgt $GXv = Xv$, also $X^{-1}GXv = v$, also $X^{-1}GX = E$, also $G = E$. Daher ist $\mathcal{B}$ eine reguläre Bahn.

<u>3.15 Folgerungen.</u> a) *Es sei* $\mathcal{G} \leq AO(V)$ *eine diskrete Bewegungsgruppe. Dann gibt es eine Menge* X *und eine Funktion* $f: V \to X$ *mit* $\mathcal{G} = Inv(f)$.

b) *Eine Bewegungsgruppe* $\mathcal{G} \leq AO(V)$ *ist genau dann eine Raumgruppe, wenn* $\Gamma(\mathcal{G})$ *ein Gitter von* V *ist.*

<u>Beweis.</u> a) Wir bestimmen eine Funktion f, die auf allen Bahnen von $\mathcal{G}$ konstant ist und jeder Bahn einen anderen Wert zuordnet. Dazu sei X die Menge aller Bahnen von $\mathcal{G}$ und $f(v) = \{Xv \mid X \in \mathcal{G}\} \in X$, $v \in V$. Dann ist $Inv(f) = \{G \in AO(V) \mid G\mathcal{B} = \mathcal{B}$ für alle $\mathcal{B} \in X\} \supseteq \mathcal{G}$. Da Inv(f) dieselben Bahnen wie $\mathcal{G}$ hat, ist Inv(f) diskret, besitzt also nach 3.14 eine reguläre Bahn $\mathcal{B}$. Es sei $X \in Inv(f)$ und $v \in \mathcal{B}$. Dann ist $Xv \in \mathcal{B}$, also gibt es ein $G \in \mathcal{G}$ mit $Xv = Gv$. Es folgt $G^{-1}Xv = v$, also $G^{-1}X = E$, also $X = G \in \mathcal{G}$. Daher ist $Inv(f) = \mathcal{G}$.

b) " $\Rightarrow$ ": Es sei $\mathcal{G}$ eine Raumgruppe. Nach Definition 3.1d), c) ist dann $\Gamma(\mathcal{G})$ ein Gitter.
" $\Leftarrow$ ": Es sei $\Gamma(\mathcal{G})$ ein Gitter. Nach 3.3b) ist $\mathcal{G}$ diskret, denn $\mathcal{H}$ ist nach 2.10 endlich. Nach Teil a) und Definition 3.1 ist daher $\mathcal{G}$ eine Raumgruppe.

Es sei S eine Bahn einer diskreten Bewegungsgruppe. Wir legen um die Punkte von S kleine Kugeln, die sich nicht überschneiden sollen, und lassen alle Kugeln gleichmäßig wachsen. Sobald sich zwei Kugeln berühren, soll an dieser Stelle das Wachstum sofort aufhören. Wir erhalten schließlich eine Aufteilung des ganzen Raumes in kongruente (möglicherweise unbeschränkte) Zellen, die von Hyperebenen begrenzt werden. Diese Überlegung läßt sich folgendermaßen präzisieren:

<u>3.16 Satz.</u> *Es sei* $\mathcal{G} \leq AO(V)$ *eine diskrete Bewegungsgruppe, und* S *sei eine Bahn von* $\mathcal{G}$. *Für* $s \in S$ *setzen wir*

$$F_s = \{v \in V \mid \|v-s\| \leq \|v-t\| \text{ für alle } t \in S\}.$$

Weiter sei ∂F_s *der Rand und* F_s° *das Innere von* F_s.

a) *Für alle* $G \in \mathcal{G}$ *ist* $GF_s = F_{Gs}$ *und* $GF_s^{\circ} = F_{Gs}^{\circ}$.

b) *Es ist* $V = \bigcup_{s \in S} F_s$.

c) *Es seien* $s,t \in S$ *mit* $s \neq t$. *Wir setzen* $H_{s,t} = \frac{1}{2}(s+t)+\langle s-t\rangle^{\perp}$. *Dann ist* $F_s \cap F_t \subseteq \partial F_s \cap \partial F_t \cap H_{s,t}$, *also* $F_s^o \cap F_t^o = \emptyset$.

d) *Es ist* $s \in F_s^o = \{v \in V \mid \|v-s\| < \|v-t\|$ *für alle* $t \in S$ *mit* $t \neq s\}$

und $\partial F_s = \bigcup_{t \neq s} (H_{s,t} \cap F_s)$.

e) *G sei eine Raumgruppe. Dann ist* F_s *beschränkt, und nur für endlich viele* $t \in S$ *ist* $H_{s,t} \cap F_s \neq \emptyset$.

f) *Es sei* $s \in S$. *Für jede Bahn B von G ist* $B \cap F_s \neq \emptyset$. *Ist S regulär und ist* $B \cap F_s^o \neq \emptyset$, *so ist auch B regulär.*

<u>Beweis.</u> a) Nach Definition von F_s ist $GF_s = F_{Gs}$. Da G und G^{-1} stetig sind, ist auch $GF_s^o = F_{Gs}^o$.

b) Es sei $v \in V$. Da S diskret ist, gibt es ein $s \in S$ mit minimalem Abstand von v. Also ist $v \in F_s$.

c) Es sei $v \in F_s \cap F_t$. Dann ist $\|v-s\| = \|v-t\|$. Also liegt v auf der Mittelsenkrechten $H_{s,t}$ der Strecke $\overline{st}$. In jeder ε-Umgebung von v gibt es Punkte, die näher bei t als bei s liegen, also nicht zu F_s gehören. Daher ist $v \in \partial F_s$. Ebenso ist auch $v \in \partial F_t$.

d) Es sei $v \in F_s^o$. Nach c) ist dann $\|v-s\|<\|v-t\|$ für alle $t \neq s$. Umgekehrt sei $a := \|v-s\|<\|v-t\|$ für alle $t \neq s$. Da S diskret ist, gibt es nur endlich viele $t \in S$ mit $\|v-t\| \leq a+1$. Daher gibt es ein $\varepsilon>0$ mit $\|v-t\| \geq a+2\varepsilon$ für alle $t \neq s$. Ist nun $w \in V$ mit $\|w\| < \varepsilon$, so ist $\|v+w-s\| < a+\varepsilon < \|v-t\|-\|w\| \leq \|v+w-t\|$ für alle $t \neq s$, also $v+w \in F_s$. Folglich ist $v \in F_s^o$ und insbesondere $s \in F_s$. Die zweite Behauptung ergibt sich nun aus der Gleichung $\partial F_s = F_s - F_s^o$.

e) Da G eine Raumgruppe ist, haben wir $s+\Gamma \subseteq S$ mit $\Gamma = \Gamma(G) = \langle v_1,\dots,v_n\rangle_{\mathbb{Z}}$. Nach 2.16b) gibt es zu jedem $v \in V$ ein $w \in s+\Gamma$ mit $\|v-w\|^2 \leq (h_1^2+\dots+h_n^2)/4$, wo $h_1,\dots,h_n$ die Höhen von $v_1,\dots,v_n$ sind. Daher ist F_s beschränkt.
Es sei etwa $\|v-s\| \leq a$ für alle $v \in F_s$. Die Hyperebene $H_{s,t}$ hat von s den Abstand $\|\frac{1}{2}(s+t)-s\| = \|\frac{1}{2}(t-s)\|$. Höchstens für die endlich vielen $t \in S$ mit $\|t-s\| \leq 2a$ ist also $H_{s,t} \cap F_s \neq \emptyset$.

f) Nach b) ist $B \cap F_s \neq \emptyset$. Nun sei $v \in B \cap F_s^o$ und $Gv = v$ mit $G \in G$. Dann ist $v \in GF_s^o = F_{Gs}^o$, also $Gs = s$ nach c). Ist S regulär, so folgt $G = E$. Dann ist auch B regulär.

3.17 Definition. a) Die in 3.16 definierten Mengen F_s, $s \in S$, heißen die Dirichletschen Kammern (Wigner-Seitz-Zellen) der Bahn S. Sie wurden 1848 von Dirichlet für den Fall studiert, daß S ein Netz ist, vgl. A 7.1 und A 13.1.

b) Eine Teilmenge F von V mit nichtleerem Inneren heißt ein Fundamentalbereich der Bewegungsgruppe $G \leq AO(V)$, wenn F aus jeder Bahn von G genau ein Element enthält.

3.18 Satz. a) *Genau dann besitzt eine Bewegungsgruppe einen Fundamentalbereich, wenn sie diskret ist.*

b) *Jede Raumgruppe besitzt einen beschränkten Fundamentalbereich.*

Beweis. a) "$\Longrightarrow$": G besitze einen Fundamentalbereich F. Dann ist F^o offen und nicht leer. Es gibt also in F^o Elemente $v_0,\dots,v_n$, so daß $v_1-v_0,\dots,v_n-v_0$ eine Basis des zugrunde liegenden Vektorraums V ist. Nach 3.9 und 3.10 ist G diskret, denn nach Definition des Fundamentalbereichs sind die v_j keine Häufungspunkte von Bahnen von G.

"$\Longleftarrow$": G sei diskret. In 3.16 wählen wir für S eine reguläre Bahn, deren Existenz durch 3.14 gesichert ist. Es sei $s \in S$. Jede Bahn von G schneidet dann F_s in mindestens und F_s^o in höchstens einem Punkt. Daher gibt es einen Fundamentalbereich F mit $F_s^o \subseteqq F \subseteqq F_s$.

b) Wie in a) sei $F_s^o \subseteqq F \subseteqq F_s$. Nach 3.16e) ist F beschränkt.

3.19 Definition. Eine Bewegungsgruppe $G \leq AO(V)$ heißt affin reduzibel, wenn es einen Teilraum U des Vektorraums V mit $U \neq V$ und ein $s \in V$ gibt, so daß $G(s+U) = s+U$ für alle $G \in G$ gilt. Andernfalls heißt G affin irreduzibel.

3.20 Satz. *Besitzt eine Bewegungsgruppe G einen beschränkten Fundamentalbereich F, so ist G affin irreduzibel. Nach* 3.18b) *ist also jede Raumgruppe affin irreduzibel.*

Beweis. Angenommen G wäre affin reduzibel. Dann gibt es einen echten affinen Teilraum $s+U$ mit $G(s+U) = s+U$ für alle $G \in G$, also $G^*U = U$ für alle $G^* \in G^* = T_{-s}GT_s$.
Setzen wir $G^* = T_uH$, $H \in O(V)$, so ist $u = G^*0 \in U$, also $HU = U$, also $HU^\perp = U^\perp$. Für alle $v \in U^\perp$ ist daher
$\|G^*v\|^2 = \|u+Hv\|^2 = \|u\|^2 + \|v\|^2 \geq \|v\|^2$. Wählen wir $\|v\|$ genügend groß, so erhalten wir, da F beschränkt ist, $G^*v \notin -s+F$ für alle $G^* \in G^*$, also $G(s+v) \notin F$ für alle $G \in G$. Da F aber aus jeder Bahn von G ein Element

besitzt, ist dies ein Widerspruch. Daher ist G affin irreduzibel.

Aufgaben

A 3.1 Man gebe ein Beispiel für eine Bewegungsgruppe $G \leq AO(V)$, die nicht Invarianzgruppe einer Funktion f: $V \to X$ ist.

A 3.2 Es sei G eine Raumgruppe mit dem Gitter $\Gamma = \langle v_1,\ldots,v_n \rangle_{\mathbb{Z}}$ und der Punktgruppe H. Weiter sei S eine Bahn von G.

Auch sei $Z = \{\sum_1^n x_i v_i \mid 0 \leq x_i < 1\}$ und $m_s = |\{G \in G \mid Gs = s\}|$. Man zeige

$$|S \cap Z| = \frac{|H|}{m_s} .$$

(Hinweis: Nach A 1.7 ist $\{G \in G \mid Gs = s\} = H^* \cap G$ mit $H^* = T_s H T_{-s}$. Man zeige zunächst die Gleichung

$$G = \bigcup_{H^* \in H^*} T_\Gamma T_{\nu(H^*)} H^*, \quad s+\nu(H^*) \in Z,$$

und bestimme eine Transversale von $H^* \cap G$ in G.)

A 3.3 Unter den Voraussetzungen von A 3.2 sei $D_\Gamma = \det (v_i \cdot v_j)_{i,j}$ die Diskriminante von Γ. Weiter seien F_s, $s \in S$, die Dirichletschen Kammern von S. Für das Volumen $V_n(F_s)$ von F_s zeige man die Gleichung

$$V_n(F_s) = \frac{m_s}{|H|} \sqrt{D_\Gamma}, \quad m_s = |\{G \in G \mid Gs = s\}|.$$

(Hinweis: Für $a \in \mathbb{N}$ sei $Z_a = \{\sum_1^n x_i v_i \mid x_i \in \mathbb{R}, -a \leq x_i \leq a\}$, weiter sei M_a die Vereinigung aller F_t, $t \in S$, mit $F_t \cap Z_a \neq \emptyset$. Dann gibt es eine von a unabhängige Zahl $b \in \mathbb{N}$ mit $Z_a \subseteq M_a \subseteq Z_{a+b}$.

Man zeige $V_n(Z_a) = (2a)^n \sqrt{D_\Gamma}$, $V_n(M_a) \geq \frac{|H|}{m_s} (2a)^n V_n(F_s)$

und lasse a nach Unendlich gehen.)

§ 4*. DISKRETE UNTERGRUPPEN VON AU(n, $\mathbb{C}$)

Wie wir in 3.5 gesehen haben, ist die Punktgruppe einer diskreten Bewegungsgruppe nicht notwendig endlich. Ein Satz von Frobenius, der in diesem Abschnitt bewiesen werden soll, besagt jedoch, daß eine diskrete Bewegungsgruppe stets einen abelschen Normalteiler besitzt, dessen Index endlich ist und eine nur von der Dimension des Raumes abhängige Schranke nicht überschreitet. Da in dem Frobeniusschen Beweis Eigenwerte betrachtet werden, ist es zweckmäßig, Bewegungen von komplexen Hilberträumen zu untersuchen. Wir studieren zunächst die Punktgruppen, also die Untergruppen der Gruppe $U(n,\mathbb{C})$ aller unitären (n,n)-Matrizen.

<u>4.1 Definition.</u> Es seien $a_j = e^{i\alpha_j}$, $1 \leq j \leq n$, die Eigenwerte der unitären Matrix P. Gibt es dann ein $\phi \in \mathbb{R}$ mit $0 \leq \phi < \pi$ und $\alpha_1 \leq \alpha_2 \leq \ldots \leq \alpha_n = \alpha_1 + \phi$ bei geeigneter Wahl und Numerierung der Phasen α_j, so bezeichnen wir den durch P eindeutig bestimmten Winkel ϕ mit $\phi(P)$.

<u>4.2 Hilfssatz.</u> *Es seien* $A,B \in \mathbb{C}_n$ *unitäre Matrizen mit* $\phi(B) < \pi$. *Wir setzen* $[A,B] = ABA^{-1}B^{-1}$. *Ist dann* $[A,[A,B]] = E$, *so ist* $[A,B] = E$.

<u>Beweis.</u> Da wir B mit einer unitären Matrix auf Diagonalgestalt transformieren können, ist ohne Einschränkung $A = (a_{jk})$ und

$$B = (b_{jk}) \text{ mit } b_{jk} = b_j\delta_{jk},\ b_j = e^{i\beta_j},\ 1 \leq j,k \leq n.$$

Nach Voraussetzung ist A mit $C = ABA^{-1}B^{-1}$ vertauschbar:

$$A(ABA^{-1}B^{-1}) = (ABA^{-1}B^{-1})A,\ C = A(BA^{-1}B^{-1}) = (BA^{-1}B^{-1})A.$$

Setzen wir $C = (c_{jk})$, so folgt

$$c_{jj} = \sum_k a_{jk}b_k\bar{a}_{jk}\bar{b}_j = \sum_k b_j\bar{a}_{kj}\bar{b}_k a_{kj},$$

$$\sum_k |a_{jk}|^2\, e^{i(\beta_k-\beta_j)} = \sum_k |a_{kj}|^2\, e^{i(\beta_j-\beta_k)},$$

und durch Vergleich der Imaginärteile

$$\sum_k (|a_{jk}|^2+|a_{kj}|^2) \sin(\beta_k-\beta_j) = 0.$$

Wegen $\phi(B)<\pi$ ist etwa $\beta_1 \leq \beta_2 \leq \ldots \leq \beta_n < \beta_1+\pi$.

Im Falle $\beta_j < \beta_k$ wird also $a_{jk} = a_{kj} = 0$.

Daher läßt A die Eigenräume von B als Ganze fest. Da B auf seinen Eigenräumen Multiplikationen mit Skalaren bewirkt, ist also A mit B vertauschbar.

4.3 Hilfssatz. *Es seien* $A,B \in \mathbb{C}_n$ *unitäre Matrizen mit* $\phi(A) = \sigma < \frac{\pi}{2}$. *Dann ist* $\phi([A,B]) \leq 2\sigma$.

Beweis. Wir setzen $Q = BAB^{-1}$. Es sei s ein Eigenwert von $[A,B] = AQ^{-1}$, also $0 = \det(AQ^{-1}-sE) = \det(A-sQ)$.
Setzen wir $A = (a_{jk})$ und $Q = (q_{jk})$, so gibt es Zahlen $x_1,\ldots,x_n \in \mathbb{C}$, die nicht alle = 0 sind, mit

$$\sum_k a_{jk}x_k = s \sum_k q_{jk}x_k \quad (j = 1,\ldots,n),$$

also

$$\sum_{j,k} a_{jk}\bar{x}_j x_k = s \sum_{j,k} q_{jk}\bar{x}_j x_k. \qquad (*)$$

Weiter gibt es eine unitäre Matrix $S = (s_{jk})$, so daß $S^{-1}AS$ die Diagonalmatrix mit den Eigenwerten $a_1,\ldots,a_n$ ist. Definieren wir $y_1,\ldots,y_n \in \mathbb{C}$ durch

$$x_j = \sum_l s_{jl}y_l ,$$

so erhalten wir für die linke Seite von (*)

$$\sum_{j,k} a_{jk}\bar{x}_j x_k = \sum_{j,k,l,m} a_{jk}\bar{s}_{jl}\bar{y}_l s_{km}y_m$$

$$= \sum_{l,m} \Big(\sum_{j,k} \bar{s}_{jl}a_{jk}s_{km}\Big)\bar{y}_l y_m$$

$$= \sum_m a_m|y_m|^2.$$

Wegen $\phi(A) = \sigma$ ist etwa $a_m = e^{i\alpha_m}$ mit $\alpha_1 \leq \alpha_2 \leq \ldots \leq \alpha_n = \alpha_1+\sigma$.

Also ist $0 \neq \sum_{j,k} a_{jk}\bar{x}_j x_k \in S := \{re^{i\phi} \mid r \geq 0,\ \alpha_1 \leq \phi \leq \alpha_1 + \sigma\}$.

Wegen $Q = BAB^{-1}$ ist ebenso $0 \neq \sum_{j,k} q_{jk}\bar{x}_j x_k \in S$.

Da beim Dividieren komplexer Zahlen die Phasen subtrahiert werden, liefert (*) nun $s = e^{i\rho}$ mit $-\sigma \leq \rho \leq \sigma$.
Insbesondere ist $\phi([A,B]) \leq 2\sigma$.

4.4 Hilfssatz. *Es sei* A *eine unitäre Matrix mit den Eigenwerten* $a_1,\dots,a_n$. *Wir setzen* $r_A = \max_{j,k} |a_j - a_k|$.

a) *Es sei* $C = [A,B]$ *für eine unitäre Matrix* B. *Bezüglich der in* 3.7 *definierten Norm ist dann* $\|E-C\| \leq r_A \|E-B\|$.

b) *Es sei* $2\|E-A\|^2 < 1$. *Dann ist* $r_A < 1$ *und* $|1-a_j| < 1$ *für alle* j.

Beweis. a) Nach 3.7b) können wir $A = \begin{pmatrix} a_1 & & 0 \\ & \ddots & \\ 0 & & a_n \end{pmatrix}$ setzen.

Es sei $B = (b_{jk})$ und $C = (c_{jk})$. Dann ist

$$\begin{aligned}\|E-C\|^2 &= \|E-AB(BA)^{-1}\|^2 = \|BA-AB\|^2 \\ &= \sum_{j,k} |b_{jk}a_k - a_j b_{jk}|^2 \\ &= \sum_{j,k} |(a_j-a_k)(\delta_{jk}-b_{jk})|^2 \leq r_A^2 \|E-B\|^2.\end{aligned}$$

b) Es ist $\|E-A\|^2 = \sum_j |1-a_j|^2 < \frac{1}{2}$, also $|1-a_j| < 1$. Für $j \neq k$ wird

$$|a_j-a_k| = |(1-a_k)-(1-a_j)| \leq |1-a_k|+|1-a_j| =: p+q \quad \text{und}$$

$$\frac{1}{2} > \sum_t |1-a_t|^2 \geq p^2+q^2 = \frac{1}{2}(p+q)^2 + \frac{1}{2}(p-q)^2 \geq \frac{1}{2}(p+q)^2 \geq \frac{1}{2}|a_j-a_k|^2,$$

also $|a_j-a_k| < 1$.

4.5 Hilfssatz. *Es sei* G *eine endliche Gruppe von unitären* (n,n)-*Matrizen. Weiter seien* $A,B \in G$ *mit* $\phi(A) < \frac{\pi}{3}$ *und* $\phi(B) < \pi$. *Dann ist* $AB=BA$.

Beweis. Wir definieren rekursiv

$$C_0 = B,\ C_m = [A, C_{m-1}] \text{ für } m \geq 1.$$

Nach 4.4a) ist dann

$$\|E-C_m\| \leq r_A \|E-C_{m-1}\| \leq \ldots \leq r_A^m \|E-C_0\|.$$

Wegen $\phi(A) < \frac{\pi}{3}$ ist dabei $r_A < 1$, also $\lim\limits_{m\to\infty} \|E-C_m\| = 0$.

Da G endlich ist, gibt es ein k (≥ 2) mit $C_k = E$.

Nach 4.3 ist $\phi(C_k) \leq \frac{2}{3}\pi < \pi$ für $1 \leq m \leq k-2$, und es ist $\phi(C_0) < \pi$.

Mit 4.2 erhalten wir also

$$E = C_{k-1} = \ldots = C_1 = [A,B].$$

Daher ist AB=BA.

<u>4.6 Hilfssatz.</u> *Es sei M eine Menge von unitären* (n,n)*-Matrizen mit* $2\|A-B\|^2 \geq \varepsilon^2 > 0$ *für alle* $A,B \in M$ *mit* $A \neq B$.

Dann ist M endlich und $|M| \leq (4\frac{n}{\varepsilon}+1)^{2n^2}$.

<u>Beweis.</u> Es sei $B_1, \ldots, B_m$ mit $m = 2n^2$ die Basis E_{jk}, iE_{jk} des $\mathbb{R}$-Vektorraums $\mathbb{C}_n$, dabei sei $E_{jk} = (\delta_{jr}\delta_{kt})_{r,t}$.

Für alle $P = (p_{jk}) \in M$ mit $p_{jk} = x_{jk} + ix'_{jk}$, wo x_{jk} und x'_{jk} reell sind, ist dann

$$1 = \sum_k |p_{jk}|^2 = \sum_k (x_{jk}^2 + x'^2_{jk}) \qquad (j=1,\ldots,n).$$

Daher ist $P = \sum\limits_{t=1}^{m} x_t B_t$ mit $-1 \leq x_t \leq 1$.

Nun ist

$$W \subseteq \bigcup_f W_f,\ f = (n_1,\ldots,n_m),\ n_t \in \mathbb{N}\ (t = 1,\ldots,m)$$

mit

$$W = \{(x_1,\ldots,x_m) \in \mathbb{R}^m \mid -1 \leq x_t \leq 1\} \quad \text{und}$$

$$W_f = \{(x_1,\ldots,x_m) \in \mathbb{R}^m \mid -1+(n_t-1)h \leq x_t < -1+n_t h\},\ 1 \leq n_t \leq \frac{2}{h}+1.$$

Dabei sei $h = \varepsilon/2n$.

Sind $P = \sum_t x_t B_t$ und $Q = \sum_t y_t B_t$ mit $(x_1,\dots,x_m) \in W_f$ und $(y_1,\dots,y_m) \in W_f$, so ist $|x_t - y_t| < h$, also $2\|P-Q\|^2 = \sum_t |x_t-y_t|^2 < 2mh^2 = \varepsilon^2$. Daher enthält jeder Würfel W_f den Koordinatenvektor $(x_1,\dots,x_m)$ von höchstens einem der Elemente aus M. Es folgt

$$|M| \leq (\tfrac{2}{h}+1)^m = (4\tfrac{n}{\varepsilon}+1)^{2n^2}.$$

<u>4.7 Satz</u> (Jordan, Frobenius). *Es sei G eine endliche Untergruppe von* $GL(n,\mathbb{C})$. *Weiter sei S die Menge aller $S \in G$ mit der Eigenschaft, daß für je zwei Eigenwerte s_1, s_2 von S stets $|s_1-s_2| < 1$ ist. Dann erzeugt S in G einen abelschen Normalteiler R mit*

$$|G : R| \leq (4n+1)^{2n^2}.$$

<u>Beweis.</u> Wie wir in 6.7 zeigen werden, besteht G ohne Einschränkung aus unitären Matrizen. Zunächst ist S eine Vereinigung von Konjugiertenklassen von G. Nach 4.5 ist weiter $ST = TS$ für alle $S,T \in S$. Daher ist R ein abelscher Normalteiler von G.

Nun sei $G = \bigcup_{j=1}^{s} RA_j$ mit $s = |G : R|$.

Für $j \neq k$ ist dann $2\|A_j - A_k\|^2 \geq 1$. Wäre nämlich

$2\|A_j-A_k\|^2 = 2\|E-A_j^{-1}A_k\|^2 < 1$, so wäre $A_j^{-1}A_k \in S \subseteq R$ (nach 4.4b)),

also $RA_j = RA_k$, also $j = k$.

Nun liefert 4.6 mit $M = \{A_1,\dots,A_s\}$ die Behauptung.

<u>4.8 Definition.</u> a) Es sei $AU(n,\mathbb{C})$ die Menge der komplexen Matrizen

$$(p,A) := \begin{pmatrix} A & p \\ 0 & 1 \end{pmatrix}.$$

Dabei sei $A = (a_{jk}) \in \mathbb{C}_n$ eine unitäre Matrix und $p = \begin{pmatrix} p_1 \\ \vdots \\ p_n \end{pmatrix}$ eine Spalte.

Dann ist

$$(p,A)(q,B) = (p+Aq, AB) \text{ für alle } (p,A),\ (q,B) \in AU(n,\mathbb{C}).$$

Daher ist $AU(n,\mathbb{C})$ eine Gruppe. Beschränken wir uns auf reelle Matrizen, so erhalten wir die Gruppe $AO(n,\mathbb{R})$ der Bewegungen eines n-dimensionalen reellen Hilbertraums, vgl. 1.3d).

b) Die Untergruppe G von $AU(n,\mathbb{C})$ heißt <u>diskret</u>, wenn es ein $\varepsilon > 0$ gibt mit folgender Eigenschaft:
Ist $(p,A) \in G$ mit $\|p\| \leq \varepsilon$ und $\|E-A\| \leq \varepsilon$, so ist $p = 0$ und $A = E$.
(Für reelle Matrizengruppen stimmt diese Definition wegen 3.10 mit der Definition 2.1c) überein.)

<u>4.9 Satz</u> (Frobenius). *Es sei G eine diskrete Untergruppe von $AU(n,\mathbb{C})$. Weiter sei S die Menge aller $S \in G$ mit der Eigenschaft, daß für je zwei Eigenwerte s_1, s_2 von S (den Eigenwert 1 eingeschlossen) stets $|s_1 - s_2| < 1$ ist. Dann erzeugt S in G einen abelschen Normalteiler R mit $|G:R| \leq (4n+1)^{2n^2}$.*

<u>Beweis.</u> Es seien (p,A), $(q,B) \in S$. Wir zeigen, daß (p,A) mit (q,B) vertauschbar ist, wobei wir $A = \begin{pmatrix} a_1 & & 0 \\ & \ddots & \\ 0 & & a_n \end{pmatrix}$ setzen können.

Wie in 4.5 definieren wir rekursiv

$$(r_0, C_0) = (q,B), \quad (r_m, C_m) = [(p,A), (r_{m-1}, C_{m-1})] \text{ für } m \geq 1.$$

Dann ist

$$\begin{aligned}(r_m, C_m) &= (p,A)(r_{m-1}, C_{m-1})(p,A)^{-1}(r_{m-1}, C_{m-1})^{-1} \\ &= (p + Ar_{m-1} - AC_{m-1}A^{-1}p - [A, C_{m-1}]\, r_{m-1}, [A, C_{m-1}]).\end{aligned}$$

Es folgt $C_0 = B$, $C_m = [A, C_{m-1}]$.
Wie in 4.5 erhalten wir also

$$(*) \qquad \|E - C_m\| \leq \varepsilon^m \|E-B\| \text{ mit } \varepsilon = \max_{j,k} (|a_j - a_k|, |1-a_j|) < 1.$$

Auch ist

$$r_m = p - AC_{m-1}A^{-1}p + Ar_{m-1} - [A, C_{m-1}]\, r_{m-1},$$

also

$$\|r_m\| \leq \|(E - AC_{m-1}A^{-1})p\| + \|A(E - C_{m-1}A^{-1}C_{m-1}^{-1})\, r_{m-1}\| \qquad \text{(wegen 3.7)},$$

$$\|(E - AC_{m-1}A^{-1})p\| \leq \|E - AC_{m-1}A^{-1}\| \; \|p\| = \|E - C_{m-1}\| \; \|p\|$$

und

$$||A(E-C_{m-1}A^{-1}C_{m-1}^{-1})r_{m-1}||^2 = ||(E-A^{-1})r_{m-1}||^2$$

$$= \sum_{j=1}^{n} |(1-a_j)x_j|^2 \leq \varepsilon^2 ||r_{m-1}||^2, \quad r_{m-1} = \begin{pmatrix} x_1 \\ \vdots \\ x_n \end{pmatrix},$$

insgesamt also

$$(**) \qquad ||r_m|| \leq ||E-C_{m-1}|| \;\; ||p|| + \varepsilon \, ||r_{m-1}||.$$

Wir erhalten

$$||r_1|| \leq ||E-B|| \;\; ||p|| + \varepsilon \, ||q||.$$

Ist gemäß Induktion für $m \geq 2$ bereits

$$||r_{m-1}|| \leq (m-1)\varepsilon^{m-2} ||E-B|| \;\; ||p|| + \varepsilon^{m-1} ||q||$$

gezeigt, so ist nach (*) und (**) auch

$$||r_m|| \leq \varepsilon^{m-1} ||E-B|| \;\; ||p|| + \varepsilon \, ||r_{m-1}||$$

$$\leq m\varepsilon^{m-1} ||E-B|| \;\; ||p|| + \varepsilon^m ||q||.$$

Wegen $\varepsilon < 1$ gibt es, da G diskret ist, ein $k > 2$ mit $C_k = E$, $r_k = 0$.
Wie in 4.5 folgt nun $AB = BA$.
Also ist

$$r_1 = (E-B)p-(E-A)q,$$

$$0 = r_k = (A-E)r_{k-1} = \ldots = (A-E)^{k-1} r_1.$$

Da A und B simultan diagonalisierbar sind, können wir

$$B = \begin{pmatrix} b_1 & & 0 \\ & \ddots & \\ 0 & & b_n \end{pmatrix}$$ setzen, und erhalten mit $p = (p_j)$, $q = (q_j)$

$$0 = (a_j-1)^{k-1}((1-b_j)p_j-(1-a_j)q_j).$$

In der ganzen Rechnung kann man (p,A) mit (q,B) vertauschen, daher ist für ein möglicherweise vergrößertes k auch

$$0 = (b_j-1)^{k-1}((1-a_j)q_j-(1-b_j)p_j).$$

Es folgt

$$(1-b_j)p_j-(1-a_j)q_j = 0 \text{ für } 1 \leq j \leq n,$$

denn auch im Falle $a_j = b_j = 1$ ist dies richtig.
Damit wird

$$r_1 = (E-B)p-(E-A)q = 0,$$

also $(r_1,C_1) = (0,E)$. Dies beweist, daß R ein abelscher Normalteiler von G ist.

Nun sei $G = \bigcup_{j\in J} R(p_j,A_j)$ die Nebenklassenzerlegung von G nach R.

Ist $2\|A_j-A_k\|^2<1$ mit $j,k\in J$, so ist $(p_j,A_j)^{-1}(p_k,A_k)=$

$(A_j^{-1}(-p_j+p_k),\ A_j^{-1}A_k)\in R$ nach 4.4b), also $j = k$. Daher liefert 4.6 die Behauptung.

4.10 Satz (Frobenius). *Es sei $G \leq AO(V)$ eine affin irreduzible reelle Bewegungsgruppe. Weiter sei R ein abelscher Normalteiler von G. Dann besteht R aus Translationen.*

Beweis. Es sei R_0 die Punktgruppe von R. Wir setzen

$$U = \{v\in V \mid Av = v \text{ für alle } A\in R_0\} \text{ und } n-k = \dim U.$$

Bezüglich einer Orthonormalbasis von V, die sich der Zerlegung $V = U^{\perp}\oplus U$ anpaßt, ist dann

$$R = (p_R,q_R,A_R) := \begin{pmatrix} A_R & 0 & p_R \\ 0 & E & q_R \\ 0 & 0 & 1 \end{pmatrix} \quad \text{für alle } R\in R$$

Dabei ist A_R eine orthogonale (k,k)-Matrix und E die (n-k,n-k)-Einheitsmatrix. Wir zeigen:

(1) Es gibt eine Spalte s von komplexen Zahlen mit

$$p_R = (E-A_R)s \quad \text{für alle } R\in R.$$

Beweis: Die Elemente von R_0 sind Linearkombinationen einer geeigneten endlichen Teilmenge von R_0. Da R_0 abelsch ist, gibt es also eine unitäre (k,k)-Matrix U mit

$$A_R' = U^{-1}A_RU = \begin{pmatrix} a_{R,1} & & 0 \\ & \ddots & \\ 0 & & a_{R,k} \end{pmatrix} \quad \text{für alle } R \in \mathcal{R}.$$

Es ist

$$R' = (0,0,U)^{-1}R(0,0,U) = (U^{-1}p_R, q_R, A_R'),$$

wir setzen $p_R' = \begin{pmatrix} p_{R,1}' \\ \vdots \\ p_{R,k}' \end{pmatrix} = U^{-1}p_R$.

Für alle $R,T \in \mathcal{R}$ haben wir, da $\mathcal{R}$ abelsch ist,

$$(p_R', q_R, A_R')(p_T', q_T, A_T') = (p_T', q_T, A_T')(p_R', q_R, A_R'),$$

also $p_R' + A_R'p_T' = p_T' + A_T'p_R'$, also

$$(1-a_{T,j})p_{R,j}' = (1-a_{R,j})p_{T,j}', \quad 1 \leq j \leq k.$$

Zu jedem j wählen wir, was nach Definition von U möglich ist, ein $T = T(j) \in \mathcal{R}$ mit $a_{T,j} \neq 1$, und setzen

$$t_j = \frac{p_{T,j}'}{1-a_{T,j}}.$$

Dann ist $p_{T,j}' = (1-a_{R,j})t_j$ für $1 \leq j \leq k$ und alle $R \in \mathcal{R}$. Mit $t = \begin{pmatrix} t_1 \\ \vdots \\ t_k \end{pmatrix}$ und $s = Ut$ erhalten wir

$$U^{-1}p_R = p_R' = (E-A_R')t = U^{-1}(E-A_R)s, \text{ also } p_R = (E-A_R)s.$$

(2) Wegen (1) ist

$$(s,0,E)^{-1}R(s,0,E) = (0,q_R,A_R) \quad \text{für alle } R \in \mathcal{R}.$$

(3) Zu jedem j mit $1 \leq j \leq k$ wählen wir ein $R_j \in \mathcal{R}$ mit $a_{R_j,j} \neq 1$. Dann gibt es reelle Zahlen $r_1,\dots,r_k$, so daß die reelle Matrix

$$M(r_1,\dots,r_k) = \sum_{j=1}^{k} r_j(E-A_{R_j}) \quad \text{regulär ist.}$$

Beweis: Für $1 \leq i \leq k$ ist

$$f_i(x_1,\dots,x_k) := \sum_{j=1}^{k} (1-a_{R_j,i})x_j$$

nicht das Nullpolynom. Definieren wir die Matrix

$$M(x_1,\dots,x_k) = \sum_{j=1}^{k} x_j(E-A_{R_j})$$

über dem Polynomring $\mathbb{R}[x_1,\dots,x_k]$, so ist nach dem Beweis von (1) also

$$\det M(x_1,\dots,x_k) = \det \sum_{j=1}^{k} x_j(E-A'_{R_j}) = \prod_{i=1}^{k} f_i(x_1,\dots,x_k) \neq 0.$$

Da also $\det M(x_1,\dots,x_k)$ nicht das Nullpolynom ist, gibt es Zahlen $r_1,\dots,r_k \in \mathbb{R}$ mit $\det M(r_1,\dots,r_k) \neq 0$.

(4) Es sei nun

$$\begin{pmatrix} L_{11} & L_{12} & u_1 \\ L_{21} & L_{22} & u_2 \\ 0 & 0 & 1 \end{pmatrix} \in (s,0,E)^{-1}\mathcal{G}(s,0,E),$$

wo L_{11} eine (k,k)-Matrix und L_{22} eine $(n-k,n-k)$-Matrix ist. Wegen $\mathcal{R} \trianglelefteq \mathcal{G}$ gibt es nach (2) für alle $R \in \mathcal{R}$ ein $T \in \mathcal{R}$ mit

$$\begin{pmatrix} L_{11} & L_{12} & u_1 \\ L_{21} & L_{22} & u_2 \\ 0 & 0 & 1 \end{pmatrix} \begin{pmatrix} A_R & O & O \\ O & E & q_R \\ 0 & 0 & 1 \end{pmatrix} = \begin{pmatrix} A_T & O & O \\ O & E & q_T \\ 0 & 0 & 1 \end{pmatrix} \begin{pmatrix} L_{11} & L_{12} & u_1 \\ L_{21} & L_{22} & u_2 \\ 0 & 0 & 1 \end{pmatrix}.$$

Es folgt $EL_{12} = L_{12}E = A_T L_{12}$, wo E in $L_{12}E$ den Typ $(n-k,n-k)$ und in EL_{12} den Typ (k,k) hat, also

$$(E-A_T)L_{12} = O.$$

Weiter ist

$$L_{12}q_R + (E-A_T)u_1 = 0 \quad \text{und} \quad L_{21}(A_R-E) = O.$$

Diese Gleichungen gelten für alle $R,T \in \mathcal{R}$. Nach (3) ist daher

$$O = \sum_{j=1}^{k} r_j(E-A_{R_j})L_{12} = M(r_1,\dots,r_k)L_{12},$$

also $L_{12} = 0$. Ebenso folgt $L_{21} = 0$ und $u_1 = 0$. Nach (1) ist schließlich $M(r_1,\dots,r_k)s = \sum_{j=1}^{k} r_j p_{R_j}$ eine reelle Spalte. Daher ist auch s eine reelle Spalte.

Wie wir bewiesen haben, läßt $(s,0,E)^{-1}G(s,0,E)$ den linearen Teilraum U der Dimension n-k fest. Da aber G nach Voraussetzung affin irreduzibel ist, folgt k = 0. Daher ist

$R = \begin{pmatrix} E & q_R \\ 0 & 1 \end{pmatrix}$ für jedes $R \in R$ eine Translation.

4.11 Hilfssatz. *Es sei $G \leq AO(V)$ eine Bewegungsgruppe mit endlicher Punktgruppe H.*

a) *Wie in 1.15 setzen wir $G = \bigcup_{H \in H} TT_{\nu(H)}H$. Auch sei*

$$s = \frac{1}{|H|} \sum_{H \in H} \nu(H) \quad \textit{und} \quad \Phi = s + \frac{1}{|H|} \Gamma(G).$$

Dann ist $G\Phi = \Phi$ für alle $G \in G$.

b) *Es sei G affin irreduzibel. Dann ist $\langle \Gamma(G) \rangle_{\mathbb{R}} = V$.*

Beweis. a) Nach 1.15 ist $\nu(H)+H\nu(H')-\nu(HH') \in \Gamma(G)$ für alle $H,H' \in H$. Die Summation über $H' \in H$ ergibt $|H|(\nu(H)+Hs-s) \in \Gamma(G)$, also

$$\nu(H)+Hs-s \in \Phi^* := \frac{1}{|H|} \Gamma(G).$$

Wegen $G^* := T_{-s}GT_s = \bigcup_{H \in H} TT_{-s+\nu(H)+Hs}H$ ist $G^*\Phi^* = \Phi^*$ für alle $G^* \in G^*$, also $G\Phi = \Phi$ für alle $G \in G$.

b) Es sei $U = \langle \Gamma(G) \rangle_{\mathbb{R}}$. Für alle $G = T_v H \in G$ ist $G(s+U) = v+Hs+HU = Gs+U$. Nach a) ist dabei $Gs \in s+U$, also $G(s+U) = s+U$. Da G affin irreduzibel ist, folgt $U = V$.

4.12 Satz (Bieberbach). *Es sei $G \leq AO(V)$ eine Bewegungsgruppe. Dann sind folgende Aussagen äquivalent:*

a) *G ist eine Raumgruppe.*

b) *G besitzt einen beschränkten Fundamentalbereich.*

c) *G ist affin irreduzibel und diskret.*

Beweis. a) ⇒ b): 3.18b). b) ⇒ c): 3.20, 3.18a).

c) $\Rightarrow$ a): Da G diskret ist, genügt nach 3.15b) der Nachweis von $\langle\Gamma(G)\rangle_{\mathbb{R}} = V$. Nach den Sätzen 4.9 und 4.10 von Frobenius besitzt G eine endliche Punktgruppe $G_n \cong G/T$. Daher liefert 4.11b) die Behauptung.

<u>4.13 Satz</u> *Es sei* $G \leq AO(V)$ *eine Bewegungsgruppe. Weiter sei* S *eine Teilmenge von* V *mit folgenden Eigenschaften:*

(1) S *ist diskret.*

(2) S *liegt nicht zwischen zwei parallelen Hyperebenen.*

(3) S *ist eine Bahn von* G.

Dann ist G *eine Raumgruppe.*

<u>Beweis.</u> Es sei $s \in S$. Nach (2) gibt es in S Elemente $s = v_0,\dots,v_n$, so daß $v_1-v_0,\dots,v_n-v_0$ eine Basis des Vektorraums V ist, denn es ist $S \subseteq s+\langle t-s \mid t \in S\rangle_{\mathbb{R}}$. Wegen (1) sind die v_j, $0 \leq j \leq n$, keine Häufungspunkte von S, also schließen wir mit 3.9, daß G diskret ist.
Angenommen, G wäre affin reduzibel. Dann läßt G einen affinen Teilraum $w+U$ mit $U \neq V$ fest. Für die Bahn S von G gibt es also ein $r \in \mathbb{R}$, $r > 0$, so daß S in dem Zylinder

$$Z = B + U \text{ mit } B = \{v \in U^\perp \mid \|v-w\| \leq r\}$$

enthalten ist. Es sei $v \in U^\perp$ mit $\|v\| = r$. Dann liegt S zwischen den beiden Hyperebenen $w \pm v + \langle v\rangle^\perp$, im Widerspruch zu (2). Also ist G affin irreduzibel und damit nach 4.12 eine Raumgruppe.

<u>4.14 Bemerkung.</u> Nach 4.13 (und 3.4) läßt sich jedes diskrete System von geometrisch gleichberechtigten Punkten, das sich auf den ganzen Raum verteilt, aus zueinander parallelen Gittern zusammensetzen und weist daher eine Periodizität in allen Richtungen auf. In dem Buch von Hilbert und Cohn-Vossen: "Anschauliche Geometrie", Berlin 1932, findet man statt 4.13(2) die Forderung, daß die Menge der in einer Kugel vom Radius r liegenden Punkte von S mit der n-ten Potenz von r ins Unendliche wachsen soll.

<u>Aufgaben</u>

<u>A 4.1</u> Man zeige: Es sei G eine endliche Untergruppe von $GL(n,\mathbb{C})$. Jedes $G \in G$ habe höchstens 2 verschiedene Eigenwerte. Dann ist

$$A = \langle G \in G \mid O(G) \geq 7\rangle$$

ein abelscher Normalteiler von G mit $|G/A| = 2^a 3^b 5^c$.

§ 5*. ENDLICHE UNTERGRUPPEN VON GL(n, $\mathbb{Z}$)

Der Satz 4.7 von Jordan und Frobenius liefert eine Abschätzung für die Ordnung endlicher Untergruppen von GL(n,$\mathbb{C}$), welche keinen abelschen Normalteiler $\neq$ {E} besitzen. Wir wollen in diesem Abschnitt zeigen, daß für die Ordnung einer endlichen Untergruppe von

$$GL(n,\mathbb{Z}) = \{(x_{ij})_{1\leq i,j\leq n} \mid x_{ij} \in \mathbb{Z},\ \det(x_{ij}) = \pm 1\}$$

sehr viel genauere Aussagen gelten. Darüber hinaus lassen sich diese Gruppen mit den Untergruppen von GL(n,GF(p)) in Zusammenhang bringen.

5.1 Satz (Minkowski). *Es sei G eine endliche Untergruppe von* GL(n,$\mathbb{Z}$), *weiter sei* $q \in \mathbb{N}$. *Wir betrachten den Gruppenhomomorphismus*

$$\phi : G \to GL(n,\mathbb{Z}/q\mathbb{Z}) \text{ mit } \phi(a_{ij})_{1\leq i,j\leq n} = (a_{ij}+q\mathbb{Z})_{i,j}$$

und setzen N = Kern $\phi = \{(a_{ij}) \in G \mid q \mid a_{ij}$ *für alle* $i,j\}$.

a) *Es sei* $q \geq 3$. *Dann ist* $N = \{E\}$.

b) *Es sei* $q = 2$. *Dann gibt es ein* $U \in GL(n,\mathbb{Z})$ *mit* $UNU^{-1} = \begin{pmatrix} \varepsilon_1 & & 0 \\ & \ddots & \\ 0 & & \varepsilon_n \end{pmatrix}$,

$\varepsilon_i = \pm 1$ *für alle* $N \in N$. *Insbesondere ist* $|N| \mid 2^n$.

Beweis. Für ganzzahlige Matrizen A und B setzen wir $A \equiv B \bmod k$, falls diese Kongruenz für alle Einträge gilt.

Es sei $N \in N$ ein Element der Ordnung $m \geq 2$. Dann gibt es eine ganzzahlige Matrix $R \neq O$ mit

$$N = E+qR.$$

Indem wir q möglicherweise vergrößern, können wir annehmen, daß die Einträge von R teilerfremd sind, Weiter ist

$$(*) \qquad E = N^m = E+mqR+\binom{m}{2}q^2R^2+\ldots+\binom{m}{m}q^mR^m,$$

also $mqR\equiv O \bmod q^2$. Setzen wir $R = (r_{ij})$, so ist also $q \mid mr_{ij}$ für alle i,j.

Wegen $\mathrm{ggT}(r_{ij} \mid 1 \le i,j \le n) = 1$ folgt $q \mid m$.

a) Angenommen, es wäre $q \ge 3$. Es genügt den Fall zu widerlegen, daß m eine Primzahl ist. Wir haben dann $q = m$, nach (*) also $q^2 R \equiv 0 \bmod q^3$, man beachte $q \mid \binom{q}{2}$. Es folgt der Widerspruch $q^3 \mid q^2$. Daher ist $N = \{E\}$.

b) Es sei $q = 2$. Wegen $q \mid O(N')$ für $E \ne N' \in N$ ist m eine 2-Potenz. Wir zeigen zunächst $m = 2$.
Es sei etwa $N^4 = E$, also $0 = N^4 - E = (N-E)(N+E)(N^2+E)$.
Wir haben $N+E \equiv N-E \equiv 0 \bmod 2$, also
$N^2-E = (N+E)(N-E) \equiv 0 \bmod 4$, also $N^2+E \equiv 2E \bmod 4$.
Daher ist $\frac{1}{2}(N^2+E)$ ganzzahlig und $\equiv E \bmod 2$. Es folgt
$\det \frac{1}{2}(N^2+E) \equiv 1 \bmod 2$, also $\det (N^2+E) \ne 0$.
Wir erhalten $(N-E)(N+E) = 0$ und $m = 2$.

Nun ist $N = \{N_1, \ldots, N_t\}$ mit $N_j = E + 2R_j$, $1 \le j \le t$,
und $E = N_j^2 = E + 4R_j + 4R_j^2$, also $R_j^2 + R_j = 0$.
Wir setzen

$$\Gamma = \mathbb{Z}^n \text{ und } \Gamma_{j,0} = \{v \in \Gamma \mid R_j v = 0\},\ \Gamma_{j,-1} = \{v \in \Gamma \mid R_j v = -v\}.$$

Für $v \in \Gamma$ ist $v = (v + R_j v) - R_j v \in \Gamma_{j,0} + \Gamma_{j,-1}$. Daher ist

$$\Gamma = \Gamma_{j,0} \oplus \Gamma_{j,-1}.$$

Da N abelsch ist, haben wir $R_j R_{j'} = R_{j'} R_j$. Daher sind $\Gamma_{i,0}$ und $\Gamma_{i,-1}$ unter $R_{j'}$ invariant, können also bzgl. $R_{j'}$ weiter zerlegt werden. Induktion nach t ergibt

$$\Gamma = \bigoplus_\alpha \Gamma_\alpha \text{ mit } \Gamma_\alpha = \bigcap_{j=1}^{t} \Gamma_{j,\alpha(j)} \quad (\alpha: \{1,\ldots,t\} \to \{0,-1\}).$$

Dabei sind die Γ_α unter allen $R_{j'}$ invariant.

Da Γ ein Gitter in $\mathbb{R}^n$ ist, gibt es eine Gitterbasis, die sich der direkten Zerlegung von Γ anpaßt. Damit erhalten wir

$$R_j = \begin{pmatrix} \varepsilon_1' & & 0 \\ & \ddots & \\ 0 & & \varepsilon_n' \end{pmatrix} \text{ mit } \varepsilon_k' \in \{0,-1\}, \text{ also } N_j = \begin{pmatrix} \varepsilon_1 & & 0 \\ & \ddots & \\ 0 & & \varepsilon_n \end{pmatrix} \text{ mit } \varepsilon_k = \pm 1.$$

<u>5.2 Satz</u> (Schur). *Es sei P eine Untergruppe von* $GL(n,\mathbb{C})$ *mit* $|P| = p^m$, p *eine Primzahl. Weiter sei* Spur $P \in \mathbb{Z}$ *für alle* $P \in P$. *Dann ist*

$$m \le \sum_{i=0}^{n} \left[\frac{n}{p^i(p-1)} \right] .$$

Insbesondere ist $m = 0$ *für* $p > n+1$.

<u>Beweis.</u> Es sei ε eine primitive p^m-te Einheitswurzel, wir setzen $q = p^{m-1}$. Weiter sei $P \in \mathcal{P}$, und a_j sei die Vielfachheit von ε^j als Eigenwert von P. Dann ist

$$\sum_{j=0}^{p^m-1} a_j\varepsilon^j = \text{Spur } P \in \mathbb{Z} \text{ mit } \sum_{j=0}^{p^m-1} a_j = n.$$

Also ist

$$f(\varepsilon) = 0 \text{ mit } f = a_{p^m-1}x^{p^m-1}+\ldots+a_1x+a_0-\text{Spur } P \in \mathbb{Z}[x].$$

Das Minimalpolynom aus $\mathbb{Q}[x]$ von ε ist das Kreisteilungspolynom

$$\Phi_{p^m} = 1+x^q+x^{2q}+\ldots+x^{(p-1)q}.$$

Daher ist $\Phi_{p^m} | f$. Es gibt also ein Polynom $h \in \mathbb{Q}[x]$ mit

$f = h+hx^q+\ldots+hx^{(p-1)q}$ und $\text{grad } h + (p-1)q = \text{grad } f \leq p^m-1$,

also $\text{grad } h \leq p^m-1-(p^m-q) = q-1$. Daher ist

$$a_0-\text{Spur } P = a_q = a_{2q} = \ldots = a_{(p-1)q} \text{ und}$$

$$a_j = a_{j+q} = \ldots = a_{j+(p-1)q} \text{ für } j=1,\ldots,q-1.$$

Es folgt

$$n = a_0+(p-1)a_q+pa_1+\ldots+pa_{q-1}.$$

Wir setzen nun

$$y = a_1+a_2+\ldots+a_q.$$

Dann ist Spur $P = a_0-a_q = n-py$ und $n-(p-1)y = a_0+\ldots+a_{q-1} \geq 0$, also $0 \leq y \leq \frac{n}{p-1}$. Setzen wir $k = \left[\frac{n}{p-1}\right]$, so folgt

$$\text{Spur } P \in \{n, n-p, \ldots, n-kp\}.$$

Es sei nun

$$l_j = |\{P \in \mathcal{P} | \text{ Spur } P = n-jp\}|.$$

Dann ist $l_0+l_1+\ldots+l_k = p^m$. Eine Summe von n Einheitswurzeln ist nur dann gleich n, wenn alle Summanden gleich 1 sind. Daher ist $l_0 = 1$. Es sei $1 \leq i \leq k$. Dann ist $\mathrm{Spur}\, \underbrace{P\otimes\ldots\otimes P}_{i} = (\mathrm{Spur}\, P)^i$ und mit $V = \mathbb{C}^n$

$$\frac{1}{|\mathcal{P}|} \sum_{P\in\mathcal{P}} \mathrm{Spur}\, \underbrace{P\otimes\ldots\otimes P}_{i} = \dim \{v \in \underbrace{V\otimes\ldots\otimes V}_{i} \mid \underbrace{P\otimes\ldots\otimes P}_{i} v = v \text{ für alle } P \in \mathcal{P}\}$$

Daher ist

$$\sum_{P\in\mathcal{P}} (\mathrm{Spur}\, P)^i = \sum_{j=0}^{k} l_j (n-jp)^i = b_i p^m \text{ mit } b_i \in \mathbb{Z},$$

und dies ist auch für $i = 0$ richtig, man setze $b_0 = 1$.

Es seien c_i definiert durch

$$\prod_{i=1}^{k} (x-(n-ip)) = \sum_{i=0}^{k} c_i x^i \in \mathbb{Z}[x].$$

Dann ist

$$\sum_{i=0}^{k} c_i n^i = \prod_{i=1}^{k} (n-(n-ip)) = p^k k!$$

und für $j = 1,\ldots,k$

$$\sum_{i=0}^{k} c_i (n-jp)^i = \prod_{i=1}^{k} (n-jp-(n-ip)) = 0.$$

Es folgt

$$\sum_{i=0}^{k} c_i b_i p^m = \sum_{j=0}^{k} l_j \sum_{i=0}^{k} c_i (n-jp)^i = l_0 p^k k! = p^k k! \equiv 0 \bmod p^m.$$

Ist p^a die höchste Potenz von p, die in k! aufgeht, so ist

$a = [\frac{k}{p}] + [\frac{k}{p^2}] + \ldots$, und wir haben $m \leq k+a$.

Schließlich gibt es ein $z \in \mathbb{Z}$ mit

$$zp^i \leq k = \left[\frac{n}{p-1}\right] \leq \frac{n}{p-1} < k+1 \leq (z+1)p^i,$$

daher ist $z = \left[\frac{k}{p^i}\right] = \left[\frac{n}{p^i(p-1)}\right]$ und $k+a = \sum_{i=0}^{n} \left[\frac{n}{p^i(p-1)}\right]$.

5.3 Folgerung (Minkowski). *Es sei* Γ *ein Gitter von* V, $\dim V = n$, *weiter sei* G *eine Untergruppe von* $S(\Gamma)$. *Dann ist* $|G|$ *ein Teiler von*

$$M_n = \prod_p p^{m(n,p)} \quad (p = 2,3,5\ldots), \; m(n,p) = \sum_{i=0}^{n} \left[\frac{n}{p^i(p-1)}\right].$$

Beweis. Dies ist ein Spezialfall von 5.2, angewandt auf die p-Sylowgruppen von G. (Minkowski benutzt 5.1).

5.4 Beispiele (Minkowski, Schur).

a) Γ gehöre zur Form $x_1^2+\ldots+x_n^2$. Weiter sei $P_{n,2}$ eine 2-Sylowgruppe von $S(\Gamma)$. Dann ist $|P_{n,2}| = 2^{m(n,2)}$.

b) Es sei p eine ungerade Primzahl $\leq n+1$, wir setzen $k = \left[\frac{n}{p-1}\right]$. Weiter sei $\Gamma = \langle v_{ij}, w_h \,|\, 1\leq i\leq p-1,\ 1\leq j\leq k,\ 1\leq h\leq n-(p-1)k\rangle_{\mathbb{Z}}$

ein Gitter zur Form $2 \sum_{i\leq i'} \sum_j x_{ij}x_{i'j} + \sum_h y_h^2$.

Ist dann $P_{n,p}$ eine p-Sylowgruppe von $S(\Gamma)$, so ist $|P_{n,p}| = p^{m(n,p)}$.

c) Es sei P die Quaternionengruppe der Ordnung $8 = 2^{m(2,2)}$. Dann gibt es eine Untergruppe P_1 von $GL(2,\mathbb{C})$ mit $P \cong P_1$ und Spur $P\in\mathbb{Z}$ für alle $P\in P_1$. Dagegen gibt es keine Untergruppe P_2 von $GL(2,\mathbb{R})$ mit $P \cong P_2$.

Beweis. a) Nach 2.13 ist $|S(\Gamma)| = n!2^n$. Die höchste Potenz von 2, die n! teilt, ist $a = \left[\frac{n}{2}\right]+\left[\frac{n}{4}\right]+\ldots = m(n,2)-n$.

b) Es sei $\{w_{ij}, w_h \; 1\leq i\leq p,\ 1\leq j\leq k,\ 1\leq h\leq n-(p-1)k\}$ die Orthonormalbasis eines reellen Hilbertraums V_0.

Setzen wir $v_{ij} = w_{ij}-w_{pj}$ für $i\leq p-1$, so erhalten wir in einem Unterraum V von V_0 das Gitter Γ zur angegebenen Form.

Weiter sei G die Gruppe aller $G_{P_1,\ldots,P_k,Q} \in O(V_0)$, $P_j\in S_p$, $Q\in S_k$

mit $G_{P_1,\ldots,P_k,Q}w_{ij} = w_{P_j i,Qj}$ und $G_{P_1,\ldots,P_k,Q}w_h = w_h$. (Es ist also G das Kranzprodukt $S_p \wr S_k$). Die Ordnung von G ist $p!^k k!$. Wegen $w_{ij}-w_{i'j} = (w_{ij}-w_{pj})-(w_{i'j}-w_{pj})$ operiert G auf Γ, und diese Operation

ist offenbar treu. Also ist $G \leq S(\Gamma)$.
Die höchste Potenz von p, die $p!^k k!$ teilt, ist $p^{m(n,p)}$, wie am Ende des Beweises von 5.2 gezeigt wurde.

Daher ist $|P_{n,p}| = p^{m(n,p)}$.

c) Mit $i = \sqrt{-1}$ ist

$$P = P_1 = \{\pm E, \pm\begin{pmatrix} i & 0 \\ 0 & -i \end{pmatrix}, \pm\begin{pmatrix} 0 & 1 \\ -1 & 0 \end{pmatrix}, \pm\begin{pmatrix} 0 & i \\ i & 0 \end{pmatrix}\}.$$

Es sei $P_2 \leq GL(2,\mathbb{R})$ mit $|P_2| < \infty$. Nach 6.7a) ist $P_2 \leq O(2,\mathbb{R})$ bei geeigneter Wahl des Skalarprodukts. Nach 7.3 ist P_2 also zyklisch oder diedrisch. Daher ist $P_2 \ncong P$.

<u>5.5 Satz</u> (Volvacev). *Es sei Γ ein Gitter des n-dimensionalen Hilbertraums V. Weiter sei G eine p-Gruppe mit $G \leq S(\Gamma)$. Für ein $X \in O(V)$ ist dann $X^{-1}GX$ eine Untergruppe der Gruppe $P_{n,p}$ aus 5.4.*

<u>Beweis.</u> Amer. Math. Soc. Transl. (2) <u>64</u> (1967), 216-243.

Wir verallgemeinern Satz 2.11:

<u>5.6 Satz</u> a) *Es sei $G \in GL(n,\mathbb{Q})$ mit $O(G) < \infty$, und $f_G = \prod_{i=1}^{r} f_i$ sei das charakteristische Polynom von G in seiner Zerlegung in Primfaktoren $f_i \in \mathbb{Q}[x]$. Dann ist $f_i = \Phi_{m_i}$ ein m_i-tes Kreisteilungspolynom vom Grad $n_i = \varphi(m_i)$.*

Weiter ist $\mathbb{Q}^n = \bigoplus_{i=1}^{r} U_i$ mit G-invarianten Teilräumen U_i der Dimension n_i. Dabei ist Φ_{m_i} das Minimalpolynom von G_{U_i} und $O(G_{U_i}) = m_i$. Ist weiter $0 \neq v \in U_i$, so ist $v, Gv, \ldots, G^{n_i-1}v$ eine Basis von U_i. Insbesondere ist die rationale Normalform von G ein Element aus $GL(n,\mathbb{Z})$.

b) (Hermann). *Die Konjugiertenklassen der endlichen zyklischen Untergruppen $\langle G\rangle$ von $GL(n,\mathbb{Z})$ sind bijektiv den Tupeln $(m_1,\ldots,m_r)$ mit $m_1 \geq \ldots \geq m_r > 0$ und $n = \sum_{i=1}^{r} \varphi(m_i)$ zugeordnet. Dabei ist $f_G = \prod_{i=1}^{r} \Phi_{m_i}$ und $O(G) = \mathrm{kgV}(m_1,\ldots,m_r)$. Ist zum Beispiel $O(G) = p^a$ eine Primzahlpotenz, so ist $m_1 = p^a$, also $n \geq \varphi(p^a) = p^{a-1}(p-1)$.*

<u>Beweis.</u> a) Es sei g das Minimalpolynom von G. Wegen $g|x^{O(G)}-1$ ist G über $\mathbb{C}$ diagonalisierbar, daher ist $O(G) = \text{kgV}(m_1,\dots,m_k)$, wo $m_1,\dots,m_k$ die verschiedenen Ordnungen der n Eigenwerte von G seien. Weiter ist $\Phi_{m_i} = \prod_{\varepsilon_i} (x-\varepsilon_i)$, ε_i primitive m_i-te Einheitswurzel, ein Polynom aus $\mathbb{Z}[x]$, welches in $\mathbb{Q}[x]$ irreduzibel ist, vgl. v.d.Waerden, Algebra I. Daher ist

$$g = \prod_{i=1}^{k} \Phi_{m_i} \quad \text{und } f = \prod_{i=1}^{k} \Phi_{m_i}^{a_i}, \quad a_i \in \mathbb{N}.$$

$$\text{Es folgt } \mathbb{Q}^n = \bigoplus_{i=1}^{k} N_i \quad \text{mit} \quad N_i = \text{Kern } \Phi_{m_i}(G).$$

Nun sei U ein maximaler echter G-Teilraum von N_i, weiter sei

$$v \in N_i - U \quad \text{und} \quad U' = \langle v, Gv, \dots, G^{n_i-1} v \rangle.$$

Das Minimalpolynom von $G_{U'}$ ist ein Teiler von Φ_{m_i}, also gleich Φ_{m_i}.

Daher ist $\dim U' = n_i$ und $U \cap U' = 0$, also $N_i = U \oplus U'$.

Eine Induktion ergibt nun die Behauptung.

b) Es seien $\langle G \rangle$ und $\langle G^* \rangle$ konjugiert in $GL(n,\mathbb{Q})$, also $AG^rA^{-1} = G^*$, $A \in GL(n,\mathbb{Q})$, $\text{ggT}(r,O(G)) = 1$. Da die Eigenwerte von G und G^r gleich sind, haben G und G* nach a) dieselbe rationale Normalform, die durch ein Tupel der angegebenen Art beschrieben wird.

<u>A u f g a b e n</u>

<u>A 5.1</u> Man bestimme die 9 endlichen Ordnungen, die ein Element $G \in GL(4,\mathbb{Q})$ haben kann.

§ 6. ERWEITERUNGEN VON GRUPPEN

Es sei $\mathcal{G}$ eine Raumgruppe mit dem Translationengitter Γ und der Punktgruppe $\mathcal{H}$. Nach 1.14b) ist dann

$$Hv \in \Gamma \text{ für alle } H \in \mathcal{H} \text{ und } v \in \Gamma.$$

In der linearen Algrebra definiert man H-invariante Unterräume und zeigt, daß die zugehörigen Faktorräume ebenfalls H-invariant sind. Da Γ jedoch kein Unterraum ist, müssen wir diese Begriffe etwas abändern.

<u>6.1 Definition.</u> Es sei Γ eine additiv geschriebene abelsche Gruppe und $\mathcal{H}$ eine multiplikativ geschriebene Gruppe.

a) Wir nennen Γ einen $\mathcal{H}$-<u>Modul</u>, wenn für jedes $v \in \Gamma$ und $H \in \mathcal{H}$ ein Element $Hv \in \Gamma$ definiert ist, wobei gilt:

$$H(v+w) = Hv+Hw$$

$$(HK)v = H(Kv)$$

$$Ev = v$$

für alle $H,K \in \mathcal{H}$ und $v,w \in \Gamma$. Wir setzen weiter

$$(H\pm K)v = Hv\pm Kv.$$

(Also ist $H\pm K$ eine Abbildung von Γ in sich.)

b) Es sei Δ ein $\mathcal{H}$-Modul und Γ ein $\mathcal{H}$-Teilmodul von Δ, also eine abelsche Untergruppe von Δ mit $Hu \in \Gamma$ für alle $H \in \mathcal{H}$ und $u \in \Gamma$. Weiter seien $v,w \in \Delta$. Ist dann $v-w \in \Gamma$, so schreiben wir

$$v \equiv w \bmod \Gamma.$$

Aus $v \equiv w \bmod \Gamma$ folgt $Hv \equiv Hw \bmod \Gamma$ für alle $H \in \mathcal{H}$. Daher ist

$$\Delta/\Gamma = \{v+\Gamma \mid v \in \Delta\}, \quad v+\Gamma = \{w \in \Delta \mid v \equiv w \bmod \Gamma\},$$

ein $\mathcal{H}$-Modul, wobei die Operation von $\mathcal{H}$ auf Δ/Γ durch

$$H(v+\Gamma) := Hv+\Gamma$$

definiert wird.

c)* Es seien Γ und Δ $\mathcal{H}$-Moduln. Ein Gruppenhomomorphismus $\tau:\Gamma \to \Delta$ heißt $\mathcal{H}$-Homomorphismus, wenn $\tau(Hu) = H(\tau u)$ für alle $H \in \mathcal{H}$ und $u \in \Gamma$ gilt.

<u>6.2* Hilfssatz.</u> a) *Es sei Γ ein $\mathcal{H}$-Modul. Wir definieren auf der Menge $\Gamma * \mathcal{H} := \{(v,H) \mid v \in \Gamma,\ H \in \mathcal{H}\}$ eine Multiplikation durch*

$$(v,H)(v',H') = (v+Hv',\ HH').$$

Dann ist $\Gamma*\mathcal{H}$ eine Gruppe. Mit

$$\bar{\Gamma} := \{(v,E) \mid v \in \Gamma\} \text{ und } \bar{\mathcal{H}} := \{(0,H) \ H \in \mathcal{H}\}$$

ist weiter $\bar{\Gamma}$ ein zu Γ isomorpher Normalteiler von $\Gamma*\mathcal{H}$, $\bar{\mathcal{H}}$ eine zu $\mathcal{H}$ isomorphe Untergruppe und

$$\Gamma*\mathcal{H} = \bar{\Gamma}\bar{\mathcal{H}} \quad \text{mit} \quad \bar{\Gamma} \cap \bar{\mathcal{H}} = \{(o,E)\}.$$

b) *Es sei V ein Vektorraum. Dann ist die Abbildung*

$$\Phi: V*\mathrm{GL}(V) \longrightarrow \mathrm{AGL}(V) \text{ mit } \Phi(v,H) = T_v H,\ v \in V,\ H \in \mathrm{GL}(V),$$

ein Gruppenisomorphismus. (Insbesondere können wir jede Bewegung $T_v H$ mit ihrem "Wigner-Seitz-Symbol" $(v,H) \in V*O(V)$ bezeichnen.)

<u>Beweis.</u> a) $((v_1,H_1)\ (v_2,H_2))(v_3,H_3) = (v_1+H_1v_2,H_1H_2)(v_3,H_3)$
$= (v_1+H_1v_2+H_1H_2v_3,\ H_1H_2H_3) = (v_1,H_1)(v_2+H_2v_3,H_2H_3)$
$= (v_1,H_1)((v_2,H_2)(v_3,H_3))$.

Einselement: $(0,E)$. Inverses: $(v,H)^{-1} = (-H^{-1}v,H^{-1})$.

$\Gamma \cong \bar{\Gamma}$: $(v,E)(v',E) = (v+v',E)$.
$\mathcal{H} \cong \bar{\mathcal{H}}$: $(0,H)(0,H') = (0,HH')$.

$\bar{\Gamma}$ Normalteiler von $\Gamma*\mathcal{H}$: $(v,H)(w,E)(v,H)^{-1} = (v+Hw,H)(-H^{-1}v,H^{-1}) = (Hw,E)$.

$\Gamma * H = \bar{\Gamma}\bar{H} : (v,H) = (v,E)(0,H)$.

b) Dies folgt aus 1.3d).

6.3 Definition. Es seien Γ und Δ H-Moduln mit $\Gamma \leq \Delta$.

a) Wir setzen

$$L(H,\Delta,\Gamma) = \{\nu : H \to \Delta \mid \nu(HH') \equiv \nu(H) + H\nu(H') \text{ mod } \Gamma \text{ für alle } H,H' \in H\}.$$

Vermöge der Festsetzung

$$(\nu_1+\nu_2)(H) = \nu_1(H)+\nu_2(H),\ H \in H,$$

ist offenbar $L(H,\Delta,\Gamma)$ eine abelsche Gruppe. Die Elemente ν von $L(H,\Delta,\Gamma)$ heißen die Lösungen der Frobeniusschen Kongruenzen
$\nu(HH') \equiv \nu(H)+H\nu(H')$, $H,H' \in H$.

b)* Es sei $\underline{S}(H,\Delta,\Gamma)$ die Menge aller Untergruppen G von $\Delta * H$ mit $\bar{\Gamma} = G \cap \bar{\Delta}$ und der Eigenschaft, daß es zu jedem $H \in H$ ein $v \in \Delta$ mit $(v,H) \in G$ gibt.

6.4* Satz. a) *Mit den Bezeichnungen von* 6.2, 6.3 *sei* $G \in \underline{S}(H,\Delta,\Gamma)$. *Dann ist* $\bar{\Gamma} \trianglelefteq G$ *und* $G/\bar{\Gamma} \cong H$. *Weiter gibt es ein modulo* $\bar{\Gamma}$ *eindeutig bestimmtes Element* $\nu \in L(H,\Delta,\Gamma)$ *mit* $G = \bigcup_{H \in H} \bar{\Gamma}(\nu(H),H)$.

b) *Es sei* $\nu \in L(H,\Delta,\Gamma)$. *Dann ist* $G := \bigcup_{H \in H} \bar{\Gamma}(\nu(H),H) \in \underline{S}(H,\Delta,\Gamma)$.

Beweis. Der Beweis ergibt sich durch Vergleich mit 1.15, 1.16.

Der folgende Satz verallgemeinert den kohomologischen Teil eines zentralen Satzes aus der Theorie der endlichen Gruppen, vgl. A 6.6.

6.5* Satz. *Es sei S eine Gruppe mit einem abelschen Normalteiler R. Dabei sei $H := S/R$ endlich. Es sei Γ eine additiv geschriebene Gruppe und $\Phi : R \to \Gamma$ ein Isomorphismus. Wir machen Γ zu einem H-Modul, indem wir für* $u = \Phi R \in \Gamma$ *und* $H = SR \in H$ *mit* $R \in R$, $S \in S$

$$Hu = \Phi(SRS^{-1})$$

setzen. Es sei weiter Δ ein H-Modul mit $\Gamma \leq \Delta$. Auch existiere ein H-Homomorphismus $\tau : \Gamma \to \Delta$ mit

$|\mathcal{H}|\tau(u) = u$ *für alle* $u \in \Gamma$.

Dann gibt es eine Gruppe $G \in \underline{S}(\mathcal{H},\Delta,\Gamma)$ *mit* $G \cong S$.

Beweis. Für jedes $H \in \mathcal{H}$ wählen wir ein $N(H) \in \underline{S}$ mit $H = \mathcal{R}N(H)$. Dann ist

$$S = \bigcup_{H \in \mathcal{H}} \mathcal{R}N(H).$$

Wegen $\mathcal{R}N(H)N(H') = HH' = \mathcal{R}N(HH')$ für alle $H,H' \in \mathcal{H}$ ist weiter

$$F(H,H') := N(H)N(H')N(HH')^{-1} \in \mathcal{R}$$

mit $F(H,H')F(HH',H'')F(H,H'H'')^{-1}$

$$= N(H)N(H')N(HH')^{-1}N(HH')N(H'')N(HH'H'')^{-1}N(HH'H'')N(H'H'')^{-1}N(H)^{-1}$$
$$= N(H)N(H')N(H'')N(H'H'')^{-1}N(H)^{-1}$$
$$= N(H)F(H',H'')N(H)^{-1},$$

also $\Phi F(H,H') + \Phi F(HH',H'') - \Phi F(H,H'H'') = H\Phi F(H',H'')$.

Wir setzen nun

$$\nu(H) = \frac{1}{|\mathcal{H}|} \sum_{H'' \in \mathcal{H}} \Phi F(H,H'') \text{ mit } \frac{1}{|\mathcal{H}|}u := \tau(u) \text{ und zeigen}$$

$\nu \in L(\mathcal{H},\Delta,\Gamma)$:

$$\begin{aligned}\nu(H)+H\nu(H') &= \frac{1}{|\mathcal{H}|}\sum_{H''} (\Phi F(H,H'')+H\Phi F(H',H''))\\ &= \frac{1}{|\mathcal{H}|}\sum_{H''} (\Phi F(H,H'')+\Phi F(H,H')+\Phi F(HH',H'')-\Phi F(H,H'H''))\\ &= \Phi F(H,H')+\frac{1}{|\mathcal{H}|}\sum_{H''} \Phi F(HH',H'')\\ &= \Phi F(H,H')+\nu(HH').\end{aligned}$$

Nach 6.4b) ist daher $G := \bigcup_{H \in \mathcal{H}} \bar{\Gamma}(\nu(H),H) \in \underline{S}(\mathcal{H},\Delta,\Gamma)$.

Schließlich sei $\psi : S \to G$ die bijektive Abbildung mit

$$\psi(RN(H)) = (\Phi R+\nu(H),H),\ R \in \mathcal{R},\ H \in \mathcal{H}.$$

Dann ist

$$\begin{aligned}
\psi(RN(H)\cdot R'N(H')) &= \psi(RN(H)R'N(H)^{-1}N(H)N(H')) \\
&= \psi(RN(H)R'N(H)^{-1}F(H,H')N(HH')) \\
&= (\Phi R+H\Phi R'+\Phi F(H,H')+\nu(HH'),HH') \\
&= (\Phi R+\Phi H\Phi R'+\nu(H)+H\nu(H'),HH') \\
&= (\Phi R+\nu(H),H)(\Phi R'+\nu(H'),H') \\
&= \psi(RN(H))\cdot\psi(R'N(H')).
\end{aligned}$$

Daher ist $G \cong G^*$.

<u>**6.6* Hilfssatz.**</u> *Es sei* $G \leq \mathrm{AGL}(V)$. *Für eine* $\mathbb{R}$*-Basis* $v_1,\ldots v_n$ *von* V *sei* $T_{v_i} \in G$. *Wir setzen* $T = \{T_v | T_v \in G\}$. *Für den Zentralisator* $C_G(T) = \{G \in G | GTG^{-1} = T$ *für alle* $T \in T\}$ *ist dann* $C_G(T) = T$.

<u>Beweis.</u> Es sei $G = T_vH \in C_G(T)$. Für jedes $T_w \in T$ ist dann $T_w = GT_wG^{-1} = T_{Hw}$. Es folgt $H = E$. Daher ist $C_G(T) \subseteqq T \subseteqq C_G(T)$.

<u>**6.7* Hilfssatz.**</u> *Es sei* V *ein reeller oder komplexer Vektorraum mit einer Basis* $v_1,\ldots,v_n$.

a) *Es sei* G *eine endliche Untergruppe von* $\mathrm{GL}(V)$. *Dann gibt es auf* V *ein positiv definites Skalarprodukt mit* $Gv\cdot Gw = v\cdot w$ *für alle* $v,w \in V$ *und* $G \in G$.

b) *Es sei* $\Gamma = \langle v_1,\ldots,v_n\rangle_{\mathbb{Z}}$. *Weiter sei* G *eine endliche Untergruppe von* $\mathrm{GL}(\Gamma)$. *Dann ist ein* G*-invariantes Skalarprodukt auf* V *so wählbar, daß* $v\cdot w \in \mathbb{Z}$ *für alle* $v,w \in \Gamma$ *gilt.*

<u>Beweis.</u> Wir definieren Skalarprodukte auf V durch

$$\left(\sum_i x_iv_i\right)*\left(\sum_i y_iv_i\right) = \sum_i x_i\bar{y}_i \quad \text{und} \quad v\cdot w = \sum_{G\in G} Gv*Gw$$

$(x_i,y_i \in \mathbb{R}$ oder $\mathbb{C}$, $v,w \in V)$.

Dann ist $v\cdot v \in \mathbb{R}$, ≥ 0 und $=0$ nur für $v = 0$. Für alle $H \in G$ ist weiter

$$Hv\cdot Hw = \sum_{G\in G} HGv*HGw = \sum_{K\in G} Kv*Kw = v\cdot w.$$

<u>**6.8* Satz**</u> (Zassenhaus). *Es sei* S *eine Gruppe mit folgenden Eigenschaften:*

(1) S *besitzt einen zu* $\Gamma = \mathbb{Z}^n$ *isomorphen Normalteiler* R.

(2) S/R *ist eine endliche Gruppe.*

(3) *Es ist* $C_S(R) = R$.

Dann ist S *zu einer Raumgruppe in* n *Dimensionen isomorph.*

<u>Beweis.</u> Wir wenden 6.5 an mit $\Delta = \mathbb{R}^n$ und $\tau(u) = \frac{1}{|\mathcal{H}|} u$, $u \in \Gamma = \mathbb{Z}^n$. Es sei $H \in \mathcal{H}$ mit $Hu = u$ für alle $u \in \Gamma$. Wegen $C_S(\mathcal{R}) = \mathcal{R}$ ist dann $H = E$. Daher ist $\mathcal{H} \leq GL(n,\mathbb{Z}) \leq GL(n,\mathbb{R})$. Nach 6.7 können wir weiter ein Skalarprodukt des $\mathbb{R}^n$ so definieren, daß $\mathcal{H} \leq \mathcal{S}(\Gamma)$ ist. Mit 6.5 und 6.2b) folgt nun die Behauptung.

Bei der Beschreibung der Symmetrieeigenschaften von Flächenornamenten in der Einleitung haben wir in Teil C) 17 Fälle unterschieden. Diejenigen Ornamentgruppen, deren Symmetriekarten auseinander durch eine Bewegung oder Verzerrung hervorgehen, wurden als gleich angesehen. Dies entspricht dem folgenden Äquivalenzbegriff (Teil a)):

<u>6.9 Definition.</u> a) Die Raumgruppen $\mathcal{G},\mathcal{G}^* \leq AO(V)$ heißen <u>äquivalent</u>: $\mathcal{G} \sim \mathcal{G}^*$, wenn es ein $A \in AGL(V)$ mit $\mathcal{G}^* = A\mathcal{G}A^{-1}$ gibt.

b) Die Raumgruppen $\mathcal{G},\mathcal{G}^* \leq AO(V)$ mit $\mathcal{G}_0 = \mathcal{G}_0^*$ und $\Gamma(\mathcal{G}) = \Gamma(\mathcal{G}^*)$ heißen <u>translationsäquivalent</u>: $\mathcal{G} \| \mathcal{G}^*$, wenn es eine Translation T mit $\mathcal{G}^* = T\mathcal{G}T^{-1}$ gibt.

c) Es seien Γ und Γ^* Gitter des Hilbertraums V. Die Punktgruppen $\mathcal{H} \leq \mathcal{S}(\Gamma)$ und $\mathcal{H}^* \leq \mathcal{S}(\Gamma^*)$ heißen <u>(arithmetisch) äquivalent</u>: $\mathcal{H}(\Gamma) \sim \mathcal{H}^*(\Gamma^*)$, wenn es ein $U \in GL(V)$ mit $\Gamma^* = U\Gamma$ und $\mathcal{H}^* = U\mathcal{H}U^{-1}$ gibt.

d) Es sei $\mathcal{H} \leq \mathcal{S}(\Gamma)$. Wir definieren die Untergruppe

$$N_{GL(\Gamma)}(\mathcal{H}) = \{U \in GL(\Gamma) \mid U\mathcal{H}U^{-1} = \mathcal{H}\}$$

von $GL(\Gamma)$.

<u>6.10 Satz.</u> a) *Es seien* $\mathcal{G},\mathcal{G}^*$ *Raumgruppen mit* $\mathcal{G}^* = A\mathcal{G}A^{-1}$ *für ein* $A \in AGL(V)$. *Wie in 1.12 zerlegen wir A in seinen Translationsanteil und seinen homogenen Anteil:* $A = T_s U$. *Dann ist*

$$U\Gamma(\mathcal{G}) = \Gamma(\mathcal{G}^*) \text{ und } U\mathcal{G}_0U^{-1} = \mathcal{G}_0^*.$$

Daher sind $\mathcal{G}_0$ *und* $\mathcal{G}_0^*$ *arithmetisch äquivalent.*

b) *Es sei* $\mathcal{G}$ *eine Raumgruppe, für ein Gitter* Γ *von* V *sei* $\mathcal{H} \leq \mathcal{S}(\Gamma)$ *und* $\mathcal{H}(\Gamma) \sim \mathcal{G}_0(\Gamma(\mathcal{G}))$. *Dann gibt es eine Raumgruppe* $\mathcal{G}^*$ *mit* $\mathcal{G}^* \sim \mathcal{G}$, $\Gamma(\mathcal{G}^*) = \Gamma$ *und* $\mathcal{G}_0^* = \mathcal{H}$.

<u>Beweis.</u> a) Es sei $w \in \Gamma(G)$, also $T_w \in G$. Dann ist $AT_wA^{-1} = T_{Uw} \in G^*$, also $Uw \in \Gamma(G^*)$. Für $w^* \in \Gamma(G^*)$ folgt ebenso $U^{-1}w^* \in \Gamma(G)$. Daher ist $U\Gamma(G) = \Gamma(G^*)$.
Nun sei weiter $H \in G_0$, also $G = T_vH \in G$ für ein $v \in V$. Dann ist $AGA^{-1} = T_sU(T_vH)U^{-1}T_{-s} = T_{s+Uv-UHU^{-1}s}UHU^{-1} \in G^*$, also $UHU^{-1} \in G_0^*$.
Es folgt $UG_0U^{-1} = G_0^*$.

b) Es gibt ein $U \in GL(V)$ mit $\Gamma = U\Gamma(G)$ und $H = UG_0U^{-1}$.
Wir setzen $G^* = UGU^{-1}$. Für $G = T_vH \in G$ ist $UGU^{-1} = T_{Uv}UHU^{-1}$ mit $Uv \in \Gamma$ und $UHU^{-1} \in H$. Daher ist $\Gamma(G^*) = \Gamma$ und $G_0^* = H$.

<u>6.11 Hilfssatz.</u> *Mit den Bezeichnungen von 1.16 sei* $G = \bigcup_{H \in H} T_\Gamma T_{\nu(H)}H \leq AO(V)$ *eine Raumgruppe. Dann gibt es eine Raumgruppe* G^* *mit* $G^* \| G$ *und* $G^* = \bigcup_{H \in H} T_\Gamma T_{\nu^*(H)}H$, $\nu^*(H) \in \frac{1}{|H|}\Gamma$

<u>Beweis.</u> In 4.11a) setzen wir $G^* = T_{-s}GT_s$. Mit $\Phi^* = \frac{1}{|H|}\Gamma$ ist dann $G^*\Phi^* \doteq \Phi^*$ für alle $G^* = T_{u+\nu^*(H)}H \in G^*$, $u \in \Gamma$. Es folgt $\nu^*(H) = G^*0-u \in \Phi^*$.

<u>6.12 Satz.</u> *Es sei* $G = \bigcup_{H \in H} T_\Gamma T_{\nu(H)}H \leq AO(V)$ *eine Raumgruppe.*

Weiter sei $\nu^*: H \to V$ *und* $A = T_sU \in AGL(V)$. *Genau dann ist* $AGA^{-1} = \bigcup_{H \in H} T_\Gamma T_{\nu^*(H)}H$, *wenn* $U \in N_{GL(\Gamma)}(H)$ *und*

$$(E-H)s \equiv \nu^*(H) - U\,\nu(U^{-1}HU) \bmod \Gamma$$

für alle $H \in H$ *ist.*

<u>Beweis.</u> Wir setzen $G^* = \bigcup_{H \in H} T_\Gamma T_{\nu^*(H)}H$.

a) Es sei $G^* = AGA^{-1}$. Nach 6.10a) ist dann $U\Gamma = \Gamma$ und $UHU^{-1} = H$. Weiter ist

$$AT_{\nu(H)}HA^{-1} = T_{s+U\nu(H)-UHU^{-1}s}UHU^{-1} \in T_\Gamma T_{\nu^*(UHU^{-1})}UHU^{-1},$$

also $\quad s+U\nu(H)-UHU^{-1}s \equiv \nu^*(UHU^{-1}) \bmod \Gamma$,

also $\quad (E-H')s \equiv \nu^*(H')-U\nu(U^{-1}H'U) \bmod \Gamma$ mit $H' = UHU^{-1}$.

b) Für $U \in N_{GL(\Gamma)}(H)$ und s seien die Kongruenzen erfüllt. Wegen $AT_\Gamma A^{-1} = T_\Gamma$ und der Rechnung in a) ist dann $G^* = AGA^{-1}$.

<u>6.13 Definition.</u> Es sei H eine Gruppe und m ein H-Modul.

a) Es sei

$$Z^1(H,m) = \{\mu : H \longrightarrow m \mid \mu(HH') = \mu(H)+H\,\mu(H') \text{ für alle } H,H' \in H\}.$$

Offenbar ist $Z^1(H,m)$ bezüglich der Verknüpfung $(\mu_1+\mu_2)(H) = \mu_1(H) + \mu_2(H)$, $H \in H$, eine abelsche Gruppe. Wir nennen die Elemente von $Z^1(H,m)$ <u>die verschränkten Homomorphismen</u> von H nach m.

b) Es sei

$$B^1(H,m) = \{\mu : H \longrightarrow m \mid \text{Es gibt ein } s \in m \text{ mit } \mu(H) = (E-H)s \text{ für alle } H \in H\}.$$

Wegen $(E-HH')s = (E-H)s+H(E-H')s$ ist dann $B^1(H,m)$ eine Untergruppe von $Z^1(H,m)$.

c) Wir setzen

$$H^1(H,m) = Z^1(H,m)/B^1(H,m)$$

und nennen $H^1(H,m)$ die erste <u>Kohomologiegruppe</u> des H-Moduls m.

Das Erweiterungsproblem, das bei der Klassifikation der Raumgruppen auftritt, besteht darin, zu vorgegebener Punktgruppe $H \leq S(\Gamma)$ alle Raumgruppen G bis auf Äquivalenz anzugeben.

Nach 1.15, 1.16 zusammen mit 3.15b) ist jeder Raumgruppe $G = \bigcup_{H \in H} T_\Gamma T_{\nu(H)} H$ bijektiv das Element $\mu \in Z^1(H,V/\Gamma)$ mit $\mu(H) = \nu(H)+\Gamma$, $H \in H$, zugeordnet. Weiter ist nach 6.11

$$H^1(H,V/\Gamma) \cong H^1(H,\Delta/\Gamma)$$

für jeden H-Modul Δ mit $\frac{1}{|H|}\,\Gamma \leq \Delta \leq V$.

Wir schreiben die Definition 6.13 noch etwas um:

<u>6.14 Definition.</u> Es sei $\mathcal{H}$ eine endliche Gruppe und $\Gamma = \mathbb{Z}^n$ ein $\mathcal{H}$-Modul. Wir betrachten den zugeordneten $\mathcal{H}$-Modul $\Delta = \mathbb{Q}^n$.

a) Es sei

$$L(\mathcal{H},\Gamma) = \{\nu:\mathcal{H} \to \Delta \mid \nu(HH') \equiv \nu(H)+H\nu(H') \bmod \Gamma \text{ für alle } H,H' \in \mathcal{H}\}$$

die Gruppe aller Lösungen der <u>Frobeniusschen Kongruenzen</u>, vgl. 6.3a).

b) Für $\nu,\nu^* \in L(\mathcal{H},\Gamma)$ setzen wir

$$\nu \| \nu^*, \text{ wenn es ein } s \in \Delta \text{ gibt mit } (E-H)s \equiv \nu^*(H)-\nu(H) \text{ für alle } H \in \mathcal{H}.$$

Weiter sei $\bar{\nu} = \{\nu^* \in L(\mathcal{H},\Gamma) \mid \nu^* \| \nu\}$.
Offenbar ist $\|$ eine Äquivalenzrelation, und aus $\nu_1^* \| \nu_1$ und $\nu_2^* \| \nu_2$ folgt $\nu_i^*(H) \equiv (E-H)s_i+\nu_i(H)$, also $\nu_1^* + \nu_2^* \| \nu_1 + \nu_2$. Daher können wir $\bar{\nu}_1+\bar{\nu}_2 = \overline{\nu_1+\nu_2}$ setzen und erhalten die abelsche Gruppe

$$F(\mathcal{H},\Gamma) = \{\bar{\nu} \mid \nu \in L(\mathcal{H},\Gamma)\} = L(\mathcal{H},\Gamma)/\bar{0}.$$

Definieren wir $\Phi:L(\mathcal{H},\Gamma) \to Z^1(\mathcal{H},\Delta/\Gamma)$ durch $\Phi(\nu) = \mu$, $\mu(H) = \nu(H)+\Gamma$ für $\nu \in L(\mathcal{H},\Gamma)$ und $H \in \mathcal{H}$, so ist Φ ein surjektiver Gruppenhomomorphismus mit Kern $\Phi = \{\nu \mid \nu:\mathcal{H} \to \Gamma\} \subseteqq \bar{0}$ und $\Phi(\bar{0}) = B^1(\mathcal{H},\Delta/\Gamma)$. Daher ist

$$F(\mathcal{H},\Gamma) = L(\mathcal{H},\Gamma)/\bar{0} \cong Z^1(\mathcal{H},\Delta/\Gamma)/B^1(\mathcal{H},\Delta/\Gamma) = H^1(\mathcal{H},\Delta/\Gamma).$$

<u>6.15 Satz.</u> *Es sei $\mathcal{H} \leq S(\Gamma)$ für ein Gitter Γ des Hilbertraums V. Die Bezeichnungen seien wir in 6.14.*

a) *$F(\mathcal{H},\Gamma)$ ist eine endliche Gruppe mit $|\mathcal{H}|\bar{\nu} = \bar{0}$ für alle $\bar{\nu} \in F(\mathcal{H},\Gamma)$.*

b) *Jedes Element $\bar{\nu}$ von $F(\mathcal{H},\Gamma)$ definiert eine Translationsäquivalenzklasse von Raumgruppen G mit $G_0 = \mathcal{H}$ und $\Gamma(G) = \Gamma$, nämlich die Klasse zu der $G = \bigcup_{H \in \mathcal{H}} \mathcal{T}_\Gamma T_{\nu(H)} H$ gehört, und diese Zuordnung ist bijektiv.*

c) *Es sei $\nu \in L(\mathcal{H},\Gamma)$ und $U \in N_{GL(\Gamma)}(\mathcal{H})$. Wir definieren $U \circ \nu \in L(\mathcal{H},\Gamma)$ durch $(U \circ \nu)(H) = U\nu(U^{-1}HU)$, $H \in \mathcal{H}$, und setzen $U\bar{\nu} = \overline{U \circ \nu}$. Dann bewirkt $N_{GL(\Gamma)}(\mathcal{H})$ auf $F(\mathcal{H},\Gamma)$ eine Gruppe von Automorphismen. Jede Bahn $\{U\bar{\nu} \mid U \in N_{GL(\Gamma)}(\mathcal{H})\}$ von $N_{GL(\Gamma)}(\mathcal{H})$ auf $F(\mathcal{H},\Gamma)$ definiert eine Äquivalenzklasse von Raumgruppen G mit $G_0 \sim \mathcal{H}$, nämlich die Klasse zu der $G = \bigcup_{H \in \mathcal{H}} \mathcal{T}_\Gamma T_{\nu(H)} H$ gehört, und diese Zuordnung ist bijektiv.*

Beweis. b) Es seien $\nu, \nu^* \in L(H,\Gamma)$. Nach 6.12 mit U = E ist $\bar{\nu} = \overline{\nu^*}$ damit gleichbedeutend, daß die Raumgruppen zu ν und ν^* translationsäquivalent sind.

a) Es sei $v_1,\ldots,v_n$ eine $\mathbb{Z}$-Basis von Γ. Nach 6.11 ist dann jede Raumgruppe mit der Punktgruppe H translationsäquivalent zu einer Gruppe

$$G = \bigcup_{H \in H} T_\Gamma T_{\nu(H)} H \text{ mit } \nu(H) = \frac{1}{|H|} \sum_1^n a_i v_i,\ a_i \in \mathbb{Z},\ 0 \le a_i < |H|.$$

Also gibt es höchstens $|H|^{n+1}$ Translationsäquivalenzklassen. Nach b) ist daher $|F(H,\Gamma)| \le |H|^{n+1}$. Auch ist $|H|\nu(H) \in \Gamma$, also $|H|\bar{\nu} = \bar{0}$.

c) Es seien G und G_U die Raumgruppen zu ν und $U\circ\nu$. Nach 6.12 ist $UGU^{-1} = G_U$, also $U\circ\nu \in L(H,\Gamma)$. Aus $G \| G^*$ folgt $(UGU^{-1}) \| (UG^*U^{-1})$, daher können wir $U\bar{\nu} = \overline{U\circ\nu}$ setzen. Folglich ist $F(H,\Gamma)$ ein $N_{GL(\Gamma)}(H)$-Modul.

Wegen 6.10b) brauchen wir die Äquivalenz von Raumgruppen G mit $G_0 \sim H$ nur für $G_0 = H$ und $\Gamma(G) = \Gamma$ zu diskutieren. Ist G^* die Raumgruppe zu $\nu^*: H \to V$, so sind nach 6.12 G und G^* genau dann äquivalent, wenn es ein $U \in N_{GL(\Gamma)}(H)$ mit $\nu^* \| U\circ\nu$ gibt, wenn also $\bar{\nu}$ und $\overline{\nu^*}$ zur gleichen Bahn gehören.

6.16* Bemerkung. Zur Beschreibung aller Raumgruppen mit vorgegebener Punktgruppe haben wir die Gruppe $H^1(H,\Delta/\Gamma) \cong F(H,\Gamma)$ eingeführt, während man von der allgemeinen Erweiterungstheorie her die zweite Kohomologiegruppe $H^2(H,\Gamma)$ erwarten würde. Diese Vereinfachung hat folgenden Grund: Wir erhalten aus der exakten Folge $0 \to \Gamma \to V \to V/\Gamma$ eine exakte Folge

$$H^1(H,V) \to H^1(H,V/\Gamma) \to H^2(H,\Gamma) \to H^2(H,V),$$

wobei wegen der Dividierbarkeit von V hier $H^1(H,V) = H^2(H,V) = 0$ ist. Daher ist

$$H^2(H,\Gamma) \cong H^1(H,V/\Gamma).$$

Dieser Isomorphismus, den wir bereits im Beweis von 6.5 ausgenutzt haben, läßt sich leicht angeben: Für $\nu \in L(H,\Gamma)$ ist f_ν mit $f_\nu(H,H') = \nu(H) - \nu(HH') + H\nu(H')$ ein 2-Kozyklus von Γ. Ist umgekehrt f ein 2-Kozyklus und ist $\nu(H) = \frac{1}{|H|} \sum_{H' \in H} f(H,H')$, so ist $\nu \in L(H,\Gamma)$ und $f_\nu = f$.

Auch der folgende Hilfssatz bietet von der allgemeinen Theorie her keine Überraschungen.

6.17* Hilfssatz (Bieberbach). *Es seien* $G = \bigcup_{H \in \mathcal{H}} \mathcal{T}_\Gamma T_{\nu(H)} H$ *und* $G^* = \bigcup_{H \in \mathcal{H}} \mathcal{T}_\Gamma T_{\nu^*(H)} H$ *Raumgruppen. Dann sind folgende Aussagen gleichwertig:*

a) *G und G^* sind translationsäquivalent.*

b) *Es gibt einen Isomorphismus $\alpha: G \to G^*$ mit $\alpha T = T$ und $\alpha(T_{\nu(H)} H \mathcal{T}_\Gamma) = T_{\nu^*(H)} H \mathcal{T}_\Gamma$ für alle $T \in \mathcal{T}_\Gamma$ und $H \in \mathcal{H}$.*

c) *Die Raumgruppe $D = \bigcup_{H \in \mathcal{H}} \mathcal{T}_\Gamma T_{\nu^*(H)-\nu(H)} H$ besitzt eine Untergruppe $K \cong \mathcal{H}$ mit $D = \mathcal{T}_\Gamma K$ und $\mathcal{T}_\Gamma \cap K = \{E\}$.*

Beweis. a) $\Rightarrow$ b): Für ein $s \in V$ ist $G^* = T_s G T_s^{-1}$. Mit $\alpha G = T_s G T_s^{-1}$, $G \in G$, ist $\alpha T = T$ und $\alpha(T_{\nu(H)} H) = T_{s+\nu(H)-Hs} H \in T_{\nu^*(H)} H \mathcal{T}_\Gamma$.

b) $\Rightarrow$ c): Nach 1.16 ist D eine Raumgruppe.
Für $G = T_v H \in G$ und $\alpha G = T_w H \in G^*$ sei $\beta G := T_{w-v} H \in D$.
Wegen $\alpha(GG') = (\alpha G)(\alpha G') = (T_w H)(T_{w'} H') = T_{w+Hw'} HH'$ ist

$$\beta(GG') = \beta(T_{v+Hv'} HH') = T_{w+Hw'-v-Hv'} HH'$$
$$= (T_{w-v} H)(T_{w'-v'} H') = (\beta G)(\beta G').$$

Wir haben Kern $\beta = \mathcal{T}_\Gamma$, also ist $K :=$ Bild β eine zu $\mathcal{H} \cong G/\mathcal{T}_\Gamma$ isomorphe Untergruppe von D, und es gibt einen Isomorphismus $\beta': \mathcal{H} \to K$ mit $\beta'(H) \in \mathcal{T}_\Gamma T_{\nu^*(H)-\nu(H)} H$ für alle $H \in \mathcal{H}$:

$$\begin{array}{ccc} T_{\nu(H)} H & \xrightarrow{\beta} & T T_{\nu^*(H)-\nu(H)} H, \quad T \in \mathcal{H}_\Gamma \\ \downarrow & \nearrow_{\beta'} & \\ H & & \end{array}$$

Daher ist $D = \mathcal{T}_\Gamma K$ und $\mathcal{T}_\Gamma \cap K = \{E\}$.

c) $\Rightarrow$ a): Indem wir notfalls $\delta(H) = \nu^*(H) - \nu(H)$ um ein Element aus $\mathcal{T}_\Gamma$ abändern, wird $K = \{T_{\delta(H)} H \mid H \in \mathcal{H}\}$. Nach 4.11a) oder 1.10 mit

$s = \frac{1}{|\mathcal{H}|} \sum_{H \in \mathcal{H}} \delta(H)$ ist dann $s = T_{\delta(H)} Hs = \delta(H) + Hs$, also

$T_s (T_{\nu(H)} H) T_s^{-1} = T_{s+\nu(H)-Hs} H = T_{\nu^*(H)} H$, also $T_s G T_{-s} = G^*$.

6.18* Hilfssatz (Bieberbach). *Es sei G eine Raumgruppe mit dem Translationennormalteiler T.*

a) *Es sei* $G \in G$. *Für alle* $T \in T$ *sei* $G(TGT^{-1}) = (TGT^{-1})G$. *Dann ist* $G \in T$.

b) *Es sei A ein abelscher Normalteiler von G. Dann ist $A \leq T$.*

Beweis. a) Wir setzen $G = T_vH$ und $T = T_w$. Dann ist $T_vHT_wT_vHT_{-w} = T_wT_vHT_{-w}T_vH$, also $T_{v+Hw+Hv-H^2w}H^2 = T_{w+v-Hw+Hv}H^2$, also $Hw-H^2w = w-Hw$, also $(H^2-2H+E)w=0$ für alle $w \in \Gamma(G)$, also $H^2-2H+E = (H-E)^2 = 0$. Da das Minimalpolynom der orthogonalen Abbildung H nicht $(x-1)^2$ sein kann, folgt H=E, also $G \in T$.

b) Es sei $G \in A$. Nach a) ist dann $G \in T$. (Dies folgt auch aus 4.10.)

6.19* Satz (Bieberbach). *Es seien G, G^* Raumgruppen von V mit $G \cong G^*$. Dann ist $G \sim G^*$.*

Beweis. Es sei $\Phi : G \to G^*$ ein Isomorphismus. Weiter seien T und T^* die Translationennormalteiler von G und G^*.

a) Es sei $\Phi T = T^*$: Da ΦT ein abelscher Normalteiler von G^* ist, haben wir $\Phi T \subseteqq T^*$ nach 6.18b). Ebenso ist $\Phi^{-1}T^* \subseteqq T$, also $\Phi T = T^*$.

b) Es gibt ein $U \in GL(V)$ mit $\Phi T_w = UT_wU^{-1}$ für alle $w \in \Gamma$ und $\Phi(T_vH) = T_{v^*}(UHU^{-1})$ für alle $T_vH \in G$:

Es sei $v_1,\ldots,v_n$ eine $\mathbb{Z}$-Basis von Γ. Dann ist $\Phi T_{v_i} = T_{v_i^*}$ mit $\Gamma^* = \{\sum_1^n a_iv_i^* | a_i \in \mathbb{Z}\}$. Wegen $\langle\Gamma^*\rangle_{\mathbb{R}} = V$ ist $v_1^*,\ldots,v_n^*$ eine Basis von V.

Definieren wir $U \in GL(V)$ durch $Uv_i = v_i^*$, so ist $\Phi T_w = T_{Uw} = UT_wU^{-1}$ für alle $w \in \Gamma$.

Nun sei $G = T_vH \in G$ und $G^* = \Phi G = T_{v^*}H^* \in G^*$. Dann ist

$$\Phi GT_wG^{-1} = \Phi T_{Hw} = T_{UHw}$$

$$= G^*T_{Uw}G^{*-1} = T_{H^*Uw} \text{ für alle } w \in \Gamma,$$

also $UHU^{-1} = H^*$. Insbesondere ist $G_0^* = U\, G_0U^{-1}$.

c) Wir setzen $G^{**} = U^{-1}G^*U$ und $\psi\, G = U^{-1}(\Phi G)U$ für $G \in G$. Dann ist also $T^{**} = T$, $\psi_T = E$, $\Gamma^{**} = \Gamma$, $G_0^{**} = G_0$ und $\psi_{G_0} = E$.

Nach 6.17 gibt es ein $s \in V$ mit $\psi\, G = T_sGT_s^{-1}$.

Daher ist $\Phi G = UT_sG(UT_s)^{-1}$, also $G \sim G^*$.

Für die Berechnung der Gruppen $F(H,\Gamma)$ benötigen wir einige Hilfssätze über die verschränkte Homomorphismen.

<u>6.20 Hilfssatz.</u> *Es sei* $\mu: H \to m$ *ein verschränkter Homomorphismus.*

a) *Es ist* $\mu(E) = 0$, $\mu(H^{-1}) \equiv -H^{-1}\mu(H)$ *und* $\mu(H^m) = (E+H+\ldots+H^{m-1})\mu(H)$ *für alle* $H \in H$ *und* $m \in \mathbb{N}$.

b) *Der Kern* $\{H \in H \mid \mu(H) = 0\}$ *von* μ *ist eine Untergruppe von* H.

c) *Es sei* $H = \langle H_1,\ldots,H_m\rangle$. *Weiter sei* $\mu^*: H \to m$ *ein verschränkter Homomorphismus mit* $\mu^*(H_i) = \mu(H_i)$, $1 \le i \le m$. *Dann ist* $\mu^* = \mu$.

<u>Beweis.</u> Die Aussagen ergeben sich durch einfache Rechnungen.

<u>6.21 Hilfssatz.</u> *Es sei* m *ein* H*-Modul. Dabei sei* $H = \langle H\rangle$ *mit* $|H| = O(H) = m$. *Für ein* $v \in m$ *sei weiter* $(E+H+\ldots+H^{m-1})v = 0$. *Dann gibt es ein eindeutig bestimmtes Element* $\mu \in Z^1(H,m)$ *mit* $\mu(H) = v$.

<u>Beweis.</u> Wir setzen $v_i = (E+\ldots+H^{i-1})v$, $i \in \mathbb{N}$.
Für alle $j \in \mathbb{N}$ ist dann

$$v_{i+j} = (E+\ldots+H^{i+j-1})v = (E+\ldots+H^{i-1})v+H^i(E+\ldots+H^{j-1})v$$
$$= v_i+H^iv_j.$$

Nach Voraussetzung ist also $0 = v_m = v_{2m} = \ldots$ und $v_{i+j} = v_i$ für $m|j$.
Daher können wir $\mu(H^i) = v_i$ setzen und erhalten
$\mu(H^{i+j}) = \mu(H^i)+H^i\mu(H^j)$.

<u>6.22 Hilfssatz.</u> *Für ein Gitter* Γ *sei* $H \in S(\Gamma)$. *Weiter sei* 1 *kein Eigenwert von* H. *Dann ist* $F(\langle H\rangle,\Gamma) = \{0\}$.

<u>Beweis.</u> Es sei $\bar{\nu} \in F(\langle H\rangle,\Gamma)$. Nach Voraussetzung ist $\det(E-H) \neq 0$.
Setzen wir $s = (E-H)^{-1}\nu(H)$, so ist $\nu(H) \equiv (E-H)s \bmod \Gamma$, also $\nu(H^i) \equiv (E-H^i)s \bmod \Gamma$ nach 6.20c), also $\nu \| 0$. Daher ist $\bar{\nu} = 0$.

<u>6.23 Hilfssatz.</u> *Es sei* H *eine Gruppe mit* $H = AB$, $A \le H$, $B \le H$ *und* $A \cap B = \{E\}$. *Weiter sei* m *ein* H*-Modul und* $\mu: A \cup B \to m$ *eine Funktion mit* $\mu|_A \in Z^1(A,m)$ *und* $\mu|_B \in Z^1(B,m)$.

a) *Für alle Paare* $(A,B) \in A \times B$ *sei*

$$(*) \qquad \mu(A)+A\mu(B) = \mu(B')+B'\mu(A'),$$

wo (B',A') *das eindeutig bestimmte Paar aus* $\mathcal{B} \times \mathcal{A}$ *mit* $AB = B'A'$ *sei. Setzen wir dann* $\mu(AB) = \mu(A)+A\mu(B)$, *so ist* $\mu \in Z^1(\mathcal{H},m)$.

b) *Es sei* $\mathcal{H}$ *endlich,* $\mathcal{A}$ *ein Normalteiler von* $\mathcal{H}$ *und* $\mathcal{A} = \langle A_1,\ldots,A_r\rangle$, $\mathcal{B} = \langle B_1,\ldots,B_s\rangle$. *Ist dann* (*) *für alle Paare* (A_i,B_j), $1 \leq i \leq r$, $1 \leq j \leq s$, *erfüllt, so gilt* (*) *auch für alle Paare* (A,B) *mit* $A \in \mathcal{A}$, $B \in \mathcal{B}$.

Beweis. a) Es seien A_0B' und $A'B_0$ beliebige Elemente aus $\mathcal{H}$ mit $A_0,A' \in \mathcal{A}$ und $B_0,B' \in \mathcal{B}$. Weiter sei $(A,B) \in \mathcal{A} \times \mathcal{B}$ mit $AB = B'A'$. Dann ist

$$\begin{aligned}
\mu(A_0B'\cdot A'B_0) &= \mu(A_0ABB_0)\\
&= \mu(A_0A)+A_0A\mu(BB_0)\\
&= \mu(A_0)+ A_0(\mu(A)+ A\mu(B))+ A_0AB\mu(B_0)\\
&= \mu(A_0)+ A_0(\mu(B')+ B'\mu(A'))+ A_0B'A'\mu(B_0)\\
&= \mu(A_0B')+ A_0B'\mu(A'B_0).
\end{aligned}$$

b) (1) Es gelte (*) für Paare (A,B), (A',B_0) mit $AB = B'A'$ für ein $B' \in \mathcal{B}$. Auch sei $A'B_0 = B^*A^*$. Dann ist $ABB_0 = B'B^*A^*$ und

$$\begin{aligned}
\mu(A)+ A\mu(BB_0) &= \mu(A)+ A\mu(B)+ AB\mu(B_0)\\
&= \mu(B')+ B'\mu(A')+B'A'\mu(B_0)\\
&= \mu(B')+ B'(\mu(B^*)+ B\mu(A^*))\\
&= \mu(B'B^*)+B'B\mu(A^*).
\end{aligned}$$

Also gilt (*) auch für (A,BB_0).

(2) Es gelte (*) für Paare (A,B), (A_0,B') mit $AB = B'A'$ für ein $A' \in \mathcal{A}$. Auch sei $A_0B' = B^*A^*$. Dann ist $A_0AB = B^*A^*A'$ und

$$\begin{aligned}
\mu(A_0A) + A_0A\mu(B) &= \mu(A_0) + A_0(\mu(A) + A\mu(B))\\
&= \mu(A_0) + A_0\mu(B') + A_0B'\mu(A')\\
&= \mu(B^*) + B^*\mu(A^*) + B^*A^*\mu(A')\\
&= \mu(B^*) + B^*\mu(A^*A').
\end{aligned}$$

Also gilt (*) auch für (A_0A,B).

Wegen $\mathcal{A} \trianglelefteq \mathcal{H}$ ist $AB = BA'$ mit $A' = B^{-1}AB$. Nach (2) und Voraussetzung gilt daher (*) für alle Paare (A,B_j), $A \in \mathcal{A}$, $1 \leq j \leq s$. Also gilt (*) nach (1) für alle Paare (A,B), $A \in \mathcal{A}$, $B \in \mathcal{B}$.

6.24* Bemerkung. Die Aussagen 6.21 und 6.23 lassen sich auf beliebige Gruppen verallgemeinern, die durch Erzeugende und Relationen gegeben sind, vgl. A 6.3. Danach gilt zum Beispiel:

Es sei $H = \langle A,B\rangle$ eine Gruppe der Ordnung 2n mit $A^2 = B^2 = (AB)^n = E$. Weiter sei m ein H-Modul, und es seien $v,w \in m$. Dabei gelte

$$(E+A)v = (E+B)w = (E+AB+\ldots+(AB)^{n-1})(v+Aw) = 0.$$

Dann gibt es ein eindeutig bestimmtes Element $\mu \in Z^1(H,m)$ mit $\mu(A) = v$ und $\mu(B) = w$.

Aufgaben

A 6.1 Man konstruiere eine Untergruppe G von $AGL(\mathbb{Z}^2)$ mit folgenden Eigenschaften:

a) Der Translationennormalteiler von G ist $T = \{T_{(a,b)} \mid a,b \in \mathbb{Z}\}$, es ist also $C_G(T) = T$.

b) Es gibt einen abelschen Normalteiler A von G mit $A \nsubseteq T$.

(Hinweis: Hilfssatz 6.18)

A 6.2 Man zeige:

a) Es sei $G = \bigcup_{H \in H} T_\Gamma T_{\nu(H)} H \leq AO(V)$ eine Raumgruppe. Weiter sei N ein Normalteiler von H, und 0 sei der einzige Vektor $v \in V$ mit $Nv = v$ für alle $N \in N$. Dann gibt es eine Raumgruppe G^* mit $G^* \| G$

und $G^* = \bigcup_{H \in H} T_\Gamma T_{\nu^*(H)} H$, $\nu^*(H) \in \frac{1}{|N|}\Gamma$.

(Hinweis: $\nu(H)+H\nu(N) \equiv \nu(HNH^{-1})+HNH^{-1}\nu(H) \bmod \Gamma$.)

b) Unter den Voraussetzungen von a) ist $|N|\bar{\nu} = 0$ für alle $\bar{\nu} \in F(H,\Gamma)$.

c) Es sei $-E \in H$. Dann ist $2\bar{\nu} = 0$ für alle $\bar{\nu} \in F(H,\Gamma)$.

A 6.3* Es sei m ein H-Modul. Dabei sei $H = \langle H_1,\ldots,H_m\rangle \cong F_m/R$, F_m die freie Gruppe in m Erzeugenden $X_1,\ldots,X_m$ und $R = \langle R_1,\ldots,R_t\rangle$ der Relationennormalteiler. Weiter seien $v_1,\ldots,v_m \in m$. Man zeige:

a) m wird ein F_m-Modul durch die Festsetzung

$$Fv = F(H_1,\dots,H_m)v,\ F \in F_m,\ v \in m.$$

(Dabei ist $F = X_{i_1}^{a_1}\dots X_{i_s}^{a_s}$ mit $a_k = \pm 1$ und $F(H_1,\dots,H_m) = H_{i_1}^{a_1}\dots H_{i_s}^{a_s}$.)

b) Es gibt ein eindeutig bestimmtes Element $\nu \in Z^1(F_m,m)$ mit $\nu(X_i) = v_i$, $1 \le i \le m$.

c) Es sei $\nu(R_j) = 0$ für $1 \le j \le t$. Dann gibt es ein eindeutig bestimmtes Element $\mu \in Z^1(H,m)$ mit $\mu(H_i) = v_i$, $1 \le i \le m$.

A 6.4 a) Man zeige, daß die 7 Klassen von Friesgruppen nur 4 Isomorphieklassen liefern.

(Man begründe genau: $C_1^* \cong D_1^{***}$, $C_2^* \cong D_1^* \cong D_2^{**}$, $D_2^* \not\cong C_2^*$ usw.)

b) Welcher Äquivalenzbegriff wird bei der Einteilung der Friesgruppen in 7 Klassen verwendet?

A 6.5 Es sei

$$H = \langle -R, I_1 \rangle \text{ mit } -R = \begin{pmatrix} 0 & 0 & -1 \\ -1 & 0 & 0 \\ 0 & -1 & 0 \end{pmatrix} \text{ und } I_1 = \begin{pmatrix} 1 & 0 & 0 \\ 0 & -1 & 0 \\ 0 & 0 & -1 \end{pmatrix}$$

bezüglich einer Orthonormalbasis e_1,e_2,e_3. Weiter sei $\Gamma = \langle e_1,e_2,e_3 \rangle_{\mathbb{Z}}$.

a) Man zeige: Es gibt ein eindeutig bestimmtes Element $\bar{\nu} \in F(H,\Gamma)$ mit

$$\nu(-R) = 0 \text{ und } \nu(I_1) = \tfrac{1}{2}(e_1+e_2).$$

(Hinweis: 6.23 mit $A = \langle I_1, RI_1R^{-1} \rangle$ und $B = \langle -R \rangle$.)

b) Es sei $G = T_h^6$ die Kristallgruppe mit $G_0 = H$ zu $\nu \in L(H,\Gamma)$. Die Punkte GO, $G \in G$, seien mit Eisenatomen und die Punkte $Gr(e_1+e_2+e_3)$ seien mit Schwefelatomen besetzt (Pyrit = FeS_2), dabei ist $r = 0.386$ ein Meßwert ($1 \mathrel{\hat{=}} 5.42$ Å). Man zeige:

1) Die Fe-Atome befinden sich in den Punkten

$$x_1e_1+x_2e_2+x_3e_3 \text{ mit } x_2+x_3,\ x_1+x_3,\ x_1+x_2 \in \mathbb{Z}$$

(kubisch flächenzentriertes Gitter).

2) Jedes Fe-Atom ist mit 6 S-Atomen benachbart, die die Ecken eines Oktaeders bilden.

3) Jedes S-Atom gehört zu 3 solchen Oktaedern.

4) Benachbarte S-Atome treten in Paaren auf.

A 6.6* a) Man folgere aus 6.5: Ist R ein abelscher Normalteiler einer endlichen Gruppe S und sind $|R|$ und $|S:R|$ teilerfremd, so gibt es eine Untergruppe H^* von S mit $S = H^*R$ und $H^* \cap K = E$. (Zassenhaus)

b) Man zeige: Sind Γ und Δ endliche H-Moduln, die die Voraussetzungen von 6.5 erfüllen, so ist $\Gamma = \Delta$ und $\mathrm{ggT}(|H|,|\Gamma|) = 1$.

§ 7. NETZE UND PUNKTGRUPPEN DER EBENE

In der Zahlentheorie interessiert man sich nicht nur für die kristallographischen Punktgruppen, also die endlichen, ganzzahligen Matrizengruppen, sondern man möchte eine möglichst genaue Kenntnis von den sämtlichen reduzierten Basen erhalten, die in einem Gitter gegebenen Ranges existieren. Für die Dimensionen 2 und 3, wo die Ergebnisse durch Arbeiten von Gauß, Seeber und Dirichlet besonders vollständig sind, ist es zweckmäßig den Begriff der reduzierten Basis, der für beliebige Dimensionen definiert ist, geringfügig abzuändern.

7.1 Definition. Es sei Γ ein Netz der Ebene V. Eine $\mathbb{Z}$-Basis v_1, v_2 von Γ heißt reduziert, wenn v_1, v_2 ein Minimalsystem von Γ (im Sinne von 2.14) mit $v_1 \cdot v_2 \geq 0$ ist.

Nach 2.17a) besitzt jedes Netz eine reduzierte Basis. Nach 2.15b) ist dabei $0 \leq 2v_1 \cdot v_2 \leq \|v_1\|^2 \leq \|v_2\|^2$.

7.2 Satz (Lagrange). *Es sei* $f = ax_1^2 + bx_2^2 + gx_1x_2$ *mit* $0 \leq g \leq a \leq b$ *und* $a > 0$. *Dann gibt es in* V *ein Netz* $\Gamma = \langle v_1, v_2 \rangle_{\mathbb{Z}}$ *zur quadratischen Form* f, *und* v_1, v_2 *ist eine reduzierte Basis von* Γ.

Beweis. Die Form f definiert auf $V' = \mathbb{R}^2$ bzgl. der Basis $\{(1,0),(0,1)\}$ ein Skalarprodukt $*$ mit

$$v' * v' = f(r_1, r_2), \quad v' = (r_1, r_2) \in V'.$$

Für $r_1 r_2 > 0$ ist $v' * v' > 0$. Für $r_1 r_2 \leq 0$ ist

$$v' * v' \geq (r_1^2 + r_2^2 + r_1 r_2)a \geq (r_1 + r_2)^2 a \geq 0.$$

Aus $v' * v' = 0$ folgt $r_1 + r_2 = r_1 r_2 = 0$, also $r_1 = r_2 = 0$. Daher ist das Skalarprodukt $*$ positiv definit.

Nun sei e_1', e_2' eine Orthonormalbasis von V' und e_1, e_2 eine Orthonormalbasis von V, weiter sei

$$v_j' = a_{1j}e_1' + a_{2j}e_2' \quad \text{mit } v_1' = (1,0),\ v_2' = (0,1).$$

Wir setzen dann $v_j = a_{1j}e_1 + a_{2j}e_2$, $1 \le j \le 2$, und erhalten $v_i \cdot v_j = v_i' * v_j'$, also $\| r_1v_1 + r_2v_2 \|^2 = f(r_1, r_2)$ für alle $r_1, r_2 \in \mathbb{R}$.

Nun sei $0 \ne v = z_1v_1 + z_2v_2 \in \Gamma$. Für $z_1z_2 \ge 0$ ist $\|v\|^2 = az_1^2 + bz_2^2 + gz_1z_2 \ge a = \|v_1\|^2$, für $z_1z_2 < 0$ und $z_1 \ne -z_2$ ist $\|v\|^2 \ge (z_1+z_2)^2 a \ge a$, für $z_1 = -z_2$ schließlich ist $\|v\|^2 = (a+b-g)z_1^2 \ge b \ge a$.

Daher gibt es eine reduzierte Basis v_1, w von Γ. Wegen $v_2 \in \langle v_1, w\rangle_{\mathbb{Z}}$ ist dabei $w = xv_1 \pm v_2$ mit $x \in \mathbb{Z}$. Weiter ist $0 \le 2v_1 \cdot w = 2ax \pm g \le a$ und $0 \le g \le a$. Als einzige Möglichkeiten erhalten wir $w = \pm v_2$ oder $w = \pm(v_1 - v_2)$, $g = a$. In beiden Fällen folgt $\|w\|^2 = b = \|v_2\|^2$. Daher ist auch v_1, v_2 eine reduzierte Basis von Γ.

<u>7.3 Satz.</u> *Es sei V die Ebene.*

a) *Es sei G eine endliche Untergruppe von $SO(V)$ der Ordnung g, weiter sei D_g die Drehung um den Winkel $2\pi/g$. Dann ist*

$$G = \{D_g^k \mid 0 \le k \le g-1\}$$

die zyklische Gruppe C_g der Ordnung

b) *Es sei $G \le O(V)$ mit $G \nleq SO(V)$ und $|G| = g = 2g_0 < \infty$. Dann ist $G_0 = G \cap SO(V) = \{D_{g_0}^k \mid 0 \le k \le g_0-1\}$. Weiter besteht $G - G_0$ aus Spiegelungen I_k an Geraden $\langle w_k\rangle$ mit $w_k = D_g^k w_0$, $0 \le k \le g_0-1$. Daher ist $G = \langle I_0, I_1\rangle$ mit $I_1I_0 = D_{g_0}$ die Diedergruppe D_{g_0} der Ordnung g und G besteht aus allen orthogonalen Abbildungen, welche das g_0-Eck $\{w_{2k} \mid 0 \le k \le g_0-1\}$ festlassen.*

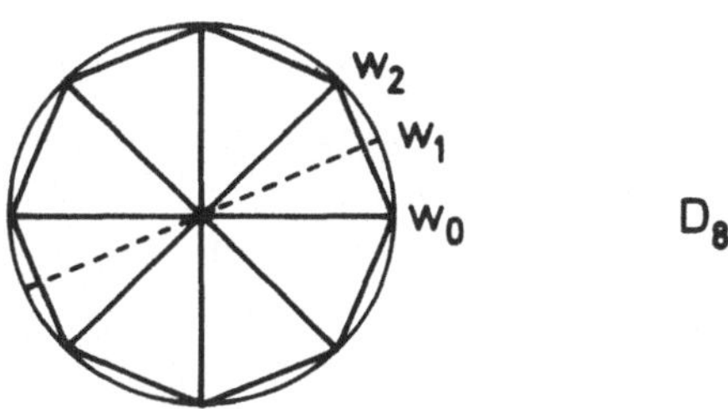

D_8

Beweis. a) Wegen $G \leq SO(V)$ besteht G aus Drehungen $D(\beta)$ um Winkel β (mit $0 \leq \beta < 2\pi$). Es sei α der kleinste in G vorkommende Drehwinkel > 0. Für ein $k \geq 0$ ist $k\alpha \leq \beta < (k+1)\alpha$, also $0 \leq \beta - k\alpha < \alpha$.
Wegen $D(\beta-k\alpha) = D(\beta)D(\alpha)^{-k} \in G$ folgt $\beta - k\alpha = 0$, also $D(\beta) = D(\alpha)^k$.
Daher ist $G = \{D(\alpha)^k \mid 0 \leq k \leq g-1\}$ und $D(\alpha) = D_g$.

b) Es sei $I_0 \in G - G_0$. Dann besteht $G - G_0 = G_0 I_0$ aus Spiegelungen.
Ist w_0 ein Fixpunkt $\neq 0$ von I_0, und setzen wir $w_k = D_g{}^k w_0$, so ist

$$(D_{g_0}^k I_0) w_k = D_g^{2k} I_0 D_g^k w_o = D_g^{2k}(I_0 D_g^k)^{-1} w_0 = D_g^k I_0 w_0 = w_k.$$

Also ist $D_{g_0}^k I_0 = I_k$ die Spiegelung an der Geraden $\langle w_k \rangle$.
Insbesondere ist $I_1 I_0 = D_{g_0} I_0 I_0 = D_{g_0}$.

Schließlich sei G^* die Gruppe der orthogonalen Abbildungen, welche das angegebene g_0-Eck festlassen. Dann ist $G^* \supseteq G$. Der kleinste in G^* vorkommende Drehwinkel ist $2\pi/g_0$, also ist $G^* = G$.

7.4 Satz. *Es sei Γ ein Netz der Ebene V mit einer reduzierten Basis v_1, v_2. Wir setzen $g = 2v_1 \cdot v_2$, $a = \|v_1\|^2$ und $b = \|v_2\|^2$. Weiter seien S_k Elemente aus $GL(\Gamma)$ mit*

$$S_1 = \begin{pmatrix} -1 & 0 \\ 0 & 1 \end{pmatrix}, \quad S_2 = \begin{pmatrix} -1 & -1 \\ 0 & 1 \end{pmatrix}, \quad S_3 = \begin{pmatrix} 0 & 1 \\ 1 & 0 \end{pmatrix}.$$

Dann gibt es für $S(\Gamma)$ die folgenden Möglichkeiten:

a) $0 < g < a < b$: $S(\Gamma) = \{\pm E\} \cong C_2$.

b) $0 = g < a < b$: $S(\Gamma) = \langle -E, S_1 \rangle \cong D_2$.

c) $0 < g = a < b$: $S(\Gamma) = \langle -E, S_2 \rangle \cong D_2$.

d) $0 < g < a = b$: $S(\Gamma) = \langle -E, S_3 \rangle \cong D_2$.

e) $0 = g < a = b$: $S(\Gamma) = \langle S_1, S_3 \rangle \cong D_4$.

f) $0 < g = a = b$: $S(\Gamma) = \langle S_2, S_3 \rangle \cong D_6$.

Ist weiter w_1, w_2 eine zweite reduzierte Basis von Γ, so gibt es ein $G \in S(\Gamma)$ mit $w_i = Gv_i$, $1 \leq i \leq 2$.

Beweis. Für alle $G \in S(\Gamma)$ ist w_1, w_2 mit $w_i = Gv_i$ eine reduzierte Basis von Γ. Umgekehrt sei nun w_1, w_2 reduziert, weiter sei $w_i = Gv_i$, $1 \leq i \leq 2$, mit $G \in GL(\Gamma)$. Wir zeigen $G \in \langle M \rangle \subseteq S(\Gamma)$ für ein $M \subseteq \{-E, S_1, S_2, S_3\}$.

Fall I. Es ist $w_1 = \pm v_1$.

Dann ist $w_2 = xv_1 \pm v_2$ mit $x \in \mathbb{Z}$. Indem wir notfalls w_1, w_2 durch $-w_1$, $-w_2$ ersetzen, können wir $w_2 = xv_1+v_2$ annehmen.
Für $x = 0$ und $G \neq E$ ist $w_1 = -v_1$, $w_2 = v_2$ und $w_1 \cdot w_2 \geq 0$, $g = v_1 \cdot v_2 \geq 0$, also $g = 0$ und $G = S_1 \in S(\Gamma)$.
Nun sei $x \neq 0$. Wegen $\|xv_1+v_2\|^2 = \|v_2\|^2$ (nach 2.15c)) ist dann $x^2a+xg = 0$, also $xa+g = 0$. Auch ist $0 \leq g \leq a$, also $x = -1$, $g = a$. (*)
Wir erhalten $w_1 = \pm v_1$, $w_2 = -v_1+v_2$ mit $0 \leq 2w_1 \cdot w_2 = \pm 2a \pm g$, also $w_1 = -v_1$ und $G = S_2$. Wegen $g = a$ ist $w_1 \cdot w_2 = v_1 \cdot v_2$, also $S_2 \in S(\Gamma)$.

Fall II. Es ist $w_1 \notin \langle v_1 \rangle$.

Dann ist $a = \|w_1\|^2 \leq \|v_2\|^2 = b$, also $a = b$. Daher ist $S_3 \in S(\Gamma)$.
Weiter haben wir $w_1 = xv_1 \pm v_2$, etwa $w_1 = xv_1+v_2$ mit $x \in \mathbb{Z}$.
Für $x = 0$ ist $S_3Gv_1 = S_3v_2 = v_1$, also $S_3G \in \langle M \rangle \subseteqq S(\Gamma)$ nach Fall I, den wir auf w_1', w_2' mit $w_1' = v_1$, $w_2' = S_3 G\ v_2$ anwenden. Nun sei $x \neq 0$, nach (*) also $x = -1$, $g = a$. Wegen $g = a$ ist $S_2 \in S(\Gamma)$, vgl. Fall I.
Auch ist $w_1 = -v_1+v_2$, $S_2w_1 = v_1+(-v_1+v_2) = v_2$, also $S_3S_2Gv_1 = v_1$.
Nach Fall I ist daher $S_3S_2G \in \langle M \rangle \subseteqq S(\Gamma)$.

Dies liefert die 6 Fälle a)-f). In e) ist dabei $A = S_1S_3 = \begin{pmatrix} 0 & -1 \\ 1 & 0 \end{pmatrix}$ eine Drehung um $\pi/2$, vgl. 7.3, also $A^2 = -E$. In f) ist entsprechend $B = S_3(-S_2) = \begin{pmatrix} 0 & -1 \\ 1 & 1 \end{pmatrix}$ eine Drehung um $\pi/3$, also $B^3 = -E$.

7.5 Definition. Es sei V ein reeller Hilbertraum mit $\dim V < \infty$.
Weiter seien Γ und Γ^* Gitter von V.

a) Γ und Γ^* heißen äquivalent: $\Gamma \sim \Gamma^*$, wenn die Symmetriegruppen $S(\Gamma)$ und $S(\Gamma^*)$ im Sinne von 6.9c) arithmetisch äquivalent sind, wenn es also ein $U \in GL(V)$ mit $\Gamma^* = U\Gamma$ und $S(\Gamma^*) = US(\Gamma)U^{-1}$ gibt.

b) Γ heißt allgemeiner als Γ^* : $\Gamma \precsim \Gamma^*$, wenn $S(\Gamma)$ zu einer Untergruppe von $S(\Gamma^*)$ äquivalent ist.

7.6 Hilfssatz. *Es seien Γ und Γ^* Netze der Ebene V mit reduzierten Basen v_1, v_2 und v_1^*, v_2^*.*

a) *Tritt für Γ und Γ^* in 7.4 derselbe Fall auf, so ist $\Gamma \sim \Gamma^*$.*

b) *Tritt für Γ der Fall 7.4c) und für Γ^* der Fall 7.4d) auf, so ist $\Gamma \sim \Gamma^*$.*

Beweis. a) Wir definieren $U \in GL(V)$ durch $Uv_i = v_i^*$, $1 \le i \le 2$. Dann ist die Matrix von S_k bezüglich v_1, v_2 gleich der Matrix von $S_k^* = US_kU^{-1}$ bezüglich v_1^*, v_2^*. Also ist $US(\Gamma)U^{-1} = S(\Gamma^*)$.

b) Es sei $Uv_1 = v_2^*-v_1^*$ und $Uv_2 = v_2^*$. Dann ist $US_2U^{-1}v_2^* = U(v_2-v_1) = v_1^*$ und wegen $S_2^2 = E$ dann $US_2U^{-1} = S_3^*$.

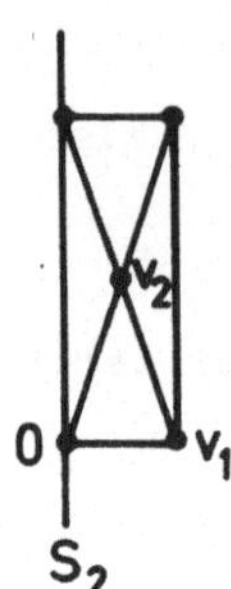

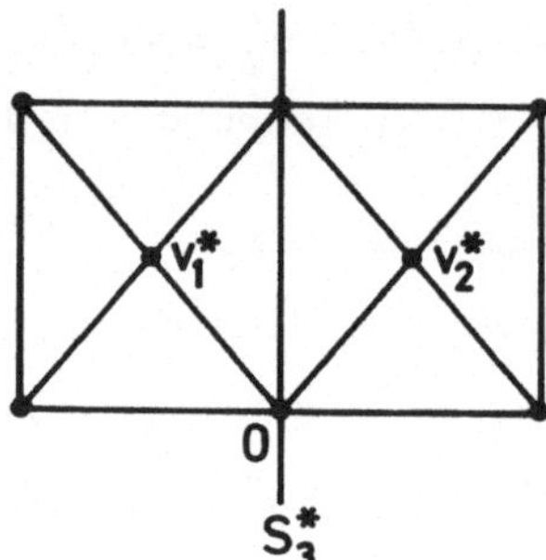

Zwei Netze N_r' mit unterschiedlich reduzierten Basen.

7.7 Satz. *Jedes Netz gehört zu einer der 5 folgenden Äquivalenzklassen:*

a) *Allgemeine Netze* N_a *mit* $S(N_a) = \{\pm E\} \cong C_2$.

b) *Einfache rechteckige Netze* $N_r = \langle v_1, v_2 \rangle$ *mit* $\|v_1\| < \|v_2\|$ *und* $v_1 \cdot v_2 = 0$.
Es ist $S(N_r) = \langle -E, I \rangle = D_2$ *mit* $I = \begin{pmatrix} 1 & 0 \\ 0 & -1 \end{pmatrix}$.

c) *Zentrierte rechteckige Netze* N_r'. *Es gibt Vektoren* e_1, e_2 *aus* N_r' *mit* $e_1 \cdot e_2 = 0$ *und* $\|e_1\|^2 < \|e_2\|^2 \neq 3\|e_1\|^2$, *so daß* $(e_1 \pm e_2)/2$ *eine* $\mathbb{Z}$*-Basis von* N_r' *ist. Weiter ist* $S(N_r') = \langle -E, I' \rangle \cong D_2$ *mit* $I' = \begin{pmatrix} 0 & 1 \\ 1 & 0 \end{pmatrix}$ *bezgl. der* $\mathbb{Z}$*-Basis.*

d) *Quadratische Netze* $N_q^{\cdot} = \langle v_1, v_2 \rangle_{\mathbb{Z}}$ *mit* $\|v_1\| = \|v_2\|$ *und* $v_1 \cdot v_2 = 0$.
Es ist $S(N_q) = \langle A, I \rangle \cong D_4$ *mit* $A = \begin{pmatrix} 0 & -1 \\ 1 & 0 \end{pmatrix}$.

e) *Hexagonale Netze* $N_h = \langle v_1, v_2 \rangle_{\mathbb{Z}}$ *mit* $\|v_1\|^2 = \|v_2\|^2 = -2v_1 \cdot v_2$.
Es ist $S(N_h) = \langle B, I' \rangle \cong D_6$ *mit* $B = \begin{pmatrix} 0 & 1 \\ -1 & 1 \end{pmatrix}$.

Beweis. Wir wenden 7.4 an. Die Fälle 7.4 a),b),e),f) liefern 7.7 a),b), d),e). Im Fall 7.4c) setzen wir $e_1 = v_1$, $e_2 = 2v_2-v_1$ und erhalten 7.7c) mit $\|e_2\|^2 > 3\|e_1\|^2$. Im Fall 7.4d) setzen wir $e_{1,2} = v_2 \mp v_1$ und erhalten

7.7c) mit $\|e_2\|^2 < 3\|e_1\|^2$.

Da äquivalente Gitter jedenfalls isomorphe Symmetriegruppen haben, ist nur noch $N_r \not\sim N_r'$ zu zeigen: Das von den Netzpunkten auf den beiden Spiegelachsen erzeugte Teilnetz ist für N_r das ganze Netz, für N_r' jedoch nicht. Daher können N_r und N_r' nicht äquivalent sein.

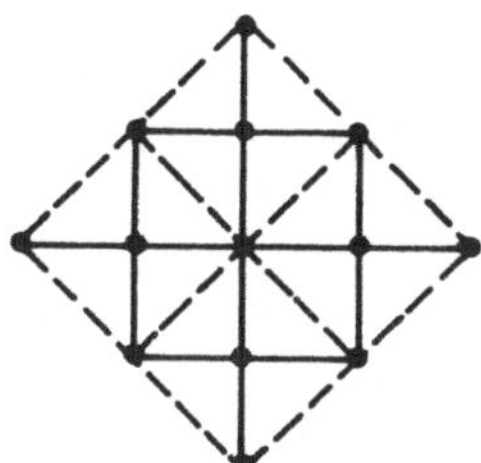

N_q (zentriert und einfach)

N_h

7.8 Folgerung. *Die in 7.5b) definierte Relation liefert für die Netze den folgenden Graphen, wobei zum Beispiel $N_a \rightarrow N_r$ dasselbe bedeutet wie $N_a \tilde{\subset} N_r$.*

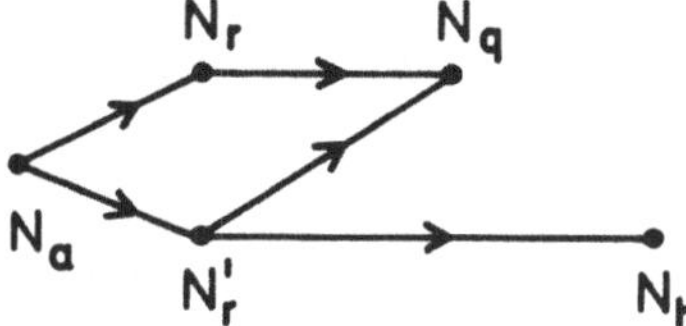

Beweis. Ähnlich wie in 7.6 zeigt man $N_a \tilde{\subset} N_r \tilde{\subset} N_q$, $N_a \tilde{\subset} N_r' \tilde{\subset} N_q$ und $N_r' \tilde{\subset} N_h$. Auch ist $N_r \not\tilde{\subset} N_h$, denn N_h wird nicht von zwei zueinander senkrechten Spiegelachsen erzeugt.

7.9 Satz. *Die 13 arithmetischen Klassen von Punktgruppen der Ebene werden repräsentiert durch die Gruppen*

$C_1(N_a)$, $C_2(N_a)$, $C_4(N_q)$, $C_3(N_h)$, $C_6(N_h)$,

$D_1(N_r)$, $D_1(N_r')$, $D_2(N_r)$, $D_2(N_r')$, $D_4(N_q)$,

$D_{3a}(N_h) = \langle B^2, I' \rangle$, $D_{3b}(N_h) = \langle B^2, -I' \rangle$, $D_6(N_h)$.

Die an Schoenflies angelehnten Bezeichnungen sind

C_1, C_2, C_4, C_3, C_6,

C_s, C_k, C_{2v}, C_{2k}, C_{4v},

C_{3v}, C_{3s}, C_{6v}.

<u>Beweis.</u> Es sei Γ ein Netz. Wir geben die Untergruppen von $S(\Gamma)$ an, die nicht bereits auf einem allgemeineren Netz operieren. Dabei braucht die Inäquivalenz nur für Gruppen diskutiert zu werden, die in $GL(V)$ konjugiert sind.

a) Die Untergruppen von $D_2 = \{\pm E, \pm I\}$ sind $\{E\}$, $\langle -E\rangle$, $\langle I\rangle$, $\langle -I\rangle$, D_2.
Dabei sind $\langle I\rangle$ und $\langle -I\rangle$ äquivalente Untergruppen von $S(N_r)$.
Ebenso sind $\langle I'\rangle$ und $\langle -I'\rangle$ äquivalente Untergruppen von $S(N_r')$.
Dagegen sind $\langle I\rangle$ und $\langle I'\rangle$ inäquivalent, denn $\langle I,-E\rangle$ und $\langle I',-E\rangle$ sind inäquivalent. Dies liefert die Klassen

$C_1(N_a)$, $C_2(N_a)$, $D_1(N_r)$, $D_1(N_r')$, $D_2(N_r)$, $D_2(N_r')$.

b) Die einzigen in a) nicht behandelten Untergruppen von

$D_4 = \langle A,I\rangle$ sind $D_4(N_q)$ und $C_4(N_q) = \langle A\rangle$.

c) Die in a) nicht behandelten Untergruppen von $D_6 = \langle B,I'\rangle$ sind

D_6, $C_6 = \langle B\rangle$, $C_3 = \langle B^2\rangle$, $D_{3a} = \langle B^2,I'\rangle$ und $D_{3b} = \langle B^2,-I'\rangle$.

Dabei sind D_{3a} und D_{3b} inäquivalent, denn nur im ersten Fall erzeugen die Gitterpunkte der 3 Spiegelachsen das ganze Gitter.

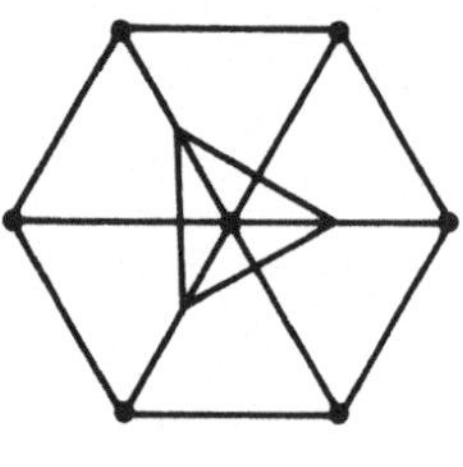

$D_{3a}(N_h)$

$D_{3b}(N_h)$

A u f g a b e n

<u>A 7.1</u> Es sei v_1, v_2 eine reduzierte Basis des Netzes Γ zur quadratischen Form $ax_1^2+bx_2^2+gx_1x_2$, $0 \leq g \leq a \leq b$. Dann definieren die Punkte 0, $\pm v_1$, $\pm v_2$, $\pm(v_1-v_2)$ sechs kongruente Dreiecke. Die Umkreismittelpunkte dieser Dreiecke bilden die Ecken eines Sechsecks D, das im Falle $v_1 \cdot v_2 = 0$ zu einem Rechteck entartet. Man zeige:

a) Es sei $\sqrt{r}$ der Radius des Umkreises von D, und D sei die Diskriminante von Γ, vgl. 2.19. Dann ist

$$4D = 4ab-g^2 \text{ und } 4Dr = ab(a+b-g).$$

b) Es ist

$$D = \{v \in V \mid \|v\| \leq \|v-u\| \text{ für alle } u \in \Gamma\}.$$

Also ist D die Dirichletsche Kammer F_0 von Γ im Sinne von 3.17a). (Anleitung: Man bestimme alle $u \in \Gamma$ mit $\|u\|^2 \leq 4r$.)

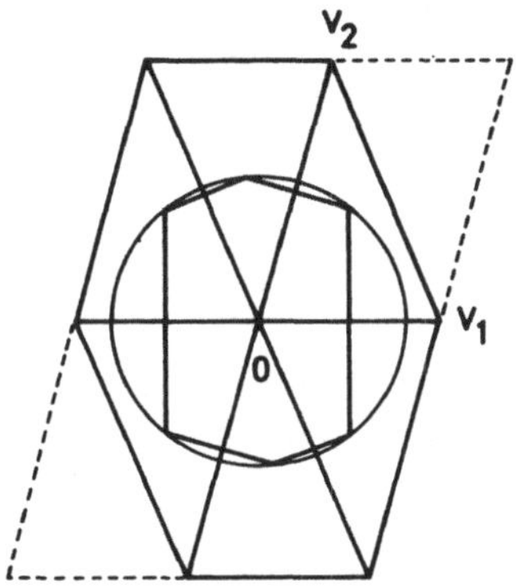

Dirichletsches Sechseck

A 7.2 Es sei $\mathbb{C}$ die komplexe Zahlenebene. Weiter sei Γ ein Unterring von $\mathbb{C}$ mit $\mathbb{C}\mathbb{Z} \subsetneq \Gamma$. Man zeige:

a) Genau dann ist Γ bezüglich der Funktion $\phi : \mathbb{C} \to \mathbb{R}$, $\phi(z) = \|z\|^2 = z\bar{z}$ ein Euklidischer Ring, wenn Γ ein Netz ist.

b) Es sei Γ ein Netz. Dann gibt es eine reduzierte Basis $1,r$ von Γ mit $r = i\sqrt{n}$ oder $r = \frac{1}{2}(1+i\sqrt{4n-1})$ für ein $n \in \mathbb{N}$.

Insbesondere ist $\bar{z} \in \Gamma$ für alle $z \in \Gamma$.

§ 8. DIE 17 ORNAMENTGRUPPEN

Für die 5 Netze der Ebene V und ihre Symmetrien verwenden wir die Bezeichnungen von 7.7 - 7.9. Es sei v_1, v_2 die Netzbasis, auf die sich die Matrizen in 7.7 beziehen. Die Ornamentgruppen G beschreiben wir durch Angabe einer Funktion $\nu: H \to V$, wo $H(\Gamma)$ die Punktgruppe von G ist, vgl. 6.15. Wenn klar ist, welche Punktgruppe gemeint ist, setzen wir $L = L(H,\Gamma)$.

8.1 Hilfssatz. *Es sei H eine der Gruppen*

$$C_1(N_a),\ C_2(N_a),\ C_4(N_q),\ C_3(N_h),\ C_6(N_h).$$

Dann ist die 0-Erweiterung bis auf Äquivalenz die einzige Ornamentgruppe mit der Punktgruppe H. Wir erhalten somit die Ornamentgruppen p1, p2, p4, p3 *und* p6.

Beweis. Für $C_1(N_a)$ ist die Aussage trivial, für die anderen Gruppen folgt sie aus 6.22 und 6.15.

8.2 Hilfssatz. a) *Zur Punktgruppe $D_1(N_r)$ gibt es (bis auf Äquivalenz) genau zwei Ornamentgruppen nämlich die 0-Erweiterung* pm *und*

$$\text{pg} = \{T_v,\ T_{v+v_1/2}I \mid v \in N_r\}.$$

b) *Zur Punktgruppe $D_1(N_r')$ gibt es nur die 0-Erweiterung* cm.

Beweis. a) In 1.16 haben wir neben trivialen Relationen mit $H = E$ oder $H' = E$ nur die Bedingung

$$0 \equiv \nu(I^2) \equiv (E+I)\,\nu(I) \mod \Gamma.$$

Bezüglich der Netzbasis v_1, v_2 ist $I = \begin{pmatrix} 1 & 0 \\ 0 & -1 \end{pmatrix}$ und etwa $\nu(I) = \begin{pmatrix} x_1 \\ x_2 \end{pmatrix}$. Daher erhalten wir die Bedingung

$$(E+I)\,\nu\,(I) = \begin{pmatrix} 2 & 0 \\ 0 & 0 \end{pmatrix} \begin{pmatrix} x_1 \\ x_2 \end{pmatrix} = \begin{pmatrix} 2x_1 \\ 0 \end{pmatrix} \in \mathbb{Z}^2 ,$$

also $2x_1 \equiv 0 \bmod 1$, $x_2 \in \mathbb{R}$ beliebig.

Wir untersuchen nun, wann ν zur 0-Lösung äquivalent ist.
Nach 6.14b) erfordert dies die Lösbarkeit von $(E-I)s \equiv \nu(I)$, also von

$$\begin{pmatrix} 0 & 0 \\ 0 & 2 \end{pmatrix} \begin{pmatrix} s_1 \\ s_2 \end{pmatrix} \equiv \begin{pmatrix} x_1 \\ x_2 \end{pmatrix} \bmod 1, \text{ wobei } s = \begin{pmatrix} s_1 \\ s_2 \end{pmatrix} \text{ sei.}$$

Da wir $s_2 = x_2/2$ setzen können, ist

$$B = \{\nu \in L \mid \nu \| 0\} = \{\nu \mid x_1 \in \mathbb{Z}\ ,\ x_2 \in \mathbb{R}\}.$$

Die beiden Elemente von $F = F(D_1, N_r)$ sind also

$$0 = B \text{ und } \bar{\nu}_0 = \nu_0 + B \text{ mit } \nu_0(I) = \begin{pmatrix} 1/2 \\ 0 \end{pmatrix}.$$

Da die Automorphismen von F das 0-Element festlassen, entstehen in 6.15c) genau 2 Bahnen, die den beiden angegebenen Ornamentgruppen entsprechen.

b) Im Beweis von a) haben wir jetzt $I' = \begin{pmatrix} 0 & 1 \\ 1 & 0 \end{pmatrix}$ zu setzen.
Wir erhalten

$$(E+I')\,\nu\,(I') = \begin{pmatrix} x_1+x_2 \\ x_1+x_2 \end{pmatrix} \equiv \begin{pmatrix} 0 \\ 0 \end{pmatrix} \bmod 1 \quad \text{und}$$

$$(E-I')s = \begin{pmatrix} s_1-s_2 \\ -s_1+s_2 \end{pmatrix} \equiv \begin{pmatrix} x_1 \\ x_2 \end{pmatrix} \quad \bmod 1.$$

Da wir $s_1 = x_1$, $s_2 = 0$ setzen können, wird $B = L$, also $F = \{0\}$.
Daher gibt es nur die 0-Erweiterung.

8.3 Hilfssatz. a) *Die Kohomologiegruppe der Punktgruppe* $D_2(N_r)$ *ist* $\{0, \bar{\nu}_1, \bar{\nu}_2, \bar{\nu}_1+\bar{\nu}_2\}$ *mit* $\nu_1(I) = v_1/2$, $\nu_1(-I) = 0$, $\nu_2(I) = 0$, $\nu_2(-I) = v_2/2$. *Die Bahnen von* $N_{GL(N_r)}(D_2)$ *sind* $\{0\}$, $\{\bar{\nu}_1, \bar{\nu}_2\}$, $\{\bar{\nu}_1+\bar{\nu}_2\}$. *Daher gibt es die 3 Ornamentgruppen* pmm, pmg, pgg *zur Punktgruppe* $D_2(N_r)$.

b) *Zur Punktgruppe* $D_2(N_r')$ *gibt es nur die 0-Erweiterung* cmm.

Beweis. a) Wir setzen $I_1 = I$, $I_2 = -I$ und $\nu(I_j) = \begin{pmatrix} x_{j1} \\ x_{j2} \end{pmatrix}$.

Zur Bestimmung von $L(D_2,N_r)$ genügt nach 6.23 die Auswertung der Bedingungen

$$(1)\quad 0 \equiv \nu(I_j^2) \equiv (E+I_j)\ \nu(I_j) \quad \text{und}$$

$$(2)\quad \nu(I_1)+I_1\ \nu(I_2) \equiv \nu(I_2)+I_2\ \nu(I_1).$$

Mit $I_1 = \begin{pmatrix} 1 & 0 \\ 0 & -1 \end{pmatrix}$ und $I_2 = \begin{pmatrix} -1 & 0 \\ 0 & 1 \end{pmatrix}$ erhalten wir aus (1) nun

$2x_{11} \equiv 2x_{22} \equiv 0 \bmod 1$, und (2) liefert $\begin{pmatrix} x_{11} \\ x_{12} \end{pmatrix} + \begin{pmatrix} x_{21} \\ -x_{22} \end{pmatrix} \equiv \begin{pmatrix} x_{21} \\ x_{22} \end{pmatrix} + \begin{pmatrix} -x_{11} \\ x_{12} \end{pmatrix}$,

also nichts neues.

Zur Bestimmung von $B = \{\nu | \nu \| 0\}$ lösen wir gemäß 6.20c) die Kongruenzen $(E-I_j)\begin{pmatrix} s_1 \\ s_2 \end{pmatrix} \equiv \nu(I_j)$, also $0 \equiv x_{11}$, $2s_2 \equiv x_{12}$, $2s_1 \equiv x_{21}$, $0 \equiv x_{22}$.

Dies ergibt für die Kohomologiegruppe die 4 Vertreter 0, ν_1, ν_2, $\nu_1+\nu_2$.

Es sei nun $U \in N_{GL(N_r)}(D_2)$. Dann ist $UI_jU^{-1} = I_{j'}$, also $I_{j'}(Uv_j) = Uv_j$, also $Uv_j = \varepsilon_j v_j$, mit $\varepsilon_j = 1$ oder -1. Mit 6.15c) erhalten wir die angegebenen Bahnen.

b) Nun ist $I_1 = \begin{pmatrix} 0 & 1 \\ 1 & 0 \end{pmatrix}$ und $I_2 = \begin{pmatrix} 0 & -1 \\ -1 & 0 \end{pmatrix}$. Dies liefert

$x_{11} \equiv -x_{12}$, $x_{21} \equiv x_{22}$, also $\begin{pmatrix} s_1 & -s_2 \\ -s_1 & +s_2 \end{pmatrix} \equiv \begin{pmatrix} x_{11} \\ x_{12} \end{pmatrix}$ und $\begin{pmatrix} s_1+s_2 \\ s_1+s_2 \end{pmatrix} \equiv \begin{pmatrix} x_{21} \\ x_{22} \end{pmatrix}$

mit $2s_1 = x_{11}+x_{21}$, $2s_2 = x_{21}-x_{11}$.

8.4 Hilfssatz. *Die beiden Ornamentgruppen zur Punktgruppe* $D_4(N_q)$ *sind die* 0-*Erweiterung* p4m *und* p4g *mit* $\nu(A) = 0$, $\nu(I) = (v_1+v_2)/2$.

Beweis. Es sei $\bar{\nu} \in F(D_4,N_q)$. Nach 6.22 können wir $\nu(A^j) = 0$, $1 \le j \le 4$, annehmen. Mit $\nu(I) = \begin{pmatrix} x_1 \\ x_2 \end{pmatrix}$ erhalten wir daher nach 6.23 die Bedingungen

(1) $(E+I)\ \nu(I) \equiv 0$, also $2x_1 \equiv 0 \bmod 1$, und

(2) $\nu(I)+I\ \nu(A^{-1}) \equiv \nu(A)+A\nu(I)$ mit $A = \begin{pmatrix} 0 & -1 \\ 1 & 0 \end{pmatrix}$,

also $\begin{pmatrix} x_1 \\ x_2 \end{pmatrix} \equiv \begin{pmatrix} -x_2 \\ x_1 \end{pmatrix}$, also $x_1 \equiv x_2 \equiv -x_1$, also $x_1 \equiv x_2 \equiv 0$ oder $x_1 \equiv x_2 \equiv 1/2$.

Die zweite Lösung ist nicht zur 0-Lösung äquivalent, denn es ist

$$(E-I)\begin{pmatrix} s_1 \\ s_2 \end{pmatrix} = \begin{pmatrix} 0 \\ s_2 \end{pmatrix} \not\equiv \begin{pmatrix} 1/2 \\ 1/2 \end{pmatrix}.$$

Daher hat die Kohomologiegruppe die Ordnung 2.

<u>8.5 Hilfssatz.</u> *Zu den Punktgruppen* $D_{3a}(N_h)$, $D_{3b}(N_h)$ und $D_6(N_h)$ *gibt es nur die 0-Erweiterungen* p31m, p3m1 *und* p6m.

<u>Beweis.</u> D_{3a}: Ähnlich wie in 8.4 sei $\nu(B^2) = 0$ und $\nu(I') = \begin{pmatrix} x_1 \\ x_2 \end{pmatrix}$ mit $B^2 = \begin{pmatrix} -1 & 1 \\ -1 & 0 \end{pmatrix}$. Dann haben wir die Bedingungen

(1) $x_1 \equiv -x_2$ und (2) $\nu(I) \equiv B^2\nu(I')$, also $\begin{pmatrix} x_1 \\ x_2 \end{pmatrix} \equiv \begin{pmatrix} -x_1+x_2 \\ -x_1 \end{pmatrix}$,

also $2x_1 \equiv x_2$.

Die Kongruenzen $(E-B^2)s = \begin{pmatrix} 2 & -1 \\ 1 & 1 \end{pmatrix}\begin{pmatrix} s_1 \\ s_2 \end{pmatrix} = \begin{pmatrix} 2s_1-s_2 \\ s_1+s_2 \end{pmatrix} \equiv \begin{pmatrix} 0 \\ 0 \end{pmatrix}$

und $s_1-s_2 \equiv x_1$ sind lösbar mit $s_i = -x_i$.

D_{3b}: Mit $\nu(-I') = \begin{pmatrix} x_1 \\ x_2 \end{pmatrix}$ haben wir die Bedingungen

(1) $x_1 \equiv x_2$ und (2) $\begin{pmatrix} x_1 \\ x_2 \end{pmatrix} \equiv \begin{pmatrix} -x_1+x_2 \\ -x_1 \end{pmatrix}$, also $x_1 \equiv x_2 \equiv 0$.

D_6: Mit $B = \begin{pmatrix} 0 & 1 \\ -1 & 1 \end{pmatrix}$, $\nu(B) = 0$ und $\nu(I') = \begin{pmatrix} x_1 \\ x_2 \end{pmatrix}$ wird

(1) $x_1 \equiv -x_2$ und (2) $\begin{pmatrix} x_1 \\ x_2 \end{pmatrix} \equiv \begin{pmatrix} x_2 \\ -x_1+x_2 \end{pmatrix}$, also $x_1 \equiv x_2 \equiv 0$.

Unter Beachtung von 6.10a) erhalten wir insgesamt:

<u>8.6 Satz.</u> *Es gibt bis auf Äquivalenz genau die* 17 *in* 8.1-8.5 *beschriebenen Ornamentgruppen.*

A u f g a b e n

<u>A 8.1</u> Man zeige, daß die Gruppe p6m die in der Einleitung angegebene Symmetriekarte besitzt.

§ 9. DIE ENDLICHEN ORTHOGONALEN GRUPPEN DES DREIDIMENSIONALEN RAUMES

<u>9.1 Definition.</u> Es sei V der 3-dimensionale Raum. Eine Untergruppe G von $SO(V)$ heißt <u>reduzibel</u>, wenn es ein $v \in V$, $\neq 0$ mit $Gv \in \langle v \rangle$ für alle $G \in G$ gibt. Andernfalls heißt G <u>irreduzibel</u>.

<u>9.2 Satz.</u> *Es sei* $G \leq SO(V)$ *mit* $\dim V = 3$ *und* $|G| = g < \infty$.

Für ein $v \in V$, $\neq 0$ *sei* $Gv \in \langle v \rangle$ *für alle* $G \in G$. *Weiter sei* D_g *die Drehung um* v *mit dem Winkel* $2\pi/g$.

a) *Es sei* $Gv = v$ *für alle* $G \in G$. *Dann ist*

$$G = C_g := \{D_g^k \mid 0 \leq k \leq g-1\}.$$

b) *Es sei* $Gv \neq v$ *für ein* $G \in G$. *Dann ist* $g = 2g_0$ *gerade. Weiter ist* $G = D_{g_0} := \langle I_o, I_1 \rangle$ *mit* 180°-*Drehungen (Umklappungen)* I_0, I_1 *um Achsen* $w_0, w_1 \in \langle v \rangle^\perp$, *und* G *besteht für* $g_0 \geq 3$ *aus allen Drehungen, welche das* g_0-*Eck* $\{D_{g_0}^k w_0 \mid 0 \leq k \leq g_0-1\}$ *festlassen.*

<u>Beweis.</u> Auf $G_{\langle v \rangle^\perp}$ wenden wir 7.3 an. Ist $Gv \neq v$, so ist $Gv = -v$ wegen $Gv \in \langle v \rangle$. Dann ist G eine 180°-Drehung um eine Achse $D_g^k w_0$ in der Ebene $\langle v \rangle^\perp$. Für $g_0 \geq 3$ führt die Drehgruppe G^* des g_0-Ecks die von ihm aufgespannte Ebene $\langle v \rangle^\perp$, also auch $\langle v \rangle$ in sich über; daher ist $G^* = D_{g_0}$. Für $g_0 \leq 2$ ist G^* unendlich.

<u>9.3 Definition.</u> Es sei $\dim V = 3$ und $G \leq SO(V)$ mit $2 \leq g = |G| < \infty$.

a) Ein $v \in V$ mit $v \cdot v = 1$ heißt <u>Pol</u> von G, wenn es ein $G \neq E$ aus G mit $Gv = v$ gibt. Die Ordnung der zyklischen Gruppe $G_v = \{G \in G \mid Gv = v\}$ heißt die <u>Zähligkeit</u> des Pols v.

b) Die Pole v und w von G heißen <u>konjugiert</u>, wenn es ein $G \in G$ mit $w = Gv$ gibt.

9.4 Hilfssatz. *Es sei* dim $V = 3$ *und* $\mathcal{G} \leq SO(V)$ *mit* $2 \leq g = |\mathcal{G}| < \infty$. *Weiter sei* a_i, $1 \leq i \leq h$, *ein Vertretersystem der konjugierten Pole von* $\mathcal{G}$, *wir setzen* $m_i = |\mathcal{G}_{a_i}|$. *Dann ist*

$m_i \geq 2$, $m_i | g$, $h \neq 0$, *etwa* $m_1 \leq m_2 \leq \ldots \leq m_h$ *und*

$$2(g-1) = \sum_{i=1}^{h} g\left(1 - \frac{1}{m_i}\right).$$

Die sämtlichen Lösungen dieser Gleichung sind

(1) $h = 2$, $m_1 = m_2 = g$, g *beliebig;*

(2) $h = 3$, $m_1 = m_2 = 2$, $m_3 = g/2$, g *gerade und* ≥ 4;

(3) $h = 3$, $m_1 = 2$, $m_2 = m_3 = 3$, $g = 12$;

(4) $h = 3$, $m_1 = 2$, $m_2 = 3$, $m_3 = 4$, $g = 24$;

(5) $h = 3$, $m_1 = 2$, $m_2 = 3$, $m_3 = 5$, $g = 60$.

(Der Fall (5) *kommt nach* 2.11 *in der Kristallographie nicht vor.)*

Beweis. Jedes Element $G \neq E$ von $\mathcal{G}$ besitzt genau 2 Pole. Also hat $\mathcal{G}$ nur endlich viele Pole, die sich auf h Klassen konjugierter Pole verteilen. Sind v und $w = Gv$ konjugierte Pole, so ist $\mathcal{G}_w = G\mathcal{G}_v G^{-1}$, also $|\mathcal{G}_w| = |\mathcal{G}_v|$. Daher hängt die Zahl m_i nicht von der Wahl von a_i ab. Für jeden Pol v und jedes $H \in \mathcal{G}$ ist weiter

$\{X \in \mathcal{G} | Xv = Hv\} = H\mathcal{G}_v$ und $|H\mathcal{G}_v| = |\mathcal{G}_v|$, also

$$|\{Hv | H \in \mathcal{G}\}| = g/|\mathcal{G}_v|.$$

Mit $v = a_i$ folgt insbesondere $m_i | g$.

Es sei $\alpha(G)$ die Anzahl der Pole von $\mathcal{G}$, die von $G \in \mathcal{G}$ festgelassen werden. Dann ist $\alpha(G) = 2$ für $G \neq E$ und

$$\alpha(E) = \sum_{i=1}^{h} |\{Ha_i | H \in \mathcal{G}\}| = \sum_{i=1}^{h} g/m_i,$$

Wir setzen $M = \{(G,v) | G \in \mathcal{G},\ v \text{ Pol von } \mathcal{G} \text{ mit } Gv = v\}$.
Zu festem $G \in \mathcal{G}$ gibt es $\alpha(G)$ Fixpole, also ist

$$|M| = \sum_{G \in \mathcal{G}} \alpha(G);$$

zu festem Pol v haben wir $|\mathcal{G}_v|$ Elemente G mit Gv = v, daher ist

$$|M| = \sum_v |\mathcal{G}_v| = g \sum_v |\{Hv | H \in \mathcal{G}\}|^{-1} = g \sum_{i=1}^{h} (\sum_{v \in K_i} |K_i|^{-1}) = gh$$

mit $K_i := \{Ha_i | H \in \mathcal{G}\}$. Es folgt

$$\sum_{G \in \mathcal{G}} \alpha(G) = gh,$$

also

$$2(g-1) = g \sum_{i=1}^{h} (1 - \frac{1}{m_i}),$$

also

$$\sum_{i=1}^{h} (1 - \frac{1}{m_i}) = 2(1 - \frac{1}{g}) < 2.$$

Wegen $m_i \geq 2$ erhalten wir

$$2 > \sum_{i=1}^{h} (1 - \frac{1}{m_i}) \geq \sum_{i=1}^{h} (1 - \frac{1}{2}) = \frac{h}{2}.$$

Dies zeigt $h \leq 3$. Für h=1 wäre $2g-2 = g - gm_1^{-1}$, also $g + gm_1^{-1} = 2$, was wegen $g \geq 2$ nicht geht.
Nun sei h=2. Dann ist

$$gm_1^{-1} + gm_2^{-1} = 2, \text{ also } m_1 = m_2 = g \text{ (Fall (1))}.$$

Schließlich sei h=3. Wäre $m_1 \geq 3$, so folgte der Widerspruch

$$2 > \sum_{i=1}^{3} (1 - \frac{1}{m_i}) \geq \sum_{i=1}^{3} (1 - \frac{1}{3}) = 2.$$

Also ist $m_1 = 2$ und daher

$$\frac{1}{m_2} + \frac{1}{m_3} = \frac{1}{2} + \frac{2}{g} > \frac{1}{2}.$$

Ist $m_2 = 2$, so ist $m_3 = \frac{g}{2}$, $g = 2m_3 \geq 4$, und wir haben Fall (2).
Es sei also $m_2 \geq 3$. Wäre $m_2 \geq 4$, so folgte der Widerspruch

$$\frac{1}{2} < \frac{1}{m_2} + \frac{1}{m_3} \leq \frac{1}{4} + \frac{1}{4} = \frac{1}{2}.$$

Also ist $m_2=3$. Somit bleibt

$$\frac{1}{m_3} = \frac{1}{6} + \frac{2}{g} > \frac{1}{6},$$

also $3 \leq m_3 \leq 5$ und $g = 2(\frac{1}{m_3} - \frac{1}{6})^{-1}$.

Für $m_3 = 3,4,5$ erhalten wir $g = 12, 24, 60$.

Für die verschiedenen Fälle von 9.4 geben wir nun jeweils eine Gruppe an. In 9.5 (zusammen mit 9.2) präzisieren wir die Konstruktion dieser Gruppen und zeigen, daß es nicht noch andere gibt.

(1) Die zyklische Gruppe C_g besitzt für $g \geq 2$ genau zwei g-zählige Pole v und -v, die Polklassen sind $\{v\}$ und $\{-v\}$.

(2) Die Diedergruppe D_{g_0} der Ordnung $g = 2g_0$ besitzt für $g_0 \geq 2$ eine Untergruppe C_{g_0}, deren g_0-zählige Pole v und -v bezüglich D_{g_0} nur eine Polklasse $\{v,-v\}$ bilden. In der Ebene $<v>^{\perp}$ gibt es g zweizählige Pole, die zu 2 Polklassen $\{D^k_{g_0} w_0 | 0 \leq k \leq g_0-1\}$ und $\{D^k_{g_0} w_1 \; 0 \leq k \leq g_0-1\}$ gehören.

(4) Die Oktaedergruppe O besteht aus allen Drehungen, welche ein Oktaeder oder auch einen Würfel in sich überführen. Eine beliebig vorgegebene Seite des Würfels wird durch die Drehungen aus O in jede der 6 Würfelseiten übergeführt, wofür es jeweils 4 verschiedene Möglichkeiten gibt. Daher ist $|O| = 6 \cdot 4 = 24$. Die 24 Elemente von O sind:

a) Die Identität E.

b) 6 Drehungen mit dem Winkel $\pm 90°$ um Achsen durch gegenüberliegende Mittelpunkte der Würfelflächen.

c) 3 Drehungen mit dem Winkel 180° um die Achsen aus b).

d) 8 Drehungen mit dem Winkel $\pm 120°$ um Achsen durch diagonal gegenüberliegende Eckpunkte des Würfels.

e) 6 Drehungen mit dem Winkel 180° um Achsen durch Mittelpunkte von Würfelkanten.

Es entstehen 3 verschiedene Polklassen.

(3) Die Tetraedergruppe T ist die Drehgruppe eines Tetraeders. Legt man, wie die Abbildung zeigt, zwei sich durchdringende Tetraeder in einen Würfel, so führt die eine Hälfte der Drehungen von O jedes Tetraeder in sich über, während die andere Hälfte die beiden Tetraeder miteinander vertauscht. Es ist $|T| = 12$. Da gegenüberliegende Pole von Dreierdrehungen nicht in T konjugiert sind, entstehen wieder 3 Polklassen.

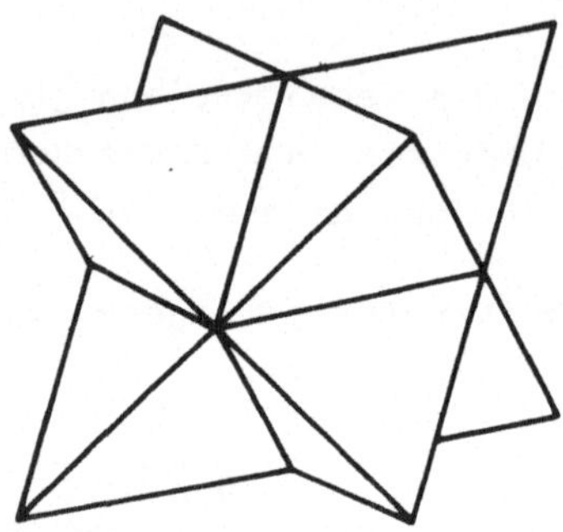

Zwei Tetraeder, die sich in einem Oktaeder durchdringen. Die Eckpunkte der beiden Tetraeder bilden einen Würfel.

(5) Die Ikosaedergruppe Y ist die Drehgruppe eines Ikosaeders. Das Ikosaeder ist ein regelmäßiger Körper mit 20 gleichseitigen Dreiecksflächen. Daher ist $|Y| = 20 \cdot 3 = 60$. Es entstehen 3 Polklassen. Der aus der Abbildung ersichtliche Zusammenhang zwischen Würfel und Ikosaeder zeigt $T < Y$.

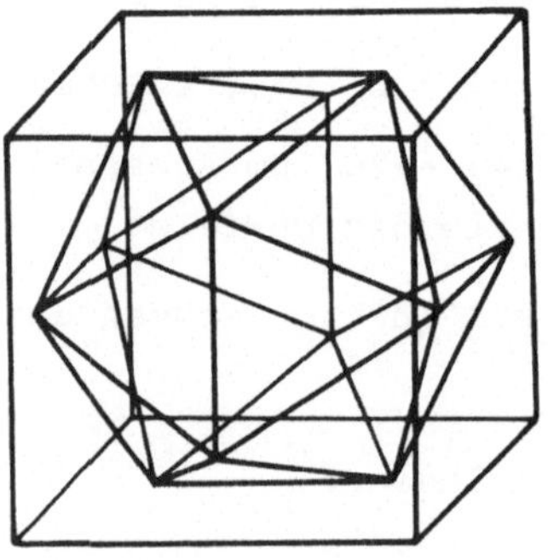

Würfel und Ikosaeder.

9.5 Satz. *Es sei V der 3-dimensionale Raum und* $G \leq SO(V)$ *mit* $|G| < \infty$. *Weiter sei G irreduzibel. Dann gibt es genau folgende Möglichkeiten.*

a) *Es gibt eine Orthonormalbasis* v_1, v_2, v_3 *von V und ein Okteader* $\Omega = \{\pm v_1, \pm v_2, \pm v_3\}$ *mit*

$$G = O := \{G \in SO(V) \mid Gv \in \Omega \text{ für alle } v \in \Omega\}.$$

Dabei ist O *zur symmetrischen Gruppe* S_4 *isomorph. Auch ist* $O = \langle R,S \rangle$ *mit* $Rv_1 = v_2$, $Rv_2 = v_3$, $Rv_3 = v_1$ *und* $Sv_1 = v_2$, $Sv_2 = -v_1$, $Sv_3 = v_3$.

b) *Es gibt eine Orthonormalbasis* v_1, v_2, v_3 *von V und ein Tetraeder* $\Theta = \{-v_1-v_2-v_3,\ -v_1+v_2+v_3,\ v_1-v_2+v_3,\ v_1+v_2-v_3\}$ *mit*

$$G = T := \{G \in SO(V) \mid Gv \in \Theta \text{ für alle } v \in \Theta\}.$$

Dabei ist $T = \langle R,S^2 \rangle \cong A_4$.

c)* *Es gibt eine Orthonormalbasis* v_1, v_2, v_3 *von V und ein Ikosaeder*

$$\Phi = \{\pm(xv_1+v_3),\ \pm(v_1+xv_2),\ \pm(v_2+xv_3),\ \pm(-xv_1+v_3),\ \pm(-v_2+xv_3),\ \pm(v_1-xv_3)\},$$

$x = (-1+\sqrt{5})/2 = 2 \cos\ 2\pi/5$, *mit*

$$G = Y := \{G \in SO(V) \mid Gv \in \Phi \text{ für alle } v \in \Phi\}.$$

Dabei ist $Y = \langle T,T \rangle \cong PSL(2,5)$

mit
$$Tv_1 = (v_1+(x+1)v_2+xv_3)/2$$
$$Tv_2 = (-(x+1)v_1+xv_2+v_3)/2$$
$$Tv_3 = (xv_1-v_2+(x+1)v_3)/2,$$

und T *ist eine Fünferdrehung.*

Beweis. Wir diskutieren die in 9.4 gefundenen Fälle.

(1) Es sei $h = 2$, $m_1 = m_2 = g$.

Dann ist $m_1 = |G_{a_1}| = g$, also $G = G_{a_1}$ und $a_2 = -a_1$. Also ist G reduzibel, vgl. 9.2a).

(2) Es sei $h = 3$, $m_1 = m_2 = 2$, $m_3 = g/2$.

Zunächst sei $g/2 > 2$. Dann sind a_3 und $-a_3$ wegen $G_{a_3} = G_{-a_3}$ konjugiert. Wir haben $|G : G_{a_3}| = 2$, also $Ga_3 = \pm a_3$ für alle $G \in G$.
Also ist G reduzibel, und in 9.2b) ist $w_o = a_1$, $w_1 = a_2$.
Nun sei $g = 4$. Da alle Pole 2-zählig sind, ist $G = \{E,A_1,A_2,A_3\}$ die Kleinsche Vierergruppe mit 180°-Drehungen A_i um Achsen $\langle b_i\rangle$.
Für $i \neq j$ haben wir $A_i(A_jb_i) = A_jA_ib_i = A_jb_i$, also $A_jb_i = \pm b_i$, und wegen $|G_{b_i}| = 2$ dann $A_jb_i = -b_i$, also $b_i \cdot b_j = 0$ und etwa $b_i = a_i$.
Wieder ist G reduzibel.

(4) Es sei $h = 3$, $m_1 = 2$, $m_2 = 3$, $m_3 = 4$, $g = 24$.

Für die Polklasse Δ mit $a_2 \in \Delta$ ist $|\Delta| = g/m_2 = 8$. Also ist $\Delta = \{\pm u_1,\dots,\pm u_4\}$, und G permutiert die 4 Punktpaare $\{\pm u_i\}$.
Dies liefert einen Gruppenhomomorphismus $\phi : G \to S_4$.
Mit $U = \langle u_1,\dots,u_4\rangle$ ist $V = U \oplus U^{\perp}$, dabei sind U, $U^{\perp}$ unter G invariant.
Da G irreduzibel ist, folgt $U = V$.
Es sei nun $G \in$ Kern ϕ, also $Gu_i = \pm u_i$ für alle i. Wegen det $G = 1$ ist $G \neq -E$, also gibt es ein j mit $Gu_j = u_j$. Wegen $|G_{u_j}| = 3$ folgt $G^3 = E$, also $Gu_i = u_i$ für alle i, also $G = E$. Daher ist Kern $\phi = \{E\}$ und $24 = |G| = |\text{Bild } \phi| = |S_4|$. Es folgt $G \cong S_4$. Nun enthält G die Kleinsche Vierergruppe $K = \{E,A_1,A_2,A_3\}$ als Normalteiler. Nach (2) sind A_1,A_2,A_3 dabei 180°-Drehungen mit Polen v_1,v_2,v_3, die eine Orthonormalbasis bilden. Ist $G \in G$ mit $GA_iG^{-1} = A_j$, so ist $A_j(Gv_i) = GA_iv_i = Gv_i$, also $Gv_i = \pm v_j$. Daher permutiert G die Elemente von $\Omega = \{\pm v_1,\pm v_2,\pm v_3\}$.
Es folgt $G \leq O$.
Wir haben $R,S \in O$. Dabei ist R eine Dreier- und S eine Viererdrehung, und die Achsen von R und S sind verschieden. Wegen $|O| \leq |\Omega|! < \infty$ und 9.4 ist daher $|O| = 24$ und $G = O = \langle R,S\rangle$.

(3) Es sei $h = 3$, $m_1 = 2$, $m_2 = m_3 = 3$, $g = 12$.

Es sei Δ die Polklasse von G mit $a_2 \in \Delta$. Dann ist $|\Delta| = g/m_2 = 4$, etwa $\Delta = \{u_1,\dots,u_4\}$. Da G die Elemente von Δ permutiert, haben wir einen Homomorphismus $\phi : G \to S_4$. Wegen $\langle u_1,\dots,u_4\rangle = V$ ist Kern $\phi = \{E\}$, also $|G| = |\text{Bild } \phi| = 12$. Es folgt $G \cong A_4$. Wieder enthält G die Kleinsche Vierergruppe K, permutiert also die Menge $\Omega = \{\pm v_1,\pm v_2,\pm v_3\}$

der Pole von K.
Wegen $|S_4:A_4| = 2$ ist $G = \langle S^2, R\rangle$. Folglich permutiert G die angegebene Menge $\Theta = \{w_1,\ldots,w_4\}$. Diese beschreibt ein Tetraeder, denn die 4 Längen $\|w_i\| = \sqrt{3}$ und 6 Winkel $\sphericalangle(w_i,w_j) = \arccos -1/3$, $i \neq j$, sind gleich. Also ist $G \leq T$. Wegen $(w_i+w_j)/2 \in \Omega$ für $i \neq j$ ist $T \leq O$. Wir haben $R, S^2 \in T$ und $S \notin T$, also $|T| = 12$ und $G = T$ nach 9.4.

(5) <u>Es sei $h = 3$, $m_1 = 2$, $m_2 = 3$, $m_3 = 5$, $g = 60$.</u>

Für die Polklasse Δ mit $a_3 \in \Delta$ ist $|\Delta| = g/m_3 = 12$. Also ist $\Delta = \{\pm u_0,\ldots,\pm u_4,\pm u_\infty\}$, und G permutiert die 6 Punktpaare $\{\pm u_i\}$. Dies liefert einen Homomorphismus $\phi : G \to S_6$. Wie in (4) folgt Kern $\phi = \{E\}$.
Da G_{u_∞} eine zyklische Gruppe der Ordnung 5 ist, erhalten wir bei geeigneter Bezeichnung

$$G_{u_\infty} = \langle T'\rangle \text{ mit } T' = (\pm u_\infty)(\pm u_0,\ldots,\pm u_4).$$

Wir setzen $\cos\beta = u_\infty \cdot u_0$ und zeigen $\cos\beta = 1/\sqrt{5}$. Ist dann Δ^* die Klasse der 5-zähligen Pole einer zweiten Gruppe G^*, die (5) erfüllt, so gibt es ein $X \in SO(V)$ mit $\Delta^* = X\Delta$. Es sei $\alpha = 2\pi/5$ und etwa $\beta \geq 0$.

Zunächst ist G transitiv auf Δ und G_{u_0} transitiv auf $\{\{\pm u_1\},\ldots,\{\pm u_4\}, \{\pm u_\infty\}\}$, also gibt es Elemente $G \in G$ und $H \in G_{u_0}$ mit $Gu_\infty = u_0$ und $H(Gu_0) = \pm u_1$. Setzen wir $G^* = HG$, so ist $G^*u_\infty = u_0$ und $G^*u_0 = \pm u_1$. Daher ist $u_0 \cdot u_1 = \pm\cos\beta$.

Nun sei v_1', v_2', v_3' eine Orthonormalbasis von V mit $v_3' = u_\infty$ und

$u_0 = \sin\beta\, v_1' + \cos\beta\, v_3'$, $u_1 = \sin\beta\,(\cos\alpha\, v_1' + \sin\alpha\, v_2') + \cos\beta\, v_3'$.
(Man veranschauliche sich dies mit einer Zeichnung). Dann ist

$$\begin{aligned}\pm\cos\beta = u_0 \cdot u_1 &= \sin^2\beta\cos\alpha + \cos^2\beta \\ &= (1-\cos^2\beta)\cos\alpha + \cos^2\beta > 0,\end{aligned}$$

also $\cos^2\beta\,(1-\cos\alpha) - \cos\beta + \cos\alpha = 0$,

$$\left(\cos\beta - \frac{1}{2(1-\cos\alpha)}\right)^2 = \frac{1}{4(1-\cos\alpha)^2} - \frac{\cos\alpha}{1-\cos\alpha}$$

$$= \frac{1-4\cos\alpha\,(1-\cos\,\alpha)}{4(1-\cos\,\alpha)^2} = \frac{1}{4}\left(\frac{1-2\cos\,\alpha}{1-\cos\,\alpha}\right)^2,$$

$$1 \neq \cos\,\beta = \frac{1}{2(1-\cos\,\alpha)}(1\pm(1-2\,\cos\,\alpha)) = \frac{\cos\,\alpha}{1-\cos\,\alpha}\,.$$

Es gibt also im Fall (5) bis auf Transformieren mit Drehungen höchstens eine Gruppe, nämlich $G = \{G \in SO(V)\,|\,Gv \in \Delta$ für alle $v \in \Delta\}$.

Es sei $\varepsilon = \cos\alpha + i\sin\alpha$ und $x = 2\,\cos\,\alpha = \varepsilon+\varepsilon^{-1}$.

Dann ist $x^2+x-1 = 1+\varepsilon+\varepsilon^2+\varepsilon^3+\varepsilon^4 = (\varepsilon^5-1)/(\varepsilon-1) = 0$.

Daher ist $2\,\cos\,\alpha = (-1+\sqrt{5})/2$.

Auch ist $4\,\cos^2\alpha + 2\,(\cos\,\alpha)-1 = 0$, $(\sqrt{5}\,\cos\,\alpha)^2 = (1-\cos\,\alpha)^2$,

$\sqrt{5}\,\cos\alpha = 1-\cos\,\alpha$, also

$$\cos\,\beta = \frac{\cos\,\alpha}{1-\cos\,\alpha} = 1/\sqrt{5}.$$

Nun sei

$$\begin{aligned}
w_\infty &= xv_1 + v_3\\
w_0 &= v_1+xv_2\\
w_1 &= v_2 + xv_3\\
w_2 &= -xv_1 + v_3\\
w_3 &= -v_2 + xv_3\\
w_4 &= v_1-xv_2
\end{aligned}$$

Wir zeigen, daß $\Phi = \{\pm w_\infty,\ldots,\pm w_4\}$ ein Ikoaeder beschreibt, daß Y irreduzibel und $|Y| = 60$ ist.

Wegen $-x^2+1 = x$ haben wir

$w_i\cdot w_i = x^2+1$ und $x = w_\infty\cdot w_k = w_k\cdot w_{k+1} = -w_k\cdot w_{k+2}$

für alle $k \in \{0,\ldots,4\}$ (mod 5). Insbesondere ist

$$T := (\pm w_\infty)(\pm w_0,\ldots,\pm w_4) \in SO(V).$$

Dabei ist

$v_1 = (w_0+w_4)/2$, $Tv_1 = (w_1+w_0)/2 = (v_1+(x+1)v_2+xv_3)/2$,

$v_2 = (w_1-w_3)/2$, $Tv_2 = (w_2-w_4)/2 = (-(x+1)v_1+xv_2+v_3)/2$,

$v_3 = (w_\infty+w_2)/2$, $Tv_3 = (w_\infty-w_3)/2 = (xv_1-v_2+(x+1)v_3)/2$.

Auch ist $R = (\pm w_\infty, w_0, \pm w_1)(\pm w_2, \pm w_4, \pm w_3)$ und

$S^2 = (\pm w_\infty, \pm w_2)(w_0, -w_0)(\pm w_1, \pm w_3)(w_4, -w_4)$.

Somit ist $\langle T\mathrm{T}\rangle \leq Y$ und $|Y| < \infty$, also $|Y| = 60$ und $Y = \langle T\mathrm{T}\rangle$ nach 9.4.
Für $t \in GF(5) \cup \{\infty\}$ sei $p_t = \langle w_t \rangle$. Dann ist

$Tp_t = p_{t+1}$ und $Rp_t = p_{1/-t+1}$. Daher ist $Y \cong PSL(2,5)$

9.6* Bemerkung. Es sei Y die Ikosaedergruppe.

a) Die 20 dreizähligen Pole von Y beschreiben ein Dodekaeder. Dieses läßt sich auf den Kanten des Würfels aufbauen.

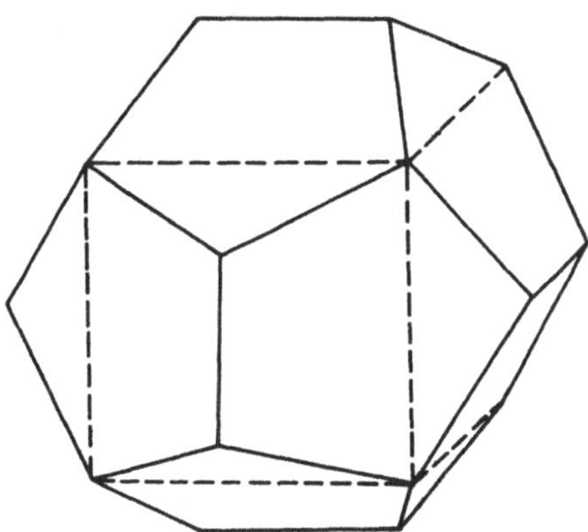

b) Es sei v ein 2-zähliger Pol. Dann ist $K(v) = \{G \in Y | Gv = \pm v\}$ eine Kleinsche Vierergruppe. Die Pole von $K(v)$ spannen ein Oktaeder Ω auf. Weter permutiert G die 5 Oktaeder

$\{T^i\Omega | 1 \leq i \leq 5\}$. Also ist $Y \cong A_5$.

c) Die 10 dreizähligen Achsen werden von Y primitiv permutiert.

9.7* Satz. *Es sei*

$$SU(2,\mathbb{C}) = \left\{ \begin{pmatrix} a & -\bar{b} \\ b & \bar{a} \end{pmatrix} \middle| a,b \in \mathbb{C}\ ,\ a\bar{a}+b\bar{b} = 1 \right\}$$

die spezielle unitäre Gruppe vom Rang 2 über $\mathbb{C}$. *Wir betrachten die folgenden Elemente von* $SU(2,\mathbb{C})$:

$$C_n = \begin{pmatrix} e^{2\pi i/n} & 0 \\ 0 & e^{-2\pi i/n} \end{pmatrix} \quad (n = 1,2,3,\dots),$$

$$I_1^* = \begin{pmatrix} 0 & -1 \\ 1 & 0 \end{pmatrix},\ R^* = \frac{1}{2}\begin{pmatrix} 1+i & -1-i \\ 1-i & 1-i \end{pmatrix} \text{ und}$$

$$T^* = \frac{1}{2}\begin{pmatrix} x+1+i & -x \\ x & x+1-i \end{pmatrix} \text{ mit } x = \frac{1}{2}(-1+\sqrt{5}).$$

Dann gibt es bis auf Konjugation in $SU(2,\mathbb{C})$ *genau die folgenden endlichen Untergruppen von* $SU(2,\mathbb{C})$.

a) *Zyklische Gruppen* $\langle C_n\rangle$, $n = 1,2,3,\dots$.

b) *Gruppen* $D_n^* = \langle C_{2n}, I_1^*\rangle$ *mit* $D_n^*/\{\pm E\} \cong D_n$, $n = 2,3,4,\dots$.

c) *Die Gruppen*

$$T^* = \langle R^*, C_4\rangle,\quad O^* = \langle R^*, C_8\rangle \text{ und } Y^* = \langle R^*, T^*\rangle$$

mit $T^*/\{\pm E\} \cong T$, $O^*/\{\pm E\} \cong O$ *und* $Y^*/\{\pm E\} \cong Y$. *Dabei ist*

$$Y^* \cong SL(2,5).$$

<u>Beweis.</u> Wir betrachten den 4-dimensionalen reellen Hilbertraum

$$\mathbb{K} = \left\{\begin{pmatrix} a & -\bar{b} \\ b & \bar{a} \end{pmatrix} \middle| a,b \in \mathbb{C}\right\}$$

mit der Orthonormalbasis $E = \begin{pmatrix} 1 & 0 \\ 0 & 1 \end{pmatrix}$, $I = \begin{pmatrix} i & 0 \\ 0 & -i \end{pmatrix}$, $J = \begin{pmatrix} 0 & -1 \\ 1 & 0 \end{pmatrix}$, $-K = \begin{pmatrix} 0 & i \\ i & 0 \end{pmatrix}$.

Für alle $Q = \begin{pmatrix} a & -\bar{b} \\ b & \bar{a} \end{pmatrix}$ mit $a = a_1+ia_2$, $b = b_1+ib_2$ ist $Q = a_1E+a_2I+b_1J-b_2K$, also $\|Q\|^2 = a_1^2+a_2^2+b_1^2+b_2^2 = a\bar{a}+b\bar{b} = \det Q$. Es ist $\mathbb{K}$ der Quaternionenschiefkörper. Auch ist

$$SU(2,\mathbb{C}) = \{A \in SL(2,\mathbb{C}) \mid A^{-1} = \bar{A}'\} = \{Q \in \mathbb{K} \mid \det Q = 1\}$$

Wir setzen zur Abkürzung $\mathbb{K}_0 = SU(2,\mathbb{C})$.

Nun sei $V = \langle I,J,K\rangle$ der 3-dimensionale reelle Hilbertraum.
Die Abbildung

$$\Phi : \mathbb{K}_0 \to SO(V) \text{ mit } \Phi(Q)A = QAQ^{-1} \quad (Q \in \mathbb{K}_0,\ A \in V)$$

ist ein Gruppenepimorphismus, und es gilt Kern $\Phi = \{\pm E\}$. Wir benötigen zunächst eine andere Beschreibung von Φ:

Es sei $G \in SO(V)$ eine Drehung, weiter sei $A_3 \in V$ mit $\det A_3 = 1$ ein Fixpunkt von G. Wir ergänzen A_3 zu einer Orthonormalbasis A_1, A_2, A_3 von V. Für alle $A, B \in V$ ist

$$AB+BA = -2(A\cdot B)E,$$

$A\cdot B$ das Skalarprodukt von A und B, wie eine einfache Rechnung zeigt. Daher ist

$$A_r^2 = -E \text{ und } A_rA_s = -A_sA_r \text{ für } r,s = 1,2,3 \text{ mit } r \neq s.$$

Setzen wir $A = A_1A_2$, so ist $\det A = 1$, $(A\cdot A_1)E = -\frac{1}{2}(A_1A_2A_1+A_1^2A_2) = 0$ und ebenso $(A\cdot A_2)E = 0$. Also ist A_1, A_2, A eine Orthonormalbasis von V. Indem wir notfalls A_1 mit A_2 vertauschen, können wir $A = A_3$ annehmen. Dann ist

$$A_1A_2 = A_3.$$

Es sei ϕ der Drehwinkel von G, also
$G(A_1) = \cos\phi\, A_1+\sin\phi\, A_2$, $G(A_2) = -\sin\phi\, A_1+\cos\phi\, A_2$, $G(A_3) = A_3$.
Setzen wir

$$Q = \cos\frac{\phi}{2}\, E+\sin\frac{\phi}{2}\, A_3,$$

so ist $\Phi(Q) = G$, wie die folgende Rechnung zeigt.

$$\Phi(Q)A_1 = QA_1Q^{-1} = (\cos\frac{\phi}{2}\, E+\sin\frac{\phi}{2}\, A_3)A_1(\cos\frac{\phi}{2}\, E-\sin\frac{\phi}{2}\, A_3)$$

$$= (\cos\frac{\phi}{2}\, E+\sin\frac{\phi}{2}\, A_3)^2A_1 = (\cos\phi\, E+\sin\phi\, A_3)A_1 = \cos\phi\, A_1+\sin\phi\, A_2,$$

$$\Phi(Q)A_2 = \cos\phi\, A_2-\sin\phi\, A_1, \quad \Phi(Q)A_3 = QA_3Q^{-1} = A_3QQ^{-1} = A_3.$$

Für die in 9.2 und 9.5 gefundenen endlichen Untergruppen G von $SO(V)$ beziehen wir uns auf die Basis

$$v_1 = J,\ v_2 = K,\ v_3 = I$$

und setzen $G^* = \{Q \in \mathbb{K}_0 \mid \Phi(Q) \in G\}$. Sind G_1 und G_2 in $SO(V)$ konjugiert, so sind G_1^* und G_2^* in $\mathbb{K}_0$ konjugiert, und umgekehrt. Darüber hinaus gibt es möglicherweise in G^* noch Untergruppen H vom Index 2 mit $\Phi(H) = G$. Für diese Untergruppen ist $-E \notin H$.

Es gibt bis auf Konjugation in $SO(V)$ die folgenden Möglichkeiten.

a) $G = C_n = \langle D_n \rangle$ mit $D_n v_1 = \cos 2\pi/n\ v_1 + \sin 2\pi/n\ v_2$,
$D_n v_2 = -\sin 2\pi/n\ v_1 + \cos 2\pi/n\ v_2$ und $D_n v_3 = v_3$ $(n = 1,2,3,\ldots)$.

Dann ist $G^* = \langle C_{2n} \rangle$. Für ungerade n besitzt G^* eine Untergruppe H vom Index 2 mit $-E \notin H$, nämlich $H = \langle C_n \rangle$.

b) $G = D_n = \langle D_n, I_1 \rangle$ mit $I_1 v_1 = v_1$, $I_1 v_2 = -v_2$, $I_3 v_3 = -v_3$.
Dann ist $G^* = \langle C_{2n}, J \rangle$, $J = I_1^*$. Da D_1 und C_2 konugiert sind, entfällt $n = 1$.
Es sei $|G^*:H| = 2$. Mit $K = \langle J \rangle$ ist dann $K \leq H$ oder $K \cap H = \{\pm E\}$, in beiden Fällen also $-E \in H$. Aus demselben Grund enthalten auch die in c) zu behandelnden Gruppen G^* keine Untergruppen H vom Index 2 mit $-E \notin H$.

c_1) $G = T = \langle R, D_2 \rangle$ mit $Rv_1 = v_2$, $Rv_2 = v_3$, $Rv_3 = v_1$.
Dann ist $G^* = \langle Q, C_4 \rangle$ mit $Q = (\cos 60^0)E + (\sin 60^0)\ \frac{1}{\sqrt{3}}(v_1+v_2+v_3) = \frac{1}{2}(E+I+J+K) = R^*$.

c_2) $G = O = \langle R, D_4 \rangle$. Dann ist $G^* = \langle R^*, C_8 \rangle$.

c_3) $G = Y = \langle R, T \rangle$, T wie in 9.5c). Dann ist $G^* = \langle R^*, Q \rangle$ mit

$$Q = (\cos \tfrac{\alpha}{2})E + \frac{1}{\sqrt{1+x^2}}(\sin \tfrac{\alpha}{2})(I+xJ),\ \alpha = \tfrac{2}{5}\pi,$$

denn $xv_1+v_3 = I+xJ$ ist ein Fixpunkt von T. Es ist $x = 2\cos\alpha$ und $x^2+x-1 = 0$, also $(x+1)^2 = x^2+2x+1 = 2+x$. Somit folgt

$$\cos \tfrac{\alpha}{2} = \sqrt{\tfrac{1}{2}(1+\cos\alpha)} = \tfrac{1}{2}\sqrt{2+x} = \tfrac{1}{2}(x+1) \text{ und}$$

$$\sin \tfrac{\alpha}{2} = \sqrt{\tfrac{1}{2}(1-\cos\alpha)} = \tfrac{1}{2}\sqrt{2-x} = \tfrac{1}{2}\sqrt{1+x^2}.$$

Daher ist $Q = \frac{1}{2}((x+1)E+I+xJ) = T^*$.

Zu zeigen ist noch $Y^* \cong SL(2,5)$: In $GF(5)$ besitzen die Gleichungen $a^2 = -1$ und $b^2 + b-1 = 0$ die Lösungen $a = b = 2$. Ersetzen wir in allen Matritzen von Y^* die Zahlen i und x durch 2, so erhalten wir einen Gruppenhomomorphismus $\alpha: Y^* \to SL(2,5)$. Da Y einfach ist, haben wir Kern $\alpha \subsetneqq \{\pm 1\}$. Wegen $\alpha(-1) \neq E$ ist α injektiv. Der Ordnungsvergleich liefert $Y^* \cong SL(2,5)$.

<u>9.8* Bemerkung.</u> Bekanntlich ist

$$SO(4,\mathbb{R}) \cong (SU(2,\mathbb{C}) \times SU(2,\mathbb{C}))/\{(E,E),\ (-E,-E)\}.$$

Aus 9.7 ergeben sich daher auch die endlichen Untergruppen von $SO(4,\mathbb{R})$. Der einzige nichtauflösbare Kompositionsfaktor in diesen Gruppen ist Y, er kann höchstens zweimal in der Kompositionsreihe vorkommen. Wir verzichten hier auf eine vollständige Herleitung dieser Gruppen.

<u>9.9 Satz.</u> *Es sei G eine Untergruppe von $O(V)$, dim V ungerade, mit $G \nleq SO(V)$. Weiter sei $Z = -E$. Dann gibt es folgende Möglichkeiten:*

a) *Es ist $G = \langle H,Z \rangle = H \cup ZH$ für eine Untergruppe H von $SO(V)$.*

b) *Es gibt Untergruppe H und K von $SO(V)$ mit $H > K$, $|H:K| = 2$ und $G = K \cup Z(H-K)$. Dabei ist $G \cong H$.*

<u>Beweis.</u> Für $Z \in G$ haben wir Fall a) mit $H = G \cap SO(V)$. Es sei nun $Z \notin G$. Wir setzen $K = G \cap SO(V)$ und $H = K \cup Z(G-K)$.
Dann ist $H \subseteq SO(V)$. Sind $H_1, H_2 \in H$, so ist

$$H_1 H_2^{-1} \in \begin{cases} K & \text{für } H_1,H_2 \in K \text{ oder } H_1,H_2 \in Z(G-K) \\ Z(G-K) & \text{sonst.} \end{cases}$$

Also ist H eine Untergruppe von $SO(V)$, und wir haben Fall b). Umgekehrt ist $K \cup Z(H-K)$ für jedes Paar (H,K) mit den angegebenen Bedingungen stets eine Gruppe $\cong H$.

<u>9.10 Definition.</u> Es sei V ein reeller Hilbertraum.

a) Die Untergruppen G und G^* von $O(V)$ heißen <u>geometrisch äquivalent:</u> $G \triangleq G^*$, wenn es ein $X \in O(V)$ mit $XGX^{-1} = G^*$ gibt. (Gleichbedeutend hiermit ist die Forderung, daß G und G^* bezüglich geeigneter Orthonormalbasen $e_1,\ldots,e_n$ bzw. $e_1^*,\ldots,e_n^*$ von V durch dieselbe Gruppe von orthogonalen Matrizen dargestellt werden.)

b) Es sei dim $V = 3$. Wir beziehen uns auf eine Orthonormalbasis e_1, e_2, e_3 von V und betrachten die Drehungen

$$D_n = \begin{pmatrix} \cos 2\pi/n & -\sin 2\pi/n & 0 \\ \sin 2\pi/n & \cos 2\pi/n & 0 \\ 0 & 0 & 1 \end{pmatrix}, \quad I_1 = \begin{pmatrix} 1 & 0 & 0 \\ 0 & -1 & 0 \\ 0 & 0 & -1 \end{pmatrix}, \quad R = \begin{pmatrix} 0 & 0 & 1 \\ 1 & 0 & 0 \\ 0 & 1 & 0 \end{pmatrix},$$

$$T = \frac{1}{2}\begin{pmatrix} 1 & -(x+1) & x \\ x+1 & x & -1 \\ x & 1 & x+1 \end{pmatrix} \text{ mit } x = (-1+\sqrt{5})/2,$$

sowie die Spiegelungen $S_1 = -I_1$ und $S_3 = -D_2 = \begin{pmatrix} 1 & 0 & 0 \\ 0 & 1 & 0 \\ 0 & 0 & -1 \end{pmatrix}$.

9.11 Satz. *Es gibt bis auf Äquivalenz genau die folgenden endlichen orthogonalen Gruppen des 3-dimensionalen Raumes.*

a) *Drehgruppen:*

1) *Zyklische Gruppen:* $C_n = \langle D_n \rangle$, $n = 1,2,3,\ldots$.

2) *Diedergruppen, die von zwei 180°-Drehungen erzeugt werden:*

$D_n = \langle D_n, I_1 \rangle = \langle I_1, D_n I_1 \rangle$, $n = 2,3,4,\ldots$.

3) *Irreduzible Gruppen:* $T = \langle R, D_2 \rangle$, $O = \langle R, D_4 \rangle$, $Y = \langle R, T \rangle$.

b) *Gruppen, die* $-E$ *enthalten:*

C_n^i $(n = 1,2,3,\ldots)$, D_n^i $(n = 2,3,4,\ldots)$, T^i, O^i, Y^i.

Dabei sei $H^i = \langle H, -E \rangle$.

c) *Gruppen, die* $-E$ *nicht enthalten und keine Drehgruppen sind:*

1) *Diedergruppen, die von zwei Spiegelungen erzeugt werden:*

$D_n^+ = \langle D_n, S_1 \rangle = \langle S_1, D_n S_1 \rangle$, $n = 2,3,4,\ldots$.

2) *Diedergruppen* $\not\cong D_2$, *die von einer Spiegelung und einer 180°-Drehung erzeugt werden:*

$D_n^- = \langle -D_n, I_1 \rangle = \langle D_n S_1, I_1 \rangle$, n gerade und ≥ 4.

3) *Gruppen, die von einer Drehspiegelung erzeugt werden:*

$D_n^- = \langle -D_n \rangle$, n *gerade.*

4) *Die zu* O *isomorphe Gruppe* $O^- = \langle R, -D_4 \rangle$.

Beweis. a) Die Drehgruppen erhalten wir aus 9.2 und 9.5, man beachte $D_1 \triangleq C_2$.

b) Dies ist der Fall a) aus 9.9.

c) Die Untergruppen K der Gruppen H aus a) vom Index 2 sind:

1) $H = D_n$, $K = C_n$. Nach 9.9b) erhalten wir $G = K \cup -E(H-K) = D_n^+$.

Für n ≥ 3 besitzt D_n nur eine zyklische Untergruppe C_n.

Für n = 2 dagegen gibt es neben $K = \langle D_2\rangle = C_2$ noch die Möglichkeiten

$K = \langle I_1\rangle$ und $K = \left\{E,\ D_2I_1 = \begin{pmatrix} -1 & 0 & 0 \\ 0 & 1 & 0 \\ 0 & 0 & -1 \end{pmatrix}\right\}$. Die entstehenden Gruppen G sind jedoch geometrisch äquivalent, denn sie enthalten alle neben der Identität zwei Spiegelungen an zueinander senkrechten Ebenen und die 180°-Drehung um die Schnittgerade der beiden Ebenen.

2) $H = D_n$, $K = D_{n/2}$. Es gibt zwei Möglichkeiten:

$K_a = \langle D_n^2, I_1\rangle = \{D_n^{2k} I_1 \mid 0 \leq k < \frac{n}{2}\}$ und

$K_b = \langle D_n^2, D_nI_1\rangle = \{D_n^{2k+1} I_1 \mid 0 \leq k < \frac{n}{2}\}$.

Wir haben also $G_a = \langle -D_n, I_1\rangle$ und $G_b = \langle -D_n, D_nI_1\rangle$. Dabei ist $D_{2n}I_1D_{2n}^{-1} = D_{2n}^2 I_1 = D_nI_1$, also $G_a \triangleq G_b$. (Man veranschauliche sich dies für n = 8 an der Zeichnung 7.3)

Auch ist $D_2^- = \langle S_3, I_1\rangle \triangleq D_2^+ = \langle D_2, S_1\rangle$.

3) $H = C_n$, $K = C_{n/2}$.

4) $H = O$, $K = T$.

Man überlegt sich, daß keine zwei der angegebenen Gruppen in $O(V)$ konjugiert sind, denn geometrische Ähnlichkeitstransformationen erhalten den Isomorphietyp, führen Drehungen in Drehungen über und lassen -E fest. Es gelten jedoch die folgenden Isomorphien:

$C_2 \cong C_1^i \cong C_2^-$, $C_4 \cong C_4^-$, $C_6 \cong C_3^i \cong C_6^-$, $C_8 \cong C_8^-, \ldots$;

$D_2 \cong C_2^i \cong D_2^+$, $D_3 \cong D_3^+$, $D_4 \cong D_4^+ \cong D_4^-$, $D_5 \cong D_5^+$, $D_6 \cong D_6^+ \cong D_6^-, \ldots$; $O \cong O^-$.

Die endlichen orthogonalen Gruppen von Satz 9.11, insbesondere die kristallographischen unter ihnen, werden gewöhnlich nach Hermann und Mauguin mit Symbolen bezeichnet, die sich aus Zahlen und den Zeichen -,/ und m zusammensetzen:

a) 1) Die Zahlen 1,2,3,... selbst stehen für die Gruppen C_n.

2) Die Bezeichnungen für die Gruppen D_n sind: 222, 32, 422, 52, 622, 72,....

Jede 2 steht für eine Bahn von Digyren (Konjugiertenklassen von 180°-Drehungen), wobei das Zentrumselement $\neq$ E in 422, 622, 822,... nicht angegeben wird, da es dieselbe Achse wie die 4,6,8,...-zählige Achse besitzt.

3) 23,432, 523.

Hier ist zu beachten, daß die Gruppen 23 und 523 zwei Konjugiertenklassen der Ordnung 3 bzw. 5 besitzen, die jedoch nur zu einer Bahn von 3- bzw. 5-zähligen Achsen führen.

b) $\bar{1}$, 2/m, $\bar{3}$, 4/m, $\bar{5}$, 6/m,...;
mmm, $\bar{3}$m, 4/mmm, $\bar{5}$m, 6/mmm,...;
m3, m3m, m5.

Dabei ist $\bar{1}$ die Inversion -E am Ursprung, während $\bar{3}$, $\bar{5}$,... Drehinversionen (=Drehspiegelungen) der Zähligkeiten 3,5,... bezeichnen. Die Gruppen 2/m, 4/m, 6/m,... enthalten Spiegelebenen senkrecht zur 2,4,6,...-zähligen Achse, das Symbol m (mirror) deutet stets eine Spiegelebene an. Die Gruppen $\bar{3}$m, 4/mmm, $\bar{5}$m,... enthalten Spiegelebenen durch die 3,4,5,...-zählige Achse. Man schreibt für diese Gruppen auch ausführlicher $\bar{3}\,\frac{2}{m}$, $\frac{4}{m}\,\frac{2}{m}\,\frac{2}{m}$, $\bar{5}\,\frac{2}{m}$,..., woraus zu erkennen ist, daß senkrecht zu den erwähnten Spiegelebenen noch 2-zählige Drehachsen sind. Für mmm (oder $\frac{2}{m}\,\frac{2}{m}\,\frac{2}{m}$) gibt es 2 zueinander senkrechte Spiegelebenen, in denen paarweise senkrechte 2-zählige Drehachsen liegen. Die Gruppen m3 und m5 enthalten nur eine Klasse von Spiegelebenen, während für die volle Invarianzgruppe m3m des Würfels zwei Klassen von Spiegelebenen gibt.

c) 1) mm2, 3m, 4mm, 5m, 6mm,... .

Statt mm2 könnte man auch 2mm schreiben, das hängt mit der Wahl des verwendeten Koordinatensystems (der "Aufstellung" des Kristalls) zusammen.

2) $\bar{4}$2m, $\bar{6}$m2,... .

Die Achsen $\bar{6}$, $\overline{10}$, $\overline{14}$,... sind 6,10,14,...-zählige Drehinversions- und 3,5,7,...-zählige Drehspiegelachsen. Die Achsen $\bar{4}$, $\bar{8}$, $\overline{12}$,... sind bei beiden Interpretationen 4,8,12,...-zählig. Durch die Achsen $\bar{4}$, $\bar{6}$,... gibt es jeweils eine Klasse von Spiegelebenen, senkrecht zu $\bar{4}$, $\bar{6}$,... eine Klasse von 2-zähligen Drehachsen.

3) m, $\bar{4}$, $\bar{6}$, $\bar{8}$,... .

4) $\bar{4}$3m.

Diese Gruppe ist die volle Invarianzgruppe eines Tetraeders, an der ersten Zeichnung zu 9.5 überblickt man nämlich, welche Deckbewegungen des Würfels die beiden Tetraeder festlassen und welche sie miteinander vertauschen.

Außer den Bezeichnungen nach Hermann und Mauguin ist auch noch die Schoenfliessche Symbolik in Gebrauch:

a) Für die Drehgruppen benutzt Schoenflies dieselben Bezeichnungen wie in 9.11a).

b) $C_i = C_{1i}, C_{2h}, C_{3i}, C_{4h}, \ldots$;

$D_{2h}, D_{3d}, D_{4h}, D_{5d}, D_{6h}, \ldots$; T_h, O_h, Y_h.

Dabei ist i die Inversion am Ursprung. Das Symbol h bezeichnet eine <u>h</u>orizontale Spiegelung (also an der $\langle e_1, e_2 \rangle$-Ebene), die zu $G \cap SO(V)$ hinzugenommen werden muß, um G zu erzeugen. Das Symbol d bezeichnet eine vertikale Spiegelebene, deren Schnittgeraden mit der horizontalen Ebene, zwischen zwei 180°-Drehachsen (also <u>d</u>iagonal) verläuft.

c) 1) $C_{2v}, C_{3v}, C_{4v}, \ldots$.

Der Symbolteil C_n bezieht sich wieder auf die Gruppe $G \cap SO(V)$. Die Spiegelebenen liegen <u>v</u>ertikal.

2) $D_{2d}, D_{3h}, D_{4d}, D_{5h}, \ldots$.

Für $D_{2d}, D_{4d}, \ldots$ schneiden die vertikalen Spiegelebenen die horizontale Ebene, welche keine Spiegelebene ist, diagonal zu den 180°-Drehachsen. Für $D_{3h}, D_{5h}, \ldots$ gibt es eine horizontale Spiegelebene. Die 180°-Drehachsen in dieser Ebene liegen auch auf vertikalen Spiegelebenen.

3) $C_s = C_{1s}, S_4, C_{3h}, S_6, C_{4h}, \ldots$.

s bedeutet Spiegelung. Die Gruppen $S_4, S_6, \ldots$ werden von 4,6,...-zähligen Drehspiegelungen erzeugt, für $C_{3h}, C_{4h}, \ldots$ gibt es eine horizontale Spiegelebene.

4) T_d. Die Spiegelebenen schneiden den Würfel diagonal.

<u>A u f g a b e n</u>

<u>A 9.1*</u> Man zeige, daß es in $SO(4,\mathbb{R})$ vier verschiedene Konjugiertenklassen von Untergruppen G mit $G/\{\pm E\} \cong Y \times Y$ gibt.

§ 10. DIE 32 GEOMETRISCHEN KRISTALLKLASSEN UND IHRE BEDEUTUNG IN DER KRISTALLPHYSIK

10.1 Definition. Es seien G und G^* kristallographische Punktgruppen des 3-dimensionalen Raumes V. Wir sagen, daß G und G^* derselben (geometrischen) Kristallklasse angehören, wenn sie geometrisch äquivalent ($G \triangleq G^*$) sind.

Kristallographische Punktgruppen können nach 2.11 nur Drehungen der Ordnung 1,2,3,4 oder 6 besitzen. Wegen dieser Bedingung fallen in Satz 9.11 die meisten Gruppen weg. Auch C_8^- ist nicht kristallographisch, da $C_8^i = \langle C_8^-, -E\rangle$ eine Drehung der Ordnung 8 besitzt. Zur Erzeugung der verbleibenden 32 Gruppen G benötigen wir die orthogonalen Abbildungen

$$D_2,\ D_3,\ D_4,\ I_1,\ R,\ -E,\ S_3,\ -D_4,\ S_1,$$

man beachte $\langle D_6\rangle = \langle D_2, D_3\rangle$. Bezüglich der Orthonormalbasis e_1, e_2, e_3 aus 9.10b) sind alle Matrizen außer D_3 ganzzahlig. Ist $D_3 \notin G$, so können wir also e_1, e_2, e_3 als Gitterbasis wählen, was beweist, daß diese Gruppen kristallographisch sind. Es sei nun $D_3 \in G$. Wir wählen als Gitterbasis D_3e_1, $D_3^2e_1$, e_3. Die Matrix von D_3 bezüglich dieser Basis ist

$$\begin{pmatrix} 0 & -1 & 0 \\ 1 & -1 & 0 \\ 0 & 0 & 1 \end{pmatrix},$$

denn die Spur der Matrix muß 0 und die Determinante 1 sein. Die 6 Punkte $\pm e_1$, $\pm D_3e_1$, $\pm D_3^2e_1$ sind die Eckpunkte eines regelmäßigen Sechsecks, wir sprechen daher von einem hexagonalen Gitter. Die Matrix von I_1 bezüglich der Basis D_3e_1, $D_3^2e_1$, e_3 ist

$$\begin{pmatrix} 0 & 1 & 0 \\ 1 & 0 & 0 \\ 0 & 0 & -1 \end{pmatrix},$$

wie sich aus $I_3D_3 = D_3^2I_3$ ergibt, also ebenfalls ganzzahlig. Es gibt also bis auf geometrische Äquivalenz genau 32 kristallographische Punktgruppen, die wir zu 7 Kristallsystemen zusammenfassen:

<u>10.2 Satz.</u> *Die nach Kristallsystemen geordneten 32 Kristallklassen sind:*

a) Triklines System Σ_1.	C_1^i, C_1.
Schoenflies:	C_i, C_1.
International:	$\bar{1}$, 1.
b) Monoklines System Σ_2.	C_2^i, C_2, C_2^-.
Schoenflies:	C_{2h}, C_2, C_s.
International:	2/m, 2, m.
c) Orthorhombisches System Σ_{22}.	D_2^i, D_2, D_2^+.
Schoenflies:	D_{2h}, D_2, C_{2v}.
International:	mmm, 222, mm2.
d) Trigonales System Σ_3.	D_3^i, D_3, D_3^+, C_3^i, C_3.
Schoenflies:	D_{3d}, D_3, C_{3v}, C_{3i}, C_3.
International:	$\bar{3}$m, 32, 3m, $\bar{3}$, 3.
e) Tetragonales System Σ_4.	D_4^i, D_4, D_4^+, D_4^-, C_4^i, C_4, C_4^-.
Schoenflies:	D_{4h}, D_4, C_{4v}, D_{2d}, C_{4h}, C_4, S_4.
International:	4/mmm, 422, 4mm, $\bar{4}$2m, 4/m, 4, $\bar{4}$.
f) Hexagonales System Σ_6.	D_6^i, D_6, D_6^+, D_6^-, C_6^i, C_6, C_6^-.
Schoenflies:	D_{6h}, D_6, C_{6v}, D_{3h}, C_{6h}, C_6, C_{3h}.
International:	6/mmm, 622, 6mm, $\bar{6}$m2, 6/m, 6, $\bar{6}$.
g) Kubisches System Σ_c.	O^i, O, O^-, T^i, T.
Schoenflies:	O_h, O, T_d, T_h, T.
International:	m3m, 432, $\bar{4}$3m, m3, 23.

Die jeweils zuerst genannte (größte) Gruppe eines Kristallsystems heißt die <u>Holoedrie</u> des Systems.

<u>10.3 Bemerkung.</u> Die Einteilung der kristallographischen Punktgruppen G erfolgt nach dem folgenden Prinzip:

Es sei $\bar{G} = \langle G, -E \rangle$. Die Gruppe G gehört zum

kubischen System, wenn $\overline{G}$ irreduzibel ist,
hexagonalen System, wenn $\overline{G}$ eine Hexagyre besitzt,
tetragonalen System, wenn $\overline{G}$ eine Tetragyre besitzt und reduzibel ist,
trigonalen System, wenn $\overline{G}$ eine Trigyre besitzt und reduzibel ist,
orthorhombischen System, wenn $\overline{G}$ zur Klasse mmm gehört,
monoklinen System, wenn $\overline{G}$ zur Klasse 2/m gehört,
triklinen System, wenn $\overline{G}$ zur Klasse $\overline{1}$ gehört.

Zu derselben Einteilung gelangt man auch unter anderen Gesichtspunkten, die für beliebige Dimensionen anwendbar sind, vgl. Neubüser, Wondratschek, Bülow: On crystallography in higher dimensions. I. General definitions. Corrigendum. Acta Cryst. (1980). A 36, 493.

10.4 Kristallformen. Wie wir in 2.22 gesehen haben, werden die Begrenzungsflächen eines ungestört gewachsenen Kristalls durch die Indizes von Gitterebenen beschrieben. Dabei müssen die Flächen so liegen, daß möglichst viele Bindungen abgesättigt sind.
Wenden wir nun auf eine energetisch günstige Fläche im Atomgerüst die sämtlichen Elemente der Raumgruppe an, so erhalten wir weitere ebenso günstige Flächen. Da parallele Flächen nicht unterschieden werden, genügt es dabei, die zugehörige Punktgruppe zu betrachten. Alle Flächen eines Kristalls, welche durch die Operationen der Punktgruppe miteinander verbunden sind, werden zu der sog. Kristallform zusammengefaßt. Ein Kristall ist (nicht nur bei kleiner Punktgruppe) im allgemeinen eine Kombination von mehreren Formen.

Beispiel. Es sei $e_i \cdot e_j = \delta_{ij}$ und G = m3m. Wir betrachten den konvexen Körper K mit $0 \in K$ und den Seitenflächen

$$F_{Gv} = Gv + \langle Gv\rangle^{\perp},\ G \in G,\ v = \sum_1^3 s_i e_i \neq 0,$$

und setzen $H = \{G \in G \mid Gv = v\}$. Die Anzahl der Flächen von K ist dann $\frac{48}{|H|}$. Wir unterscheiden 7 Fälle:

1) $H \mathrel{\hat=}$ 4mm, z.B. $v = e_3$, K Würfel

2) $H \mathrel{\hat=}$ 3m, z.B. $v = e_1+e_2+e_3$, K Oktaeder.

3) $H \mathrel{\hat=}$ mm2, z.B. $v = e_1+e_2$, K Rhombendodekaeder.

4) $H \mathrel{\hat=}$ m, Spiegelebene enthält keine Achsen von Dreierdrehungen, z.B. $v = 2e_1+e_2$, K Tetrakishexaeder (Pyramidenwürfel) bestehend

aus quadratischen Pyramiden auf den Flächen eines Würfels.

5) $H \triangleq m$, Spiegelebene enthält Achsen von Dreierdrehungen, v zwischen Viererachse und Dreierachse, z.B. $v = e_1+e_2+2e_3$, K Ikositetraeder bestehend aus 24 Deltoiden (Drachenvierecken).

6) $H \triangleq m$, Spiegelebene enthält Dreierachsen, v zwischen Dreierachse und Zweierachse, z.B. $v = 2e_1+2e_2+e_3$, K Trisoktaeder (Pyramidenoktaeder) bestehend aus Dreieckspyramiden auf den Flächen eines Oktaeders.

7) $H = \{E\}$, z.B. $v = 3e_1+2e_2+e_3$, K Hex'oktaeder bestehend aus 48 unregelmäßigen Dreiecken.

Die Kristallklasse O^i heißt nach der flächenreichsten Kristallform auch die hex'oktaedrische Klasse.

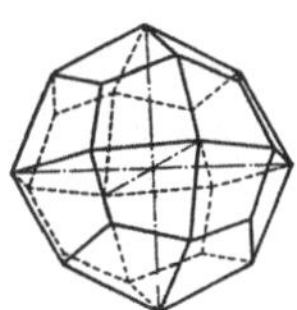

Hex'oktaeder

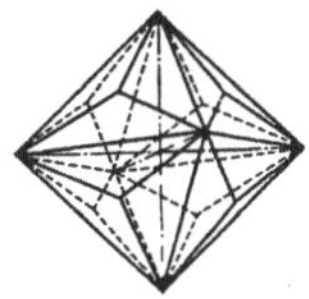

Trisoktaeder

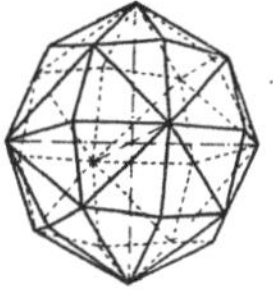

Ikositetraeder

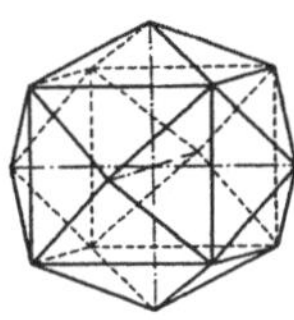

Tetrakishexaeder

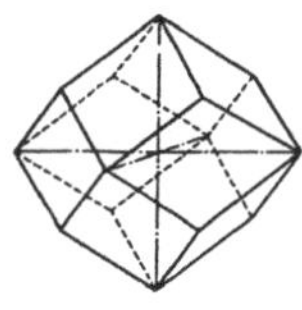

Rhombendodekaeder

DAS SYMMETRIEPRINZIP IN DER KRISTALLPHYSIK

Ideale Einkristalle sind homogen, daß heißt ihre makroskopischen Eigenschaften sind translationsinvariant. Weiter sind solche Kristalle anisotrop, was bedeutet, daß die Eigenschaften im allgemeinen von der Richtung, in der sie gemessen werden, abhängig sind. Zwischen Ursache und Wirkung besteht, falls die Änderungen klein sind, in guter Näherung eine lineare Beziehung. Das Symmetrieprinzip besagt, daß bei einer beliebigen Symmetrietransformation alle Eigenschaften des Materials erhalten bleiben müssen. Für kristalline Medien ist die Symmetriegruppe eine der 32 endlichen Punktgruppen, die Translationen können bei diesen Betrachtungen unberücksichtigt bleiben. Isotrope (homogene) Medien besitzen dagegen die volle orthogonale Gruppe als Symmetriegruppe ("Kugelsymmetrie"). Bevor wir das Symmetrieprinzip in der Physik der Kontinua mathematisch präziser formulieren, geben wir zunächst einige Beispiele.

10.5 Beispiel. Einige Kristalle wie z.B. Turmalin (Klasse 3m) weisen in ihrer Struktur elektrische Dipole auf, die sich (ohne Anlegen eines äußeren Feldes) so addieren, daß am gesamten Kristall ein Plus- und ein Minuspol feststellbar ist; man spricht von Pyroelektrizität. Infolge ungenügender Isolation läßt sich dieser Effekt, dessen Größe von der Temperatur abhängig ist, nur unmittelbar nach einer Temperaturänderung nachweisen. Technische Anwendungen: Thermoelektrische Geräte wie thermische Strahlendetektoren und Laserkalorimeter.

Die spontane Polarisation wird durch einen Vektor $\vec{D}_0$ (dielektrische Verschiebungsdichte oder Erregung) beschrieben, dessen Richtung durch die Verbindungsstrecke zwischen Plus- und Minuspol gegeben ist, und es ist klar, daß dieser Vektor von allen Elementen der Punktgruppe des Mediums festgelassen werden muß. Mit Hilfe von Satz 10.2 stellen wir daher fest, daß Pyroelektrizität nur für folgende Kristallklassen existieren kann:

2, 3, 4, 6, mm2, 3m, 4mm, 6mm ($\vec{D}_0$ in Richtung der Drehachse), m ($\vec{D}_0$ in der Spiegelebene) und 1 (Richtung von $\vec{D}_0$ unbestimmt).

Befindet sich ein pyroelektrischer Kristall zusätzlich in einem äußeren Feld, so wird der Zusammenhang zwischen Erregung $\vec{D}$ und elektrischer Feldstärke $\vec{E}$ durch die lineare Beziehung

$$\vec{D} = \vec{D}_0 + \underline{\underline{\varepsilon}}\vec{E}$$

beschrieben. Dabei ist die dielektrische Permeabilität $\underline{\underline{\varepsilon}}$ im allgemeinen kein Skalar sondern ein <u>symmetrischer Operator</u>, also eine lineare Abbildung, die bezüglich jeder Orthonormalbasis durch eine symmetrische Matrix beschrieben wird. Die Beziehung zwischen $\vec{D}$ und $\vec{E}$ darf sich nicht verändern, wenn $\vec{D}$ und $\vec{E}$ derselben Symmetrietransformation G unterworfen werden, es ist also $G(\vec{D}) = \vec{D}_0 + \underline{\underline{\varepsilon}}G(\vec{E})$ für beliebiges $\vec{E}$ und daher $G\,\underline{\underline{\varepsilon}} = \underline{\underline{\varepsilon}}\,G$. Somit ist es sinnvoll zu definieren:

<u>10.6 Definition.</u> Es sei V der 3-dimensionale Raum, weiter sei $\mathcal{G}$ eine Untergruppe von $O(V)$ und $A \in \mathrm{Hom}(V,V)$. Wir sagen, daß A dem <u>$\mathcal{G}$-Symmetrieprinzip</u> genügt, wenn A mit allen Elementen $G \in \mathcal{G}$ vertauschbar ist: $AG = GA$.

<u>10.7 Satz.</u> *Es sei* A *ein symmetrischer Operator von* V, *der mit allen Elementen einer kristallographischen Punktgruppe* $\mathcal{G}$ *vertauschbar sei. Weiter sei* e_1,e_2,e_3 *eine Orthonormalbasis von* V *mit* $Ae_i = a_ie_i$ *für* $i = 1,2,3$, *wobei also* a_1,a_2,a_3 *die (reellen) Eigenwerte von* A *sind. (Eine solche Basis existiert, da* A *symmetrisch ist.) Entsprechend der Zugehörigkeit von* $\mathcal{G}$ *zu einem der 7 Kristallsysteme gibt es die folgenden Möglichkeiten:*

Triklin: *keine Einschränkungen.*

Monoklin: *ein Eigenvektor, etwa* e_3, *in Richtung der Symmetrieachse.*

Orthorhombisch: *alle 3 Eigenvektoren in Richtung der 3 Symmetrieachsen.*

Trigonal, tetragonal *oder* hexagonal: *Eigenvektor* e_3 *in Richtung der Tri-, Tetra- bzw. Hexagyre,* $a_1 = a_2$, A *besitzt Zylindersymmetrie.*

Kubisch: $a_1 = a_2 = a_3$, A *besitzt Kugelsymmetrie.*

<u>Beweis.</u> Es sei U_i der Eigenraum von A zum Eigenwert a_i $(i = 1,2,3)$. Für alle $v \in U_i$ und alle $G \in \mathcal{G}$ ist dann

$$A(Gv) = GAv = Ga_i v = a_i(Gv),$$

also $Gv \in U_i$. Es folgt $GU_i = U_i$ für alle $G \in \mathcal{G}$.

Wegen $(-E)A = A(-E)$ können wir $-E \in \mathcal{G}$ annehmen und die Fallunterscheidung von 10.3 heranziehen.
Zunächst sei $\dim U_i = 1$. Dann ist $\mathcal{G}$ reduzibel. Im orthorhombischen Fall ist U_i eine der 3 gleichberechtigten Symmetrieachsen. In den anderen nichttriklinen Fällen ist U_i die ausgezeichnete Achse.
Nun sei $\dim U_i = 2$. Dann sind zwei der drei Eigenwerte von A gleich. Weiter ist $U_i^{\perp}$ ein Eigenraum der Dimension 1, für den das bereits Gesagte gilt.
Schließlich sei $\dim U_i = 3$. Dann ist $a_1 = a_2 = a_3 =: a$, also $A = aE$. Ist $\mathcal{G}$ irreduzibel, so muß dieser Fall eintreten.

10.8 Beispiel. Ein Kristall wird um eine kleine Temperaturdifferenz ΔT erwärmt. Der Verbindungsvektor $\vec{r}$ zweier Punkte im Innern des Kristalls wird dabei in einen Vektor $\vec{r}\,'$ deformiert, der nicht dieselbe Richtung wie $\vec{r}$ zu haben braucht. Es gilt vielmehr

$$\vec{r}\,' = \vec{r} + (\Delta T)\underline{\underline{\beta}}\vec{r}.$$

Dabei ist $\underline{\underline{\beta}}$ der symmetrische Operator der linearen thermischen Ausdehnung.

Beim Calcit ($CaCO_3$, Klasse $\bar{3}m$) sind die Hauptausdehnungskoeffizienten (Eigenwerte von $\underline{\underline{\beta}}$)

$$\beta_1 = \beta_2 = -6\cdot 10^{-6}K^{-1}, \quad \beta_3 = 26\cdot 10^{-6}K^{-1}.$$

Der Kristall zieht sich also senkrecht zur Trigyre beim Erwärmen zusammen.
Ferner interessiert man sich auch für den kubischen Ausdehnungskoeffizienten α. Bei kleinen Temperaturänderungen gilt für Volumina vor und nach der Erwärmung in erster Näherung

$$\begin{aligned} V' &= (1+\alpha\Delta T)V \\ &= (1+\beta_1\Delta T)(1+\beta_2\Delta T)(1+\beta_3\Delta T)V \\ &= (1+(\beta_1+\beta_2+\beta_3)\Delta T)V. \end{aligned}$$

Daher ist $\alpha = \operatorname{Spur} \underline{\underline{\beta}}$.

10.9 Beispiel. Ein kristalliner Leiter befinde sich in einem elektrischen Feld mit der Feldstärke $\vec{E} = -\text{grad}\,\phi$. Dabei sei ϕ das elektrische Potential, und $\text{grad}\,\phi = \frac{\partial\phi}{\partial x_1}\vec{e}_1 + \frac{\partial\phi}{\partial x_2}\vec{e}_2 + \frac{\partial\phi}{\partial x_3}\vec{e}_3$ sei der Gradient von ϕ, ein Vektor, der in Richtung des größten Potentialanstiegs weist und dessen Größe angibt. Weiter sei $\vec{j}$ die Stromdichte (Stromstärke pro Fläche) und $\underline{\underline{\sigma}}$ die elektrische Leitfähigkeit des Materials. Dann ist $\underline{\underline{\sigma}}$ ein symmetrischer Operator, und es gilt

$$\vec{j} = -\,\underline{\underline{\sigma}}\,\text{grad}\,\phi = \underline{\underline{\sigma}}\,\vec{E}.$$

(Metalle sind meist hexagonal oder kubisch; für kubische Kristalle kann $\underline{\underline{\sigma}}$ nach 10.7 durch einen Skalar ersetzt werden.)
Durch Inversion der Gleichung $\vec{j} = \underline{\underline{\sigma}}\,\vec{E}$ erhalten wir das Ohmsche Gesetz

$$\vec{E} = \underline{\underline{\rho}}\,\vec{j},$$

wo $\underline{\underline{\rho}} = \underline{\underline{\sigma}}^{-1}$ der Widerstandstensor ist. Entsprechendes gilt auch für andere Transportphänomene in Kristallen, wie Wärmeleitung und Diffusion.

Zur Beschreibung weiterer Materialkonstanten betrachten wir das s-fache Tensorprodukt

$$T_s = V\otimes\underset{s}{\dots}\otimes V$$

von V. Der Vektorraum T_s hat die Dimension 3^s. Ist e_1, e_2, e_3 eine Basis von V, so ist

$$e_{i_1}\otimes\dots\otimes e_{i_s} \qquad (i_1,\dots,i_s = 1,2,3)$$

eine Basis von T_s, ein beliebiger Tensor $t \in T_s$ hat also die Gestalt

$$t = \sum_{i_1,\dots,i_s} t_{i_1,\dots,i_s} e_{i_1}\otimes\dots\otimes e_{i_s}.$$

Die reellen Zahlen $t_{i_1,\dots,i_s}$ heißten die Komponenten des Tensors t zur Basis e_1, e_2, e_3, weiter heißt s die Stufe von t.

Die für beliebige Vektoren $v_1,\dots,v_s \in V$ definierte Zuordnung $(v_1,\dots,v_s) \mapsto v_1\otimes\dots\otimes v_s$ ist multilinear und erfüllt die universelle Eigenschaft, daß zu jeder multilinearen Abbildung $\mu: V\times\underset{s}{\dots}\times V \to W$ in einen $\mathbb{R}$-Vektorraum W eine eindeutig bestimmte lineare Abbildung

$\phi: T_s \to W$ mit $\phi(v_1 \otimes \ldots \otimes v_s) = \mu(v_1,\ldots,v_s)$ für alle $v_1,\ldots,v_s \in V$ existiert.

Diese universelle Eigenschaft des Tensorproduktes benutzen wir, um auf T_s ein positiv definites Skalarprodukt durch die Gleichung

$$(v_1 \otimes \ldots \otimes v_s) \cdot (w_1 \otimes \ldots \otimes w_s) = (v_1 \cdot w_1) \ldots (v_s \cdot w_s)$$
$$(v_1,\ldots,v_s; w_1,\ldots,w_s \in V)$$

zu definieren. Ist e_1, e_2, e_3 eine Orthonormalbasis von V, was wir im folgenden stets annehmen wollen, so ist $e_{i_1} \otimes \ldots \otimes e_{i_s}$ eine Orthonormalbasis von T_s. Weiter definieren wir einen Gruppenhomomorphismus (eine Darstellung)

$$D_s : O(V) \to O(T_s) \text{ durch}$$

$$D_s(G)(v_1 \otimes \ldots \otimes v_s) = Gv_1 \otimes \ldots \otimes Gv_s \quad (G \in O(V)).$$

Die in der Physik auftretenden Tensoren sind meist keine beliebigen Elemente von T_s, sondern Elemente von Unterräumen $I_s(G,P)$, in deren Definition neben der Symmetriegruppe G des Materials noch eine Gruppe P von Permutationen der Ziffern $1,\ldots,s$ eingeht, und zwar ist

$$I_s(G,P) = I_s(G) \cap I_s(P) \quad \text{mit}$$

$$I_s(G) = \{t \in T_s \mid D_s(G)t = t \text{ für alle } G \in G\} \quad \text{und}$$

$$I_s(P) = \{t \in T_s \mid \alpha(P)t = t \text{ für alle } P \in P\},$$

wobei wir $\alpha(P): T_s \to T_s$ durch

$$\alpha(P)(v_1 \otimes \ldots \otimes v_s) = v_{P1} \otimes \ldots \otimes v_{Ps}$$

definieren. Die Elemente von $I_s(G,P)$ genügen dann dem <u>(G,P)-Symmetrieprinzip</u>.

Die Bedingungen $D_s(G)t = t$ führen für die Tensorkomponenten auf die linearen Gleichungen

$$\sum_{j_1,\ldots,j_s} a_{i_1 j_1}(G) \ldots a_{i_s j_s}(G) t_{j_1,\ldots,j_s} = t_{i_1,\ldots,i_s}$$

$$(i_1,\ldots,i_s = 1,2,3;\ G \in G),$$

wobei wir $Ge_j = \sum_{i=1}^{3} a_{ij}(G)e_i$ gesetzt haben. Hinzu kommen die Bedingungen $\alpha(P)t = t$, also

$$t_{i_1,\ldots,i_s} = t_{i_{P1},\ldots,i_{Ps}} \qquad (P \in \mathcal{P}).$$

Zu bemerken ist noch, daß physikalische Größen zunächst oft als lineare Abbildungen $A \in \mathrm{Hom}(\mathcal{T}_k,\mathcal{T}_m)$ zu interpretieren sind. Wir können A jedoch leicht einen Tensor der Stufe k+m zuordnen. Dazu sei

$$\Phi : \mathcal{T}_{k+m} = \mathcal{T}_k \otimes \mathcal{T}_m \to \mathrm{Hom}(\mathcal{T}_k,\mathcal{T}_m)$$

die lineare Abbildung mit $\Phi(u\otimes v)w = (u\cdot w)v \quad (u,w \in \mathcal{T}_k,\ v \in \mathcal{T}_m)$.

Weiter seien $f_1,\ldots,f_r$ und $g_1,\ldots,g_s$ die Orthonormalbasen von $\mathcal{T}_k$ bzw. $\mathcal{T}_m$, die aus der Orthonormalbasis e_1,e_2,e_3 von V gebildet sind. Auch sei E_{ij} $(i=1,\ldots,s;\ j=1,\ldots,r)$ die Basis von $\mathrm{Hom}(\mathcal{T}_k,\mathcal{T}_m)$ mit $E_{ij}f_n = \delta_{jn}g_i$. Dann ist $\Phi(f_j\otimes g_i)f_n = (f_j\cdot f_n)g_i = \delta_{jn}g_i$, also $\delta(f_j\otimes g_i) = E_{ij}$.

Daher ist Φ bijektiv, und wir können $\mathcal{T}_{k+m}$ mit $\mathrm{Hom}(\mathcal{T}_k,\mathcal{T}_m)$ identifizieren. Bei dieser Identifikation bilden die symmetrischen Operatoren $(k = m = 1)$ den Unterraum

$$\mathcal{I}_2(\mathcal{S}_2) = \{t \in \mathcal{T}_2 \mid \alpha(t) = t\} \quad \text{mit } \alpha(v_1\otimes v_2) = v_2\otimes v_1.$$

Gewöhnlich wird daher zwischen symmetrischen Operatoren und <u>symmetrischen Tensoren 2. Stufe</u> nicht unterschieden.

Einen ersten Überblick gibt der folgende einfache Satz.

<u>10.10 Satz.</u> a) *Es sei* s *ungerade und* $-E \in G$. *Dann ist* $\mathcal{I}_s(G) = \{0\}$. *(Insbesondere spielen Tensoren ungerader Stufe als Materialkonstanten isotroper Medien keine Rolle.)*

b) *Es sei* s *gerade. Dann ist* $\mathcal{I}_s(G) = \mathcal{I}_s(\langle G,-E\rangle)$.
(Zwei kristallographische Punktgruppen G_1 *und* G_2 *gehören definitionsgemäß zur gleichen* <u>*Laue-Symmetrie*</u>, *wenn* $\langle G_1,-E\rangle = \langle G_2,-E\rangle$ *ist. Somit hängt also* $\mathcal{I}_s(G)$ *nur von der Laue-Symmetrie von* G *ab.)*

<u>Beweis.</u> Wegen $D_s(-E) = (-1)^s E$ sind die Behauptungen selbstverständlich.

10.11 Beispiel. Wird ein piezoelektrischer Kristall mechanischen Spannungen ausgesetzt, so verlagern sich die Ladungen im Innern und der Gesamtkristall wird zu einem elektrischen Dipol (direkter Piezoeffekt.) Umgekehrt wird ein solcher Kristall durch Anlegen eines äußeren Feldes deformiert (reziproker Piezoeffekt).
Der Piezoeffekt tritt z.B. beim Quarz (SiO_2, Klasse 32) oder beim Lithiumniobat ($LiNbO_3$, Klasse 3m) auf. Technische Anwendungen: Frequenzstabilisierung von Röhrensendern, Ultraschallerzeugung, elektroakustische Bauelemente.

Die mechanischen Spannungen (Kraft pro Fläche) werden durch einen symmetrischen Tensor $\underline{\underline{\sigma}} = (\sigma_{ij})$ 2. Stufe beschrieben, wobei σ_{ii} die Normalkomponenten und σ_{ij} ($i \neq j$) die Scherkomponenten sind. Zwischen dem Spannungstensor $\underline{\underline{\sigma}}$ und der dielektrischen Erregung $\vec{D}$ besteht der Zusammenhang

$$\vec{D} = 4\pi \, \underset{\sim}{\lambda} \, \underline{\underline{\sigma}},$$

wobei der Faktor 4π aus Konventionsgründen eingeführt wird.
Der piezoelektrische Tensor $\underset{\sim}{\lambda}$ ist also 3.Stufe.
Es sei G die Symmetriegruppe des Materials. Da $\underset{\sim}{\lambda}$ eine lineare Beziehung zwischen symmetrischen Tensoren 2. Stufe und Tensoren 1. Stufe vermittelt, ist

$$\underset{\sim}{\lambda} \in I_3(G,P) \text{ mit } P = \{E, (12)\}.$$

Wir haben $\dim I_3(P) = 18$. Daher besitzt $\underset{\sim}{\lambda}$ im allgemeinen 18 linear unabhängige Komponenten. Unter dem Einfluß von Symmetrien verringert sich diese Zahl, z.B. ist $I_3(G,P) = \{0\}$ für $-E \in G$.

10.12 Beispiel. Die freie Energie F eines deformierten, elastischen Kristalls ist

$$(*) \qquad F = \frac{1}{2} \sum_{i,k,l,m} \lambda_{iklm} u_{ik} u_{lm}.$$

Dabei ist der Verzerrungstensor (u_{ik}) ein symmetrischer Tensor 2. Stufe, während die λ_{iklm} die Komponenten eines Tensors $\underset{\sim}{\lambda}$ 4. Stufe bilden, welcher der Tensor der Elastizitätsmoduln genannt wird. Der Zusammenhang zwischen dem Spannungstensor (σ_{ik}) und dem Verzerrungstensor (u_{ik}) wird durch das Hooksche Gesetz

$$\sigma_{ik} = \frac{\partial F}{\partial u_{ik}} = \sum_{l,m} \lambda_{iklm} u_{lm}$$

beschrieben. Wir können also $\underset{\sim}{\lambda}$ als symmetrische Bilinearform auf dem Raum T_2^0 der symmetrischen Tensoren 2. Stufe oder auch als symmetrischen Operator auf T_2^0 interpretieren. Ist G die Symmetriegruppe des Mediums, so ist daher $\underset{\sim}{\lambda} \in I_4(G,P)$, wo

$P = \{E, (12), (34), (13)(24), (12)(34), (14)(23), (1324), (1423)\}$

aus allen Permutationen besteht, welche die Menge $\{\{1,2\}, \{3,4\}\}$ in sich überführen. Wegen $\dim T_2^0 = \frac{4\cdot 3}{2} = 6$ ist $\dim I_4(P) = \frac{7\cdot 6}{2} = 21$. Für kubische Kristalle bleiben von den 21 Elastizitätsmoduln noch 3 übrig, für isotrope Medien nur 2.

Wir beginnen nun mit der Bestimmung der Räume $I_s(P,G)$ aus 10.13 und 10.14 für die 32 kristallographischen Punktgruppen G und für $G = SO(V)$.

<u>10.13 Satz.</u> *Es sei $G = \langle G \rangle$ eine zyklische Drehgruppe, also*

$$G = \begin{pmatrix} \cos\alpha & -\sin\alpha & 0 \\ \sin\alpha & \cos\alpha & 0 \\ 0 & 0 & 1 \end{pmatrix}$$

bezgl. einer Orthonormalbasis e_1, e_2, e_3 von V. Auch sei

$$g = \begin{cases} |G|, & \text{falls } G \text{ endlich} \\ 0 & \text{sonst.} \end{cases}$$

Wir interpretieren e_1, e_2, e_3 als Basis eines komplexen Vektorraums $\tilde{V} = V \otimes_{\mathbb{R}} \mathbb{C}$ und setzen

$$\tilde{e}_1 = e_1 - ie_2,\ \tilde{e}_2 = e_1 + ie_2,\ e_3 = \tilde{e}_3.$$

Die Matrix von G bzgl. $\tilde{e}_1, \tilde{e}_2, \tilde{e}_3$ ist

$$\begin{pmatrix} c & 0 & 0 \\ 0 & c^{-1} & 0 \\ 0 & 0 & 1 \end{pmatrix} \quad \text{mit } c = e^{i\alpha}.$$

Nun sei weiter

$$\tilde{f}_j = \tilde{e}_{j_1} \otimes \ldots \otimes \tilde{e}_{j_s}, \; j = (j_1, \ldots, j_s) \text{ mit } j_r = 1,2,3,$$

$$\tilde{T}_s = \underbrace{\tilde{V} \otimes \ldots \otimes \tilde{V}}_{s} = \langle \tilde{f}_j | j \rangle_{\mathbb{C}} \quad \text{und}$$

$$\tilde{I}_s(G) = \{\tilde{t} \in \tilde{T}_s | \tilde{D}_s(G)\tilde{t} = \tilde{t}\} \text{ mit } \tilde{D}_s(G)\tilde{f}_j = \tilde{G}\tilde{e}_{j_1} \otimes \ldots \otimes \tilde{G}\tilde{e}_{j_s},$$

$$\tilde{G}(e_1 \pm ie_2) = Ge_1 \pm iGe_2.$$

Für $p = 1,2,3$ *sei*

$n_p(j)$ *die Anzahl der* r *mit* $j_r = p$.

Wegen $\tilde{D}_s(G)\tilde{f}_j = c^{n_1(j)-n_2(j)}\tilde{f}_j$ *ist*

$$\tilde{I}_s(G) = \langle \tilde{f}_j | n_1(j) \equiv n_2(j) \bmod g \rangle.$$

Berechnung von $I_s(G)$:

Es sei $f_j = e_{j_1} \otimes \ldots \otimes e_{j_s}$ *und* $t = \sum_j t_j f_j = \sum_j \tilde{t}_j \tilde{f}_j \in I_s(G)$ *mit* $t_j \in \mathbb{R}$, $\tilde{t}_j \in \mathbb{C}$.

Weiter sei $\tilde{e}_q = \sum_p a_{pq} e_p$, *also* $(a_{pq}) = \begin{pmatrix} 1 & 1 & 0 \\ i & i & 0 \\ 0 & 0 & 1 \end{pmatrix}$.

Dann ist $\tilde{f}_j = \sum_k a_{kj} f_k$ *mit* $a_{jk} := a_{j_1 k_1} \cdots a_{j_s k_s}$, *und es folgt*

(*) $\quad t_j = \sum a_{jk} \tilde{t}_k$ (*Summe über alle* k *mit* $n_1(k) \equiv n_2(k) \bmod g$).

Wegen $\det(a_{jk}) = (\det(a_{pq}))^s \neq 0$ *können wir aus den* 3^s *Gleichungen* (*) *die Unbekannten* $\tilde{t}_k$ *eliminieren, und erhalten* 3^s-dim $\tilde{I}_s(G)$ *unabhängige lineare Gleichungen für die Tensorkomponenten* t_j.

Für $g = 3$ und $s \leq 4$ *ergeben sich die folgenden Bedingungen.* (*Wir notieren nur die Bedingungen, bei denen der Index* 3 *nicht vorkommt. Wegen* $t_1 = 0, t_{11} = t_{22}$ *ist auch* $t_{3133} = 0$, $t_{1313} = t_{2323}$ *usw., für* $t_3, \ldots, t_{3333}$ *bestehen keine Bedingungen.*)

<u>s = 1:</u> $t_1 = t_2 = 0.$

<u>s = 2:</u> $t_{11} = t_{22},\ t_{12} = -t_{21}.$

<u>s = 3:</u> $t_{221} = t_{212} = t_{121} = -t_{111},\ t_{112} = t_{121} = t_{211} = -t_{222}.$

<u>s = 4:</u> $t_{1111} = t_{2222} = t_{1122} + t_{1212} + t_{1221},$

$t_{1122} = t_{2211},\ t_{1212} = t_{2121},\ t_{1221} = t_{2112},$

$t_{1112} = -t_{2221},\ t_{1121} = -t_{2212},\ t_{1211} = -t_{2122},$

$t_{2111} = -t_{1222},$

$t_{1112} + t_{1121} + t_{1211} + t_{2111} = 0.$

<u>Beweis.</u> Nur die Berechnung der Bedingungen für $g = 3$, $s \leqq 4$ muß noch ausgeführt werden. Wegen $Ge_3 = e_3$ können wir das Problem auf die Ebene $U = \langle e_1, e_2 \rangle$ beschränken.

<u>s = 1:</u> Kein Vektor $\neq 0$ von U bleibt bei G fest.

<u>s = 2:</u> Die Indexpaare k mit $n_1(k) \equiv n_2(k) \bmod 3$ sind (1,2) und (2,1).

Wir notieren die 4 Gleichungen $t_{pq} = a_{p1}a_{q2}\tilde{t}_{12} + a_{p2}a_{q1}\tilde{t}_{21}$ (p,q = 1,2).

	$\tilde{t}_{12}$	$\tilde{t}_{21}$
t_{11}	1	1
t_{12}	i	-i
t_{21}	-i	i
t_{22}	1	1

<u>s = 3:</u>

	111	222
111	1	1
221	-1	-1
212	-1	-1
122	-1	-1
222	i	-i
112	-i	i
121	-i	i
211	-i	i

<u>s = 4:</u>

	1122	2211	1221	2112	1212	2121
1111	1	1	1	1	1	1
2222	1	1	1	1	1	1
1122	-1	-1	1	1	1	1
2211	-1	-1	1	1	1	1
1221	1	1	-1	-1	1	1
2112	1	1	-1	-1	1	1
1212	1	1	1	1	-1	-1
2121	1	1	1	1	-1	-1
1112	i	-i	-i	i	i	-i
1121	i	-i	i	-i	-i	i
1211	-i	i	i	-i	i	-i
2111	-i	i	-i	i	-i	i
2221	-i	i	i	-i	-i	i
2212	-i	i	-i	i	i	-i
2122	i	-i	-i	i	-i	i
1222	i	-i	i	-i	i	-i

Die angegebenen Bedingungen sind erfüllt. Da 6 Größen $\tilde{t}_{\dots}$ gegeben sind und die 6 unabhängigen Größen t_{1122}, t_{1212}, t_{1221}, t_{1112}, t_{1121}, t_{1211} übrig bleiben, haben wir alle Bedingungen gefunden.

<u>10.14 Folgerung.</u> *Ist* $g = 0$ *oder* $g > s$, *so ist* $I_s(G) = I_s(Z)$, $Z = \{X \in SO(V) \mid Xe_3 = e_3\}$ *die Drehgruppe der polaren Zylindersymmetrie. (Dies erklärt, warum wir für trigonale, tetragonale und hexagonale Klassen in* 10.7 *dasselbe Ergebnis erhalten haben.)*

Zur Erzeugung der 20 kristallographischen Punktgruppen, welche nicht dem trigonalen oder hexagonalen System angehören, benötigen wir die folgenden orthogonalen und ganzzahligen Matrizen:

$$D_2,\ I_1,\ D_4,\ R,\ -E,\ S_3,\ S_1,\ -D_4.$$

Für diese Matrizen X lassen sich die Bedingungen an die Komponenten $j = (j_1,\dots,j_s)$ eines Tensors $t \in I_s(\langle X\rangle)$ sofort hinschreiben.

D_2: $t_j = 0$, falls $n_1(j)+n_2(j)$ ungerade.

(Es sei wieder $n_p(j)$ die Anzahl der r mit $j_r = p$.)

I_1: $t_j = 0$, falls $n_2(j)+n_3(j)$ ungerade.

D_4: $t_{j*} = (-1)^{n_2(j)}\, t_j$, wobei j* aus j durch Auswechseln der Zahlen 1 und 2 entsteht.

R: $t_j = t_{j'} = t_{j''}$, wobei j,j',j'' durch zyklische Vertauschung der Zahlen 1,2,3 auseinander hervorgehen.

$-E$: $t_j = 0$, falls s ungerade.

S_3: $t_j = 0$, falls $n_3(j)$ ungerade.

S_1: $t_j = 0$, falls $n_1(j)$ ungerade.

$-D_4$: $t_{j*} = (-1)^{n_1(j)+n_3(j)} t_j$.

Durch Kombination dieser Bedingungen erhalten wir zunächst eine Beschreibung von $I_s(G)$ für 20 Punktgruppen G.
Die verbleibenden 12 trigonalen und hexagonalen Punktgruppen beziehen wir ebenfalls auf orthogonale Koordinaten. Wir wenden also den Satz 10.13 mit $G = D_3$, $\alpha = 2\pi/3$ an und kombinieren die Bedingungen aus 10.13 mit denen für D_2, S_3, I_1, S_1.

<u>10.15 Satz.</u> *Mit* $d_G = \dim I_3(G,P)$, $P = \{E, (12)\}$, *gilt für die 32 kristallographischen Punktgruppen G:*

G	1	m	2	3	mm2	3m, 4 $\bar{4}$, 6	222, 4mm 6mm	32, $\bar{6}$ $\bar{4}$2m	422, 622, $\bar{6}$m2 23, $\bar{4}$3m
d_G	18	10	8	6	5	4	3	2	1

Für alle Punktgruppen G mit $-E \in G$, *sowie für die Punktgruppe* 432 *ist* $d_G = 0$. *(Nach* 10.11 *kommt also die Piezoelektrizität in der kubischen Klasse* 432 *nicht vor, während sie in der kubischen Klasse* $\bar{4}$3m *möglich ist.)*

<u>Beweis.</u> Nach unseren Vorbereitungen ist es nun nicht mehr schwierig, die Räume $I^G := I_3(G,P)$ hinzuschreiben. Ist $-E \in G$, so ist $I_G = \{0\}$ nach 10.10a).

(1) Als Basis von I^1 wählen wir die 18 Elemente

$$f_{ijk} = c_{ij}(e_i \otimes e_j + e_j \otimes e_i) \otimes e_k \text{ mit } i,j,k = 1,2,3 \text{ und } i \leq j.$$

Dabei sei $c_{ij} = \begin{cases} 1/2 & \text{für } i=j \\ 1 & \text{für } i \neq j \end{cases}$, und e_1, e_2, e_3 sei eine Orthonormalbasis von V.

(2) $I^m = \langle f_{111}, f_{112}, f_{121}, f_{122}, f_{221}, f_{222}, f_{133}, f_{233}, f_{331}, f_{332} \rangle$,

denn I^{m} wird von den 10 Vektoren f_{ijk} erzeugt, die den Index 3 nicht oder zweimal enthalten.

(3) $I^{2} = \langle f_{113}, f_{123}, f_{223}, f_{131}, f_{132}, f_{231}, f_{232}, f_{333}\rangle$.
also die 8 Vektoren f_{ijk}, die den Index 1 oder 2 nicht oder zweimal enthalten.

(4) $I^{3} = \langle -f_{111}+f_{122}+f_{221}, -f_{222}+f_{121}+f_{112}, f_{113}+f_{223}, f_{131}+f_{232}, f_{132}-f_{231}, f_{333}\rangle$ nach 10.13.

(5) $I^{mm2} = \langle f_{113}, f_{223}, f_{131}, f_{232}, f_{333}\rangle$,
also die 5 Basisvektoren aus (3), die 1 nicht oder zweimal enthalten.

(6) $I^{3m} = \langle -f_{222}+f_{121}+f_{112}, f_{113}+f_{223}, f_{131}+f_{232}, f_{333}\rangle$,
also die 4 Basisvektoren aus (4), die 1 in jedem Summanden nicht oder zweimal enthalten.

(7) $I^{4} = \langle f_{113}+f_{223}, f_{131}+f_{232}, f_{132}-f_{231}, f_{333}\rangle$, man beachte (3).

(8) $I^{\overline{4}} = \langle f_{113}-f_{223}, f_{123}, f_{131}-f_{232}, f_{132}+f_{231}\rangle$.

(9) $I^{6} = \langle f_{113}+f_{223}, f_{131}+f_{232}, f_{132}-f_{231}, f_{333}\rangle = I^{4}$ wegen 10.14.

(10) $I^{222} = \langle f_{123}, f_{132}, f_{231}\rangle$,
denn nach (3) müssen die Indizes alle verschieden sein.

(11) $I^{4mm} = \langle f_{113}+f_{223}, f_{131}+f_{232}, f_{333}\rangle$
nach (7) unter Verwendung von S_1.

(12) $I^{6mm} = \langle f_{113}+f_{223}, f_{131}+f_{232}, f_{333}\rangle = I^{4mm}$
nach (9) unter Verwendung von S_1.

(13) $I^{32} = \langle -f_{111}+f_{122}+f_{221}, f_{132}-f_{231}\rangle$
nach (4) unter Verwendung von I_1.

(14) $I^{\overline{6}} = \langle -f_{111}+f_{122}+f_{221}, -f_{222}+f_{121}+f_{112}\rangle$
nach (4) unter Verwendung von S_3.

(15) $I^{\overline{4}2m} = \langle f_{123}, f_{132}+f_{231}\rangle$ nach (8) unter Verwendung von I_1.

(16) $I^{422} = \langle f_{132}-f_{231}\rangle$ nach (7) und (10).

(17) $I^{622} = \langle f_{132}-f_{231}\rangle$ nach (9) und (10).

(18) $I^{\overline{6}m2} = \langle -f_{111}+f_{122}+f_{221}\rangle$ nach (14) unter Verwendung von I_1.

(19) $I^{23} = I^{\overline{4}3m} = \langle f_{123}+f_{132}+f_{231}\rangle$

nach (10) unter Verwendung von R und $-D_2$.

(20) $I^{432} = \{0\}$ wegen (16) und (19).

Aus (20) folgt natürlich auch $I^{SO(V)} \doteq \{0\}$.

Es sei bemerkt, daß sich d_G auch aus der Gleichung

$$d_G = \frac{1}{|G|} \sum_{G \in G} \chi(G) \text{ mit}$$

$$\chi(G) = \text{Spur } D_3(G)|_{I^1} = \frac{1}{2}((\text{Spur } G)(\text{Spur } G^2) + (\text{Spur } G)^3)$$

ergibt.

<u>10.16 Satz.</u> *Es sei* $d_G = I_4(G,P)$, $P = \langle(12),(1324)\rangle$ *wie in* 10.12. *Dann gilt:*

G	1	m	mmm	3,4/m	$\overline{3}$m, 4/mmm	6/m,6/mmm	m3,m3m	O(V)
d_G	21	13	9	7	6	5	3	2

(Wegen 10.10b) *brauchen wir für jede Laue-Symmetrie nur eine Gruppe zu behandeln.)*

<u>Beweis.</u> Wir setzen $I^G = I_4(P,G)$.

(1) Es sei e_1, e_2, e_3 eine Orthonormalbasis von V. Die 21 Elemente

$$f_{iklm} = f_{\{\{i,k\},\{l,m\}\}} := \sum_{P \in P}{}' \alpha_P(e_i \otimes e_k \otimes e_l \otimes e_m) \quad (i,k,l,m = 1,2,3)$$

bilden eine Basis von I^1. Dabei bedeutet Σ', daß gleiche Summanden jeweils nur einmal berücksichtigt werden. Wir geben die Elemente f_{iklm} und in Klammern die Anzahl der Summanden an:

f_{1111} (1), f_{2222} (1), f_{3333} (1),

f_{1112} (4), f_{1113} (4), f_{2221} (4), f_{2223} (4), f_{3331} (4), f_{3332} (4),

f_{1122} (2), f_{1133} (2), f_{2233} (2),

f_{1212} (4), f_{1313} (4), f_{2323} (4),

f_{1123} (4), f_{2213} (4), f_{3312} (4),
f_{1213} (8), f_{2123} (8), f_{3132} (8).

Die Energieformel 10.12 (*) besteht also aus 21 im allgemeinen verschiedenen Summanden, wobei die eingeklammerten Zahlen angeben, wie oft diese Summanden auftreten.

(2) $I^{m} = \langle f_{1111}, f_{2222}, f_{3333}, f_{1112}, f_{2221}, f_{1122}, f_{1133}, f_{2233}, f_{1212}, f_{1313}, f_{2323}, f_{3312}, f_{3132}\rangle$,

der Index 3 muß in gerader Anzahl auftreten.

(3) $I^{mmm} = \langle f_{1111}, f_{2222}, f_{3333}, f_{1122}, f_{1133}, f_{2233}, f_{1212}, f_{1313}, f_{2323}\rangle$,

jeder Index muß in gerader Anzahl auftreten.

(4) $I^{3} = \langle f_{3333}, f_{1133}+f_{2233}, f_{1313}+f_{2323}, f_{2213}+f_{2123}-f_{1113}, f_{1123}+f_{1213}-f_{2223}, f_{1111}+f_{2222}+f_{1122}, 2f_{1111}+2f_{2222}+f_{1212}\rangle$,

denn nach 10.13 verbleiben folgende Tensorkomponenten:

t_{3333}, $t_{1133} = t_{2233}$, $t_{1313} = t_{2323}$, $t_{2213} = t_{2123} = -t_{1113}$,
$t_{1123} = t_{1213} = -t_{2223}$, $t_{1111} = t_{2222} = t_{1122}+2t_{1212}$.

(5) $I^{4/m} = \langle f_{1111}+f_{2222}, f_{3333}, f_{1112}-f_{2221}, f_{1122}, f_{1133}+f_{2233}, f_{1212}, f_{1313}+f_{2323}\rangle$.

(6) $I^{\overline{3}m} =$ $f_{3333}, f_{1133}+f_{2233}, f_{1313}+f_{2323}, f_{1123}+f_{1213}-f_{2223}, f_{1111}+f_{2222}+f_{1122}, 2f_{1111}+2f_{2222}+f_{1212}$,

der Index 1 muß in gerader Anzahl auftreten.

(7) $I^{4/mmm} = \langle f_{1111}+f_{2222}, f_{3333}, f_{1122}, f_{1133}+f_{2233}, f_{1212}, f_{1313}+f_{2323}\rangle$.

(8) $I^{6/m} = I^{6/mmm} = \langle f_{3333}, f_{1133}+f_{2233}, f_{1313}+f_{2323}, f_{1111}+f_{2222}+f_{1122}, 2f_{1111}+2f_{2222}+f_{1212}\rangle$.

Verbleibende Tensorkomponenten:

t_{3333}, $t_{1133} = t_{2233}$, $t_{1313} = t_{2323}$, $t_{1111} = t_{2222} = t_{1122}=2t_{1212}$.

(9) $I^{m3} = I^{m3m} = \langle f_{1111}+f_{2222}+f_{3333},\ f_{1122}+f_{1133}+f_{2233},$
$f_{1212}+f_{1313}+f_{2323}\rangle.$

(10) $I^{O(V)} = \langle f_{1111}+f_{2222}+f_{3333}+f_{1122}+f_{1133}+f_{2233},$
$2(f_{1111}+f_{2222}+f_{3333})+f_{1212}+f_{1313}+f_{2323}\rangle.$

Verbleibende Tensorkomponenten:

$t_{1111} = t_{2222} = t_{3333} = t_{1122}+2t_{1212},\ t_{1122} = t_{1133} = t_{2233},$
$t_{1212} = t_{1313} = t_{2323}.$

Die Aussage (10) erhalten wir durch Kombination von (8) und (9), denn nach 10.14 ist $I^{6/mmm} = I^{Z}$, und die Betrachtung der Eulerschen Winkel zeigt $O(V) = \langle Z, m3m\rangle$.

<u>10.17 Folgerung</u>. *Die Deformationsenergie für kubische Kristalle ist:*

$$F = \frac{1}{2}\lambda_{1111}(u_{11}^2+u_{22}^2+u_{33}^2) + \lambda_{1122}(u_{11}u_{22}+u_{11}u_{33}+u_{22}u_{33})$$
$$+2\lambda_{1212}(u_{12}^2+u_{13}^2+u_{23}^2).$$

In isotropen Medien gilt sogar:

$$F = \frac{1}{2}\lambda\left(\sum_{i=1}^{3} u_{ii}\right)^2 + \mu \sum_{i=1}^{3}\sum_{k=1}^{3} u_{ik}^2 \quad \textit{mit } \lambda = \lambda_{1122} \textit{ und } \mu = \lambda_{1212}.$$

(Die Zahlen λ und μ heißen <u>Lamé Koeffizienten.</u>)

A u f g a b e n

A 10.1 Ähnlich wie in 10.4 sei $e_i \cdot e_j = \delta_{ij}$, $1 \leq i, j \leq 3$,

$$v_+ = 2e_1+e_2,\ v_- = e_1+2e_2,\ \mathcal{G} = m3 = \mathcal{T}^i$$

und K_+ (bzw. K_-) der konvexe Körper mit $0 \in K_\pm$ und den Seitenflächen

$$F_{v_\pm} = Gv_\pm + \langle Gv_\pm \rangle^\perp,\ G \in \mathcal{G}.$$

Man zeige:

a) K_+ wird von 12 Fünfecken begrenzt (Pentagondodekaeder). Die Gruppe $\mathcal{G}$ hat auf der Kantenmenge von K_+ zwei Bahnen mit 6 bzw. 24 Elementen. Die Kantenlängen der beiden Bahnen stehen im Verhältnis $6:\sqrt{21}$. (Diese Kristallform kommt z.B. beim Pyrit vor.)

b) Die Vektoren v_+ und v_- liegen in derselben Bahn von $m3m = \mathcal{O}^i$, beschreiben also Flächen des gleichen Pyramidenwürfels. Weiter ist $G_0\, K_+ = K_-$ für alle $G_0 \in \mathcal{O}^i - \mathcal{T}^i$. (Die Kristallformen K_+ und K_- sind unterscheidbar, denn die makroskopische Symmetriegruppe ist nach Voraussetzung m3 und nicht m3m. Man spricht daher von positiven und negativen Dodekaedern.)

c) Ersetzt man $v_+ = 2e_1+e_2$ durch $v_+ = e_1 + \frac{-1+\sqrt{5}}{2} e_2$, so ist K_+ das reguläre Pentagondodekaeder.

A 10.2 Es sei $\mathcal{C}_\infty = \{D_\alpha \mid \alpha \in \mathbb{R}\}$ mit $D_\alpha = \begin{pmatrix} \cos\alpha & -\sin\alpha & 0 \\ \sin\alpha & \cos\alpha & 0 \\ 0 & 0 & 1 \end{pmatrix}$.

Man zeige, daß es bis auf geometrische Äquivalenz genau 5 reduzible Untergruppen von $O(\mathbb{R}^3)$ gibt, die $\mathcal{C}_\infty$ enthalten, nämlich

$\mathcal{C}_\infty$, $\mathcal{C}_{\infty h} = \langle \mathcal{C}_\infty, -E \rangle$, $\mathcal{C}_{\infty v} = \langle \mathcal{C}_\infty, S_1 \rangle$, $\mathcal{D}_\infty = \langle \mathcal{C}_\infty, I_1 \rangle$ und $\mathcal{D}_{\infty h} = \langle \mathcal{D}_\infty, -E \rangle$.

(Die orthogonalen Matrizen I_1 und S_1 seien wie in 9.10b) definiert.)

§ 11*. DIE ARITHMETISCHE UND DIE GEOMETRISCHE ÄQUIVALENZ VON PUNKTGRUPPEN

11.1 Satz. *Es sei $\mathcal{G} \leq S(\Gamma)$ für ein Gitter Γ des reellen Hilbertraums V, $\dim V = n$. Ordnet man $\mathcal{G}$ die Matrizengruppe bezüglich einer Gitterbasis von Γ zu, so erhält man eine Bijektion zwischen den arithmetischen Kristallklassen von V und den Konjugiertenklassen endlicher Untergruppen von* $GL(n, \mathbb{Z})$.

Beweis. Es sei $\mathcal{G}$ eine endliche Untergruppe von $GL(n, \mathbb{Z})$. Da es im wesentlichen nur einen reellen Hilbertraum der Dimension n gibt, existiert nach 6.7 ein Gitter Γ von V mit $\mathcal{G} \leq S(\Gamma)$.

11.2 Satz. *Es sei V ein reeller oder komplexer Hilbertraum endlicher Dimension. Weiter seien $\mathcal{G}$, $\mathcal{G}^*$ Teilmengen von* $U(V) = \{A \in GL(V) \mid A^tA = E\}$, $A^t := \bar{A}'$, *mit $\mathcal{G}^* = A\mathcal{G}A^{-1}$ für ein $A \in GL(V)$ Dann gibt es ein $B \in U(V)$ mit $\mathcal{G}^* = B\mathcal{G}B^{-1}$.*

Beweis. Wir setzen $P = A^tA$. Wegen $P^t = P$ gibt es eine Orthonormalbasis $v_1,\dots,v_n$ von V mit $Pv_i = a_iv_i$, $a_i \in \mathbb{R}$, $1 \leq i \leq n$.
Dabei ist $a_i(v_i \cdot v_i) = a_iv_i \cdot v_i = A^tAv_i \cdot v_i = Av_i \cdot Av_i > 0$, also $a_i > 0$.
Daher gibt es ein Polynom $f \in \mathbb{R}[x]$ mit $\sqrt{a_i} = f(a_i)$, $1 \leq i \leq n$.
Wir definieren

$$Q \in GL(V) \text{ durch } Qv_i = \sqrt{a_i}\, v_i,\ 1 \leq i \leq n.$$

Dann ist $Q^2 = P$, $Q = f(P)$ und $Q^t = Q$.
Für $G \in \mathcal{G}$ sei $G^* = AGA^{-1}$. Wegen $G^t = G^{-1}$, $G^{*t} = G^{*-1}$ ist
$G^{-1}A^t = G^tA^t = (AG)^t = (G^*A)^t = A^tG^{*t} = A^tG^{*-1}$,
also $G^{-1}PG = G^{-1}A^tAG = A^tG^{*-1}G^*A = A^tA = P$. Wegen $Q = f(P)$ ist auch $G^{-1}QG = Q$ für alle $G \in \mathcal{G}$.
Wir setzen nun $B = AQ^{-1}$. Dann ist $B\mathcal{G}B^{-1} = AQ^{-1}\mathcal{G}QA^{-1} = A\mathcal{G}A^{-1}$ und

$B^tB = Q^{-1}A^tAQ^{-1} = Q^{-1}PQ^{-1} = Q^{-1}Q^2Q^{-1} = E$, also $B \in U(V)$.

11.3 Folgerung. *Es seien $G(\Gamma)$ und $G^*(\Gamma^*)$ Punktgruppen mit $G(\Gamma) \sim G^*(\Gamma^*)$. Dann ist $G \mathrel{\hat{=}} G^*$.*

11.4 Beispiel. Die 13 arithmetischen Klassen der Ebene aus 7.9 liefern 10 geometrische Klassen, nämlich

$C_1, C_2, C_3, C_4, C_6, D_1, D_2, D_3, D_4, D_6$,

11.5 Satz. *Es seien K und L unendliche Körper mit $K \subsetneqq L$. Weiter seien G und G^* Mengen von Matrizen aus $(K)_n$ mit $G^* = AGA^{-1}$ für ein $A \in GL(n,L)$. Dann gibt es ein $B \in GL(n,K)$ mit $G^* = BGB^{-1}$.*

Beweis. Es sei $A = (a_{ij})$, weiter sei $t_1,\dots,t_r$ eine Basis des K-Vektorraums $\langle a_{ij} | i,j \rangle \subsetneqq L$. Dann gibt es Matrizen $A_1,\dots,A_r \in (K)_n$ mit $A = \sum_{k=1}^{r} A_k t_k$. Für $G \in G$ setzen wir $G^* = AGA^{-1}$.

Dann ist $AG = G^*A$, also $\sum_{k=1}^{r} A_k G t_k = \sum_{k=1}^{r} G^* A_k t_k$.

Der Koeffizientenvergleich zeigt $A_k G = G^* A_k$ für alle k und G.

Wir betrachten nun das Polynom

$$f = \det\left(\sum_{k=1}^{r} A_k x_k\right) \in K[x_1,\dots,x_r].$$

Dann ist $f(t_1,\dots,t_r) = \det A \neq 0$. Also ist f nicht das Nullpolynom. Da K ein unendlicher Integritätsring ist, gibt es Elemente $q_1,\dots,q_r \in K$ mit $f(q_1,\dots,q_r) \neq 0$, vgl. v.d. Waerden, Algebra I,S 87. Setzen wir $B = \sum_{k=1}^{r} A_k q_k$, so ist also $B \in GL(n,K)$ und $BG = G^*B$ für alle $G \in G$.

11.6 Folgerung. *Es seien Γ und Γ^* Gitter des reellen Hilbertraums V. Wir betrachten die $\mathbb{Q}$-Vektorräume $\mathbb{Q}\Gamma = \{qv | q \in \mathbb{Q}, v \in \Gamma\}$ und $\mathbb{Q}\Gamma^*$. Weiter seien $G \leq S(\Gamma)$ und $G^* \leq S(\Gamma^*)$. Genau dann ist $G \mathrel{\hat{=}} G^*$, wenn es einen $\mathbb{Q}$-Isomorphismus $\phi: \mathbb{Q}\Gamma \to \mathbb{Q}\Gamma^*$ mit $G^* = \phi G \phi^{-1}$ gibt.*

Beweis. "$\Longrightarrow$": Es sei $G \mathrel{\hat{=}} G^*$. Nach 11.5 gibt es ein $B \in GL(n,\mathbb{Q})$ mit $H^* = BHB^{-1}$, wo H und H^* die Matrizengruppen bezüglich

$\mathbb{Z}$ - Basen $v_1,\ldots,v_n$ und $v_1^*,\ldots,v_n^*$ von Γ und Γ^* seien. Weiter gibt es eine $\mathbb{Q}$-Basis $v_1',\ldots,v_n'$ von $\mathbb{Q}\Gamma$, bezüglich der G die Matrizengruppe $BHB^{-1} = H^*$ hat. Wir setzen nun $\phi(v_i') = v_i^*$, $1 \leq i \leq n$.

"$\Leftarrow$": Es sei $G^* = \phi G \phi^{-1}$. Dann sind G und G^* in $GL(V)$ und nach 11.3 auch in $O(V)$ konjugiert.

<u>11.7 Folgerung</u>. *Es seien $G \leq S(\Gamma)$ und $G^* \leq S(\Gamma^*)$ Punktgruppen von V mit $G \triangleq G^*$. Dann gibt es Gitter Γ_0 und Γ_1 von V mit $\Gamma_0 \subsetneqq \Gamma \subsetneqq \Gamma_1$, $G \leq S(\Gamma_0) \cap S(\Gamma_1)$ und $G(\Gamma_0) \sim G(\Gamma_1) \sim G^*(\Gamma^*)$.*

<u>Beweis</u>. Nach 11.6 gibt es einen $\mathbb{Q}$-Isomorphismus $\phi: \mathbb{Q}\Gamma^* \to \mathbb{Q}\Gamma$ mit $G = \phi G^* \phi^{-1}$. Ist weiter $\Gamma^* = \langle v_1^*,\ldots,v_n^*\rangle_{\mathbb{Z}}$, so gibt es ein $k \in \mathbb{N}$ mit $k\phi(v_i^*) \in \Gamma$ für alle i, also $k\phi\Gamma^* \subsetneqq \Gamma$. Mit $\Gamma_0 = k\phi\Gamma^*$ ist dann $G(\Gamma_0) \sim G^*(\Gamma^*)$.

Für ein $m \in \mathbb{N}$ ist weiter $m\Gamma \subsetneqq \Gamma_0$. Setzen wir $\Gamma_1 = m^{-1}\Gamma_0$, so ist $\Gamma \subsetneqq \Gamma_1$ und $G(\Gamma_1) \sim G(\Gamma_0)$.

<u>11.8 Beispiel</u>. Zur geometrischen Klasse D_2 der Ebene gehören die arithmetischen Klassen $D_2(N_r)$ und $D_2(N_r')$. Dabei kann $N_r \subset N_r'$ angenommen werden.

<u>11.9 Satz</u>. *Es sei V ein $\mathbb{Q}$-Vektorraum endlicher Dimension, weiter sei G eine endliche Untergruppe von $GL(V)$. Dann gibt es eine $\mathbb{Q}$-Basis $v_1,\ldots,v_n$ von V mit $G\Gamma = \Gamma$ für alle $G \in G$, wobei $\Gamma = \langle v_1,\ldots,v_n\rangle_{\mathbb{Z}}$ sei.*

<u>Beweis</u>. Es sei $w_1,\ldots,w_n$ eine $\mathbb{Q}$-Basis von V. Dann ist

$$Gw_j = \sum_{i=1}^{n} a_{ij}(G)w_i, \quad a_{ij}(G) \in \mathbb{Q}, \quad G \in G.$$

Wir bestimmen ein $N \in \mathbb{N}$ mit $Na_{ij}(G) \in \mathbb{Z}$ für alle i,j und G. Weiter sei Γ die Menge der ganzzahligen Linearkombinationen der Gw_j, $G \in G$, $1 \leq j \leq n$. Dann ist Γ eine Untergruppe der freien abelschen Gruppe $\Gamma^* = \{N^{-1}\sum_{i=1}^{n} z_i w_i \mid z_i \in \mathbb{Z}\}$ vom Rang n. Daher gibt es Elemente $v_1,\ldots,v_n \in \Gamma$ mit $\Gamma = \langle v_1,\ldots,v_n\rangle_{\mathbb{Z}}$, vgl. v.d. Waerden, Algebra II, S 4 oder 2.7a). Man beachte dabei, daß Γ die $\mathbb{Q}$-Basis $w_1,\ldots,w_n$ enthält, daß also auch Γ den Rang n hat und $v_1,\ldots,v_n$ eine $\mathbb{Q}$-Basis ist. Nach Definition von Γ ist $G\Gamma = \Gamma$ für alle $G \in G$.

11.10 Folgerung. *Es sei $G(\Gamma)$ eine Punktgruppe des reellen Hilbertraums V,* dim $V = n$. *Ordnet man G die Matrizengruppe bezüglich einer Gitterbasis von Γ zu, so erhält man eine Bijektion zwischen den geometrischen Kristallklassen von V und den Konjugiertenklassen endlicher Untergruppen von* $GL(n, \mathbb{Q})$.

Beweis. Satz 11.9 besagt, daß jede endliche Untergruppe von $GL(n, \mathbb{Q})$ unter $GL(n, \mathbb{Q})$ konjugiert zu einer Untergruppe von $GL(n, \mathbb{Z})$ ist. Setzen wir $K = \mathbb{Q}$ und $L = \mathbb{R}$ in 11.5, so folgt die Behauptung.

A u f g a b e n.

A 11.1 Es sei Φ ein Unterraum von $\Omega = (GF(2))^n$.

Für $w = (w_1, \dots, w_n) \in \Omega$ sei S_w die Diagonalmatrix mit den Eigenwerten

$$a_k = \begin{cases} 1 & \text{falls } w_k = 0 \\ -1 & \text{falls } w_k = 1 \end{cases}, \quad 1 \leq k \leq n.$$

Weiter sei $H_\Phi = \{S_w \mid w \in \Phi\}$. Man zeige:

a) Genau dann sind H_Φ und H_ψ mit $\Phi, \psi \leq \Omega$ in $GL(n, \mathbb{Z})$ konjugiert, wenn es ein $P \in S_n$ mit $\psi = P\Phi$ gibt.
Dabei operiert die symmetrische Gruppe S_n auf Ω vermöge

$$P(w_1, \dots, w_n) = (w_{P^{-1}1}, \dots, w_{P^{-1}n}).$$

b) Die Anzahl der Äquivalenzklassen von bezüglich Gitterbasen diagonalisierbaren Punkten im $\mathbb{R}^n$ ist gleich der Anzahl der Bahnen von S_n auf der Menge der Unterräume von Ω.

c) Die Anzahl der Äquivalenzklassen von Gittern im $\mathbb{R}^n$, deren Symmetriegruppen bezüglich Gitterbasen diagonalisierbar sind, ist gleich der Anzahl der Partitionen von n, also der Folgen $\lambda = (\lambda_1, \dots, \lambda_r)$ mit $\lambda_r \in \mathbb{N}$, $\lambda_1 \geq \lambda_2 \geq \dots \geq \lambda_r$ und $\sum_t \lambda_t = n$.
Hinweis: Man betrachte die Äquivalenzklassen der Relation

$$i \sim j :\Longleftrightarrow Hv_i = Hv_j \text{ für alle } H \in S(\Gamma),$$

$\Gamma = \langle v_1, \dots, v_n \rangle_{\mathbb{Z}}$ und zerlege den Raum orthogonal.

§ 12. DIE ARITHMETISCHEN KRISTALLKLASSEN UND GITTER (BRAVAISGITTER) DES 3-DIMENSIONALEN RAUMES

Wir untersuchen in diesem Paragraphen, wie die in 10.2 beschriebenen 32 kristallographischen Punktgruppen auf ternären Gittern operieren. Als Klassifikationsbegriff dient uns dabei die in 6.9c) definierte arithmetische Äquivalenz von Punktgruppen, welche die geometrische Äquivalenz, wie wir in 11.3 für beliebige Dimensionen gesehen haben, verfeinert: Aus den 32 geometrischen Kristallklassen werden 73 arithmetische Klassen. Dabei stellt sich auch heraus, daß es 14 arithmetisch inäquivalente Bravaisgruppen (Gitter) gibt.

12.1 Satz. *Es sei* Γ *ein Gitter des 3-dimensionalen Raumes, weiter sei* $G \leq S(\Gamma)$. *Wir setzen* $\overline{G} = \langle G, -E \rangle$. *Dann gibt es linear unabhängige Vektoren* $e_1, e_2, e_3 \in \Gamma$, *für die, abhängig vom Kristallsystem, zu dem G gehört, gilt:*

a) *Ist* $G \in \Sigma_1$, *so ist* e_1, e_2, e_3 *eine Gitterbasis.*

b) *Ist* $G \in \Sigma_1$, *so ist* e_3 *ein kürzester Gittervektor* $\neq 0$ *auf der Digyre von* $\overline{G}$. *Weiter ist* e_1, e_2 *eine Netzbasis von* $\Gamma \cap \langle e_3 \rangle^{\perp}$.

c) *Ist* $G \in \Sigma_{22}$, *so sind* e_1, e_2, e_3 *kürzeste Gittervektoren* $\neq 0$ *auf den drei Digyren von* $\overline{G}$.

d) *Ist* $G \in \Sigma_4$, *so ist* e_3 *ein kürzester Gittervektor* $\neq 0$ *auf der Tetragyre von* $\overline{G}$. *Weiter ist* e_1, e_2 *eine Netzbasis von* $\Gamma \cap \langle e_3 \rangle^{\perp}$ *mit* $\|e_1\| = \|e_2\|$ und $\measuredangle(e_1, e_2) = 90°$.

e) *Ist* $G \in \Sigma_3 \cup \Sigma_6$, *so ist* e_3 *ein kürzester Gittervektor* $\neq 0$ *auf der Tri- bzw. Hexagyre von G. Weiter ist* e_1, e_2 *eine Netzbasis von* $\Gamma \cap \langle e_3 \rangle^{\perp}$ *mit* $\|e_1\| = \|e_2\|$ *und* $\measuredangle(e_1, e_2) = 120°$.

f) *Ist* $G \in \Sigma_c$, *so sind* e_1, e_2, e_3 *kürzeste Gittervektoren* $\neq 0$ *auf den 3 Digyren von N, wobei N der Normalteiler* $\triangleq D_2$ *von G sei. Weiter ist* $\|e_1\| = \|e_2\| = \|e_3\|$.

Beweis. a) Wir wählen e_1, e_2, e_3 als $\mathbb{Z}$-Basis von Γ.

b)-f) Zunächst ist zu zeigen, daß Drehachsen stets Gittervektoren $\neq 0$

besitzen (unter denen man dann einen kleinsten wählen kann), und daß die Ebene senkrecht zur Drehachse (durch den Nullpunkt) eine Γ-Ebene im Sinne von 2.4 ist. Dazu sei G eine Drehung $\neq$ E aus $S(\Gamma)$ und $Gv = v$ für ein $v \neq 0$. Weiter sei $G^m = E$. Wir wählen ein $w \in \Gamma$ mit $w \notin \langle v\rangle^\perp$. Dann ist $(E+G+\ldots+G^{m-1})w$ ein Gittervektor $\neq 0$ auf der Achse $\langle v\rangle$ von G. Auch ist

$$\langle v\rangle^\perp = \text{Bild }(E-G) = \langle (E-G)\Gamma\rangle_{\mathbb{R}} \subseteq \langle\langle v\rangle^\perp \cap \Gamma\rangle_{\mathbb{R}} \subseteq \langle v\rangle^\perp.$$

Daher ist $\langle v\rangle^\perp \cap \Gamma$ ein Netz, in dem wir eine $\mathbb{Z}$-Basis wählen können. Die Behauptungen b) und c) sind nun klar.

d) Es sei e_1 ein kürzester Vektor $\neq 0$ von $N := \Gamma \cap \langle e_3\rangle^\perp$. Ist $A \in G$ eine 90° Drehung, so ist e_1, Ae_1 nach 7.7 eine Basis des quadratischen Netzes N.

e) Wie in d) schließen wir, daß es eine Basis e_1, De_1 des hexagonalen Netzes $\Gamma \cap \langle e_3\rangle^\perp$ gibt, wo $D \in G$ eine 120° Drehung ist.

f) Es gibt in G eine zyklische Permutation R der Achsen $\langle e_k\rangle$. Es folgt $Re_k = \pm e_{k'}$, also $\|e_1\| = \|e_2\| = \|e_3\|$.

<u>12.2 Definition</u>. Wie in 12.1 bestimmen wir Gittervektoren e_1, e_2, e_3 und setzen

$$\Gamma\{G\} = \langle e_1, e_2, e_3\rangle_{\mathbb{Z}}.$$

Wir nennen $\Gamma\{G\}$ das zu G gehörige <u>primitive</u> (oder <u>einfache</u>) Untergitter von Γ. (Bei einer anderen Wahl von e_1, e_2, e_3 erhalten wir dasselbe Gitter $\Gamma\{G\}$. Sind weiter $G(\Gamma)$ und $G^*(\Gamma^*)$ vermöge einer Abbildung $U : \Gamma \to \Gamma^*$ arithmetisch äquivalent, so ist $U\Gamma\{G\} = \Gamma^*\{G^*\}$.)

Ist $\Gamma\{G\} = \Gamma$, so nennen wir Γ ein (bezüglich G) <u>primitives</u> Gitter, andernfalls heißt Γ ein (bezüglich G) <u>zentriertes</u> Gitter.

<u>12.3 Bezeichnungen.</u> Es sei $\Gamma = \Gamma\{G\} = \langle e_1, e_2, e_3\rangle_{\mathbb{Z}}$ ein bezüglich $G \leq S^+(\Gamma) := \{G \in S(\Gamma) \mid \det G = 1\}$ primitives Gitter. Wir setzen

$$a = \|e_1\|,\ b = \|e_2\|,\ c = \|e_3\|,\ \alpha = \sphericalangle(e_2, e_3),\ \beta = \sphericalangle(e_1, e_3),$$
$$\gamma = \sphericalangle(e_1, e_2)$$

und betrachten die folgenden ganzzahligen Matrizen:

$$I_1 = \begin{pmatrix} 1 & 0 & 0 \\ 0 & -1 & 0 \\ 0 & 0 & -1 \end{pmatrix}, \; I_2 = \begin{pmatrix} -1 & 0 & 0 \\ 0 & 1 & 0 \\ 0 & 0 & -1 \end{pmatrix}, \; I_3 = \begin{pmatrix} -1 & 0 & 0 \\ 0 & -1 & 0 \\ 0 & 0 & 1 \end{pmatrix}, \; I = \begin{pmatrix} 0 & 1 & 0 \\ 1 & 0 & 0 \\ 0 & 0 & -1 \end{pmatrix},$$

$$I' = \begin{pmatrix} 0 & -1 & 0 \\ -1 & 0 & 0 \\ 0 & 0 & -1 \end{pmatrix}, \; A = \begin{pmatrix} 0 & -1 & 0 \\ 1 & 0 & 0 \\ 0 & 0 & 1 \end{pmatrix}, \; R = \begin{pmatrix} 0 & 0 & 1 \\ 1 & 0 & 0 \\ 0 & 1 & 0 \end{pmatrix}, \; B = \begin{pmatrix} 1 & -1 & 0 \\ 1 & 0 & 0 \\ 0 & 0 & 1 \end{pmatrix} \text{ und}$$

$$D = B^2 = \begin{pmatrix} 0 & -1 & 0 \\ 1 & -1 & 0 \\ 0 & 0 & 1 \end{pmatrix}.$$

Weiter sei $S = -I$, $S' = -I'$ und $S_j = -I_j$ $(j=1,2,3)$.

Nach 12.1 gibt es die folgenden Möglichkeiten, denen wir Namen geben.

$\mathcal{F}_1$-Gitter:	keine Einschränkungen, $\mathcal{S}^+(\Gamma) \supseteqq \mathcal{C}_1 = \{E\}$.
$\mathcal{F}_2$-Gitter:	$\alpha = \beta = 90°$, $\mathcal{S}^+(\Gamma) \supseteqq \langle I_3 \rangle \triangleq \mathcal{C}_2$.
$\mathcal{F}_{22}$-Gitter:	$\alpha = \beta = \gamma = 90°$, $\mathcal{S}^+(\Gamma) \supseteqq \{E, I_1, I_2, I_3\} \triangleq \mathcal{D}_2$.
$\mathcal{F}_4$-Gitter:	$a = b$, $\alpha = \beta = \gamma = 90°$, $\mathcal{S}^+(\Gamma) \supseteqq \langle A, I_1 \rangle \triangleq \mathcal{D}_4$.
$\mathcal{F}_6$-Gitter:	$a = b$, $\alpha = \beta = 90°$, $\gamma = 120°$, $\mathcal{S}^+(\Gamma) = \langle B, I_1 \rangle \triangleq \mathcal{D}_6$.
$\mathcal{F}_c$-Gitter:	$a = b = c$, $\alpha = \beta = \gamma = 90°$, $\mathcal{S}^+(\Gamma) = \langle R, A \rangle \triangleq \mathcal{O}$.

Für $\mathcal{F}_6$ und $\mathcal{F}_c$-Gitter können wir $\mathcal{S}^+(\Gamma)$ genau angeben, da es keine größeren endlichen Drehgruppen gibt. Diese Gitter heißen <u>hexagonale</u> bzw. <u>einfache kubische</u> Gitter.

Für die Punktgruppen des trigonalen und hexagonalen Kristallsystems ist zu beachten, daß die jetzt betrachteten ganzzahligen Matrizengruppen von den in 9.10 eingeführten orthogonalen Matrizengruppen verschieden sind: Wir haben jetzt

$\mathcal{C}_3 = \langle D \rangle$, $\mathcal{C}_6 = \langle B \rangle$, $\mathcal{D}_3 = \langle D, I \rangle$, $\mathcal{D}_6 = \langle B, I \rangle$,

$\mathcal{D}_3^+ = \langle D, S \rangle$, $\mathcal{D}_6^+ = \langle B, S \rangle$, $\mathcal{D}_6^- = \langle -B, I \rangle$, $\mathcal{D}_6^- = \langle -B \rangle$,

bei den Gruppen $\mathcal{C}_3^i$, $\mathcal{C}_6^i$, $\mathcal{D}_3^i$, $\mathcal{D}_6^i$ kommt noch $-E$ dazu.

Die 180°-Drehungen I und I' kommen in $\mathcal{D}_4$ und auch in $\mathcal{D}_6$ vor, ihre Achsen stehen senkrecht aufeinander. Weiter stehen die Spiegelebenen von S, S', S_j senkrecht auf den Achsen von I, I', I_j.

12.4 Hilfssatz. a) *Es sei* $\Gamma_0 = \langle e_1,e_2,e_3\rangle_{\mathbb{Z}} \in F_2$.

Mit $v_1 = e_1$, $v_2 = e_2$, $v_3 = \frac{1}{2}(e_1+e_2+e_3)$ *und* $\Gamma = \langle v_1,v_2,v_3\rangle_{\mathbb{Z}}$ *ist dann* $\Gamma = \Gamma_0 \cup (v_3+\Gamma_0)$ *ein* *innenzentriertes oder* F_2^M*-Gitter. Als spezielle* F_2^M*-Gitter definieren wir entsprechend* F_{22}^M*-Gitter,* F_4^M*-Gitter und* F_c^M*-Gitter.*

b) *Es sei* $\Gamma_0 = \langle e_1,e_2,e_3\rangle_{\mathbb{Z}} \in F_{22}$.

Mit $v_1 = \frac{1}{2}(e_2+e_3)$, $v_2 = \frac{1}{2}(e_1+e_3)$, $v_3 = \frac{1}{2}(e_1+e_2)$ *und* $\Gamma = \langle v_1,v_2,v_3\rangle_{\mathbb{Z}}$ *ist dann* $\Gamma = \Gamma_0 \cup \bigcup_{k=1}^{3} (v_k+\Gamma_0)$ *ein flächenzentriertes oder* F_{22}^F*-Gitter. Als spezielle* F_{22}^F*-Gitter definieren wir entsprechend* F_c^F*-Gitter.*

c) *Es sei* $\Gamma_0 = \langle e_1,e_2,e_3\rangle_{\mathbb{Z}} \in F_{22}$. *Mit* $v_1 = \frac{1}{2}(e_1+e_2)$, $v_2 = \frac{1}{2}(e_1-e_2)$, $v_3 = e_3$ *und* $\Gamma = \langle v_1,v_2,v_3\rangle_{\mathbb{Z}}$ *ist dann* $\Gamma = \Gamma_0 \cup (v_1+\Gamma_0)$ *ein basiszentriertes oder* F_{22}^C*-Gitter.*

d) *Es sei* $\Gamma_0 = \langle e_1,e_2,e_3\rangle_{\mathbb{Z}} \in F_6$. *Mit* $v = \frac{1}{3}(e_2-e_1+e_3)$ *und* $\Gamma = \langle e_1,e_2,v\rangle_{\mathbb{Z}}$ *ist dann* $\Gamma = \Gamma_0 \cup (v+\Gamma_0) \cup (-v+\Gamma_0)$ *ein 3-zentriertes oder* F_3*-Gitter. Weiter bilden die Vektoren* $v_1 = v-e_2$, $v_2 = v+e_1$, $v_3 = v$ *eine* $\mathbb{Z}$*-Basis von* Γ*; sie sind alle gleich lang und je zwei von ihnen schließen den gleichen Winkel ein.*

Beweis. a) Wir haben $e_3 = 2v_3-v_1-v_2 \in \Gamma$, also $\Gamma_0 \subset \Gamma$. Weiter ist $\Gamma_0 \cup (v_3+\Gamma_0)$ eine Gruppe, also gleich Γ. Das Gitter Γ entsteht aus Γ_0 durch Setzen von Mittelpunkten in den Zellen.

b) Es ist $e_1 = -v_1+v_2+v_3 \in \Gamma$, $v_1+v_2 \in v_3+\Gamma_0$ usw., also $\Gamma = \Gamma_0 \cup \bigcup_{k=1}^{3} (v_k+\Gamma_0)$, wobei die Nebenklassen $v_k+\Gamma_0$ alle verschieden sind.
Sämtliche Zellberandungsflächen von Γ_0 werden bei Γ zentriert.

c) Γ entsteht aus dem zentrierten rechteckigen Netz $\langle v_1,v_2\rangle_{\mathbb{Z}}$ durch Hinzunahme von v_3.

d) Wir haben $e_3 = 3v+e_1-e_2 \in \Gamma$, also $\Gamma = \Gamma_0 \cup (v+\Gamma_0)+(-v+\Gamma_0)$.
Die Dreierdrehung D mit der Achse $\langle e_3\rangle$ vertauscht v_1,v_2,v_3 zyklisch.

Wir projizieren zur Veranschaulichung die Punkte von Γ auf die hexagonale Netzebene $\langle e_1,e_2\rangle$, wobei wir eine Zahl modulo 3 angeben, die mit dem Faktor $\frac{1}{3}$ multipliziert die e_3-Komponente bestimmt.

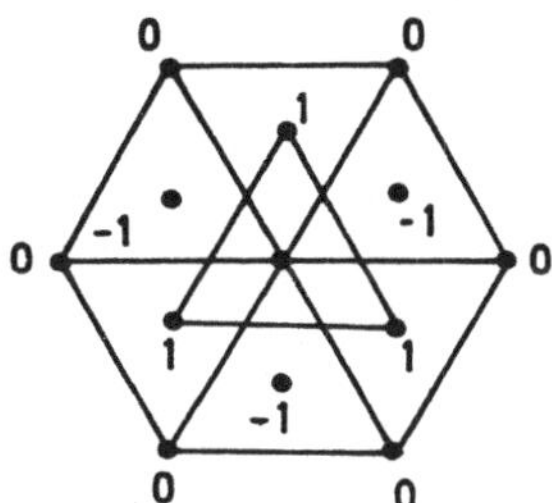

12.5 Hilfssatz. *Die betrachteten Zentrierungen sind so gemacht, daß die in 12.3 definierten Symmetrien von Γ_0 auch noch das größere Gitter Γ festlassen. Eine interessante Ausnahme ergibt sich lediglich bei der 3-Zentrierung. Die Matrizen der Symmetrien können von der Basis e_1, e_2, e_3 auf die Basis v_1, v_2, v_3 umgerechnet werden, indem man sie mit den Zentrierungsmatrizen konjugiert. Dabei haben wir folgende Zentrierungsmatrizen:*

$$C = \frac{1}{2}\begin{pmatrix} 1 & 1 & 0 \\ 1 & -1 & 0 \\ 0 & 0 & 2 \end{pmatrix}, \quad M = \frac{1}{2}\begin{pmatrix} 2 & 0 & 1 \\ 0 & 2 & 1 \\ 0 & 0 & 1 \end{pmatrix}, \quad F = \frac{1}{2}\begin{pmatrix} 0 & 1 & 1 \\ 1 & 0 & 1 \\ 1 & 1 & 0 \end{pmatrix}, \quad Z = \frac{1}{3}\begin{pmatrix} -1 & 2 & -1 \\ -2 & 1 & 1 \\ 1 & 1 & 1 \end{pmatrix}.$$

a) *Für* $\Gamma \in F_2^M$ *ist* $C_2 \triangleq \langle I_3^M \rangle \subsetneqq S(\Gamma)$ *mit* $I_3^M = M^{-1} I_3 M = \begin{pmatrix} -1 & 0 & -1 \\ 0 & -1 & -1 \\ 0 & 0 & 1 \end{pmatrix}$.

b) *Für* $\Gamma \in F_{22}^M$ *ist* $D_2 \triangleq \langle I_1^M, I_3^M \rangle \subsetneqq S(\Gamma)$ *mit* $I_1^M = \begin{pmatrix} 1 & 0 & 1 \\ 0 & -1 & 0 \\ 0 & 0 & -1 \end{pmatrix}$.

c) *Für* $\Gamma \in F_4^M$ *ist* $D_4 \triangleq \langle A^M, I_1^M \rangle \subsetneqq S(\Gamma)$ *mit* $A^M = \begin{pmatrix} 0 & -1 & -1 \\ 1 & 0 & 0 \\ 0 & 0 & 1 \end{pmatrix}$.

d) *Für* $\Gamma \in F_C^M$ *ist* $O \triangleq \langle R^M, A^M \rangle \subsetneqq S(\Gamma)$ *mit* $R^M = \begin{pmatrix} 0 & -1 & 0 \\ 1 & -1 & 0 \\ 0 & 2 & 1 \end{pmatrix}$.

e) *Für* $\Gamma \in F_{22}^F$ *ist* $D_2 \triangleq \langle I_1^F, I_3^F \rangle \subsetneqq S(\Gamma)$ *mit* $I_1^F = \begin{pmatrix} -1 & -1 & -1 \\ 0 & 0 & 1 \\ 0 & 1 & 0 \end{pmatrix}$ *und*

$I_3^F = \begin{pmatrix} 0 & 1 & 0 \\ 1 & 0 & 0 \\ -1 & -1 & -1 \end{pmatrix}$.

f) *Für* $\Gamma \in F_C^F$ *ist* $O \triangleq \langle R^F, A^F \rangle \subsetneqq S(\Gamma)$ *mit* $R^F = R$ *und* $A^F = \begin{pmatrix} 1 & 1 & 1 \\ 0 & 0 & -1 \\ -1 & 0 & 0 \end{pmatrix}$.

g) *Für* $\Gamma \in F_3$ *ist* $D_3 \triangleq \langle D^Z, I^Z \rangle \subsetneqq S(\Gamma)$ *mit* $D = \begin{pmatrix} 0 & -1 & 0 \\ 1 & -1 & 0 \\ 0 & 0 & 1 \end{pmatrix}$,

$D^Z = R$ *und* $I^Z = I' = \begin{pmatrix} 0 & -1 & 0 \\ -1 & 0 & 0 \\ 0 & 0 & -1 \end{pmatrix}$.

Beweis. f) Es sei $A' \in GL(\Gamma_0)$ die zur Matrix A bezüglich der Basis e_1,e_2,e_3 von $\Gamma_0 \in F_{22}$ gehörige lineare Abbildung. Definieren wir $\Gamma = \langle v_1,v_2,v_3\rangle_{\mathbb{Z}}$ wie in 12.4b), so ist

$$A'v_1 = \frac{1}{2}(-e_1+e_3) = v_1-v_3,\ A'v_2 = \frac{1}{2}(e_2+e_3) = v_1,\ A'v_3 = \frac{1}{2}(-e_1+e_2) = v_1-v_2.$$

Bezüglich v_1,v_2,v_3 hat also A' die angegebene ganzzahlige Matrix A^F. Daher ist $A' \in GL(\Gamma)$. Ist $A' \in S(\Gamma_0)$, so ist auch $A' \in S(\Gamma)$.

12.6 Hilfssatz. *Es sei $G \leq S(\Gamma)$ für ein ternäres Gitter Γ. Dabei sei $\Gamma \neq \Gamma\{G\}$.*

a) *Es sei $G \in \Sigma_2$. Dann ist $\Gamma \in F_2^M$.*

b) *Es sei $G \in \Sigma_{22}$. Dann ist $\Gamma \in F_{22}^C$, F_{22}^F oder F_{22}^M.*

c) *Es sei $G \in \Sigma_4$. Dann ist $\Gamma \in F_4^M$.*

d) *Es sei $G \in \Sigma_3 \cup \Sigma_6$. Dann ist $\Gamma \in F_3$ und $G \notin \Sigma_6$.*

e) *Es sei $G \in \Sigma_c$. Dann ist $\Gamma \in F_c^F$ oder F_c^M.*

Beweis. Wir setzen $\Gamma_0 = \Gamma\{G\}$, wobei wir eine $\mathbb{Z}$-Basis e_1,e_2,e_3 von Γ_0 so wählen, daß $S^+(\Gamma_0)$ eine der Matrizengruppen aus 12.3 ist.

a) Wegen $-E \in S(\Gamma)$ genügt es, $G = C_2 = \langle I_3\rangle$ zu betrachten. Es sei $v \in \Gamma - \Gamma_0$. Dann ist $v = xe_1+ye_2+ze_3$ mit $(x,y) \neq 0$ und $z \neq 0$. Durch Addieren eines Vektors aus Γ_0 wird $0 \leqq x,y,z < 1$. Dabei ist $v-I_3v = 2(xe_1+ye_2) \in \Gamma$ und $v+I_3v = 2ze_3 \in \Gamma$, also $z = \frac{1}{2}$ und $x,y \in \{0,\frac{1}{2}\}$. Notfalls durch Umbezeichnen der Basis von $\langle e_1,e_2\rangle_{\mathbb{Z}}$ wird $v = \frac{1}{2}(e_1+e_2+e_3)$. Dann sind $\frac{1}{2}(e_1+e_3)$ und $\frac{1}{2}(e_2+e_3) \notin \Gamma$, also ist $\Gamma \in F_2^M$.

b) Es sei etwa $G = D_2 = \langle I_1,I_3\rangle$. Die Gitterebene $U = \langle e_1,e_2\rangle_{\mathbb{R}}$ nennen wir einfach, wenn e_1,e_2 eine $\mathbb{Z}$-Basis von $U \cap \Gamma$ ist, und zentriert, wenn $\frac{1}{2}(e_1+e_2)$, $\frac{1}{2}(e_1-e_2)$ eine $\mathbb{Z}$-Basis ist.
(Nach 7.7 gibt es nur diese beiden Fälle.) Auch sei $\Gamma' = \Gamma\{I_3\}$.
Im Falle $\Gamma = \Gamma'$ haben wir $\Gamma \in F_{22}^C$. Es sei daher $\Gamma \neq \Gamma'$ und $v \in \Gamma - \Gamma'$.

<u>U sei einfach</u>. Nach a) ist v ohne Einschränkung gleich $\frac{1}{2}(e_1+e_2+e_3)$ oder $\frac{1}{2}(e_1+e_3)$. Also ist $\Gamma \in F_{22}^M$ oder $\Gamma \in F_{22}^C$ (mit permutierter Basis e_1,e_2,e_3).

<u>U sei zentriert</u>. Nach a) ist v ohne Einschränkung gleich

$\frac{1}{2}(\frac{1}{2}(e_1 \pm e_2)+e_3)$ oder $\frac{1}{2}(\frac{1}{2}(e_1+e_2)+\frac{1}{2}(e_1-e_2)+e_3) = \frac{1}{2}(e_1+e_3)$.

Der erste Fall liefert den Widerspruch $v + I_1 v = \frac{1}{2}e_1 \notin \Gamma, \in \Gamma$.
Also ist $\Gamma \in F_{22}^{F}$.

c) Ist die Aussage für $G = C_4 = \langle A\rangle$ richtig, so gilt sie auch für D_4^{i} und die anderen Gruppen aus Σ_4. Es sei $v \in \Gamma - \Gamma_0$. Nach a) mit $I_3 = A^2$ ist v ohne Einschränkung gleich $\frac{1}{2}(e_1+e_2+e_3)$ oder $\frac{1}{2}(e_1+e_3)$.
Der zweite Fall liefert den Widerspruch $Av-v = \frac{1}{2}(e_2-e_1) \notin \Gamma, \in \Gamma$.
Daher ist $\Gamma \in F_4^{M}$.

d) Es sei etwa $G = C_3 = \langle D\rangle$. Weiter sei $v = ze_3+u \in \Gamma - \Gamma_0$ mit $z \neq 0$ und $u = -xe_1+ye_2 \neq 0$. Dabei können wir $|x|, |y|, |z| \leq \frac{1}{2}$ annehmen.
Weiter ist $De_1 = e_2$, $De_2 = -e_1-e_2$, also

$$D^2v-Dv = D^2u-Du = x(e_1+e_2)+ye_1+xe_2+y(e_1+e_2)$$
$$= (x+2y)e_1+(2x+y)e_2 \in \Gamma.$$

Insbesondere ist $3y = 2(x+2y)-(2x+y) \in \mathbb{Z}$ und ebenso $3x \in \mathbb{Z}$.
Es folgt $x = y = \pm\frac{1}{3}$. Auch ist $(E+D+D^2)v = 3ze_3 \in \Gamma$, also $z = \pm\frac{1}{3}$.

Notfalls durch Vertauschen von e_1 und e_2 wird $v = \frac{1}{3}(e_2-e_1+e_3)$.
Dann ist $\frac{1}{3}(e_1-e_2+e_3) \notin \Gamma$, also $\Gamma \in F_3$. Wegen $B \notin S(\Gamma)$ ist $G \notin \Sigma_6$.

e) Es sei etwa $G = T$. Wir wenden b) mit $D_2 \lhd G$ an. Der Fall $\Gamma \in F_{22}^{C}$ aus b) führt auf den Widerspruch $Rv \in \Gamma, \notin \Gamma$.

<u>12.7 Satz</u>. *Jede kristallographische Punktgruppe des 3-dimensionalen Raumes gehört zu einer der folgenden 73 arithmetischen Klassen:*

a) C_1^{i}, C_1 *auf beliebigen Gittern.*

b) C_2^{i}, C_2, C_2^{-} *auf* F_2*-Gittern.*

C_2^{i}, C_2, C_2^{-} *auf* F_2^{M}*-Gittern*

c) D_2^{i}, D_2, D_2^{+} *auf* F_{22}*-Gittern.*

D_2^{i}, D_2, $D_{2a}^{+} = \langle I_3^{C}, S_1^{C}\rangle$, $D_{2b}^{+} = \langle S_3^{C}, I_1^{C}\rangle$ *auf* F_{22}^{C}*-Gittern.*

D_2^{i}, D_2, D_2^{+} *auf* F_{22}^{F}*-Gittern.*

D_2^{i}, D_2, D_2^{+} *auf* F_{22}^{M}*-Gittern.*

d) D_4^i, D_4, D_4^+, $D_{4a}^- = \langle -A, I_1 \rangle$, $D_{4b}^- = \langle -A, I \rangle$,

C_4^i, C_4, C_4^- *auf F_4-Gittern.*

D_4^i, D_4, D_4^+, $D_{4a}^- = \langle -A^M, I_1^M \rangle$, $D_{4b}^- = \langle -A^M, I^M \rangle$,

C_4^i, C_4, C_4^- *auf F_4^M-Gittern.*

e) D_6^i, D_6, D_6^+, $D_{6a}^- = \langle -B, I \rangle$, $D_{6b}^- = \langle -B, I' \rangle$,

C_6^i, C_6, C_6^-,

$D_{3a}^i = \langle -D, I \rangle$, $D_{3b}^i = \langle -D, I' \rangle$, $D_{3a} = \langle D, I \rangle$, $D_{3b} = \langle D, I' \rangle$

$D_{3a}^+ = \langle D, S \rangle$, $D_{3b}^+ = \langle D, S' \rangle$, C_3^i, C_3 *auf F_6-Gittern.*

D_3^i, D_3, D_3^+, C_3^i, C_3 *auf F_3-Gittern.*

f) O^i, O, O^-, T^i, T *auf F_c-Gittern*

O^i, O, O^-, T^i, T *auf F_c^F-Gittern.*

O^i, O, O^-, O^i, T *auf F_c^M-Gittern*

<u>Beweis.</u> Wir diskutieren wieder die in 12.1 und 12.6 auftretenden Fälle:

a) Es sei $G \in \Sigma_1$. Dann ist $G = C_1^i$ oder C_1.

b) Es sei $G \in \Sigma_2$. Dann ist $G = C_2^i$, C_2 oder C_2^-. Dabei sind die Operationen von G auf F_2- und F_2^M-Gittern inäquivalent, denn im ersten Fall ist $\Gamma\{G\} = \Gamma$, im zweiten dagegen $\Gamma\{G\} \neq \Gamma$.

c) Es sei $G \in \Sigma_{22}$. Die Gruppe D_2 operiert auf F_{22}-, F_{22}^C-, F_{22}^F-, F_{22}^M-Gittern Γ, Γ^C, Γ^F, Γ^M inäquivalent, denn es ist $\Gamma = \Gamma\{D_2\}$, $|\Gamma^C : \Gamma^C\{D_2\}| = |\Gamma^M : \Gamma^M\{D_2\}| = 2$, $|\Gamma^F : \Gamma^F\{D_2\}| = 4$, $\Gamma^C = \Gamma\{I_3\}$ und $\Gamma^M \neq \Gamma\{I_k\}$, $1 \le k \le 3$.

Da $-E$ im Zentrum von $GL(V)$ liegt, erhalten wir auch für D_2^i inäquivalente Operationen. Die 3 Untergruppen $\triangleq D_2^+$ von D_2^i sind

$D_{2a}^+ = \langle I_3, -I_1 \rangle$, $D_{2b}^+ = \langle I_1, -I_3 \rangle$ und $D_{2c}^+ = \langle I_2, -I_3 \rangle$.

Für die Gitter Γ, Γ^F und Γ^M sind die 3 Achsen $\langle e_i \rangle$ sowie die 3 Ebenen $\langle e_i, e_j \rangle$, $i \neq j$, gleichberechtigt, also ist $D_{2a}^+ \sim D_{2b}^+ \sim D_{2c}^+$.

Für Γ^C bewirkt D_{2a}^+ auf dem Netz Δ senkrecht zur einzigen Drehachse die Gruppe $D_2(N_r')$, dagegen bewirken D_{2b}^+ und D_{2c}^+ auf Δ beide $D_2(N_r)$. Aus D_{2b}^+ erhält man D_{2c}^+ durch Vertauschen von e_1 und e_2. Also ist $D_{2a}^+ \not\sim D_{2b}^+ \sim D_{2c}^+$ auf Γ^C.

d) Es sei $G \in \Sigma_4$. Wir erhalten wieder $D_{4a}^+ = \langle -A, I_1\rangle$ und $D_{4b}^+ = \langle -A, AI_1\rangle$. Nur im ersten Fall erzeugen die Achsen der beiden Zweierdrehungen $\neq I_3$ das ganze Netz $\langle e_1, e_2\rangle_{\mathbb{Z}}$. Wie in b) sind die Operationen auf F_4- und F_4^M-Gittern inäquivalent.

e) Es sei $G \in \Sigma_3 \cup \Sigma_6$. Die beiden Untergruppen $\cong D_3$ von D_6 sind $D_{3a} = \langle B^2, I\rangle$ und $D_{3b} = \langle B^2, I'\rangle$. Nur D_{3a} ist auch Untergruppe von $S(\Gamma_3)$, vgl. 12.5g). Auf F_6-Gittern sind D_{3a} und D_{3b} inäquivalent, denn nur für D_{3a} erzeugen die Achsen der 3 Zweierdrehungen das Netz $\langle e_1, e_2\rangle_{\mathbb{Z}}$. Ebenso erhalten wir $D_{3a}^+ \not\sim D_{3b}^+$, $D_{3a}^i \not\sim D_{3b}^i$ und $D_{6a}^- \not\sim D_{6b}^-$.

f) Es sei $G \in \Sigma_c$. Der Normalteiler D_2 von O operiert auf F_c-, F_c^F- und F_c^M-Gittern inäquivalent. Also gilt dies erst recht für G.

12.8 Bemerkung. Es mag auf den ersten Blick befremden, daß die Kleinsche Vierergruppe in Satz 12.7 insgesamt 11 mal als ganzzahlige Matrizengruppe auftritt, und daß alle diese Gruppen unterschieden werden. Man beachte jedoch, daß die zugehörigen Raumgruppen (0-Erweiterungen) nach 6.10a) und 6.19 nicht isomorph sind.

12.9 Satz. *Jedes ternäre Gitter* Γ *gehört zu einer der folgenden 14 Äquivalenzklassen und 6 Familien:*

a) Trikline Familie. *Gitter* Γ_1, $S^+(\Gamma_1) = C_1$.
(Dabei haben wir $S^+(\Gamma) = \{G \in S(\Gamma) \mid \det G = 1\}$ *gesetzt.)*

b) Monokline Familie. $S^+(\Gamma) \triangleq C_2$.
Einfaches Gitter Γ_2, *zentriertes Gitter* Γ_2^M.

c) Orthorhombische Familie. $S^+(\Gamma) \triangleq D_2$.
Einfaches Gitter Γ_{22}, *basiszentriertes Gitter* Γ_{22}^C, *flächenzentriertes Gitter* Γ_{22}^F, *innenzentriertes Gitter* Γ_{22}^M.

d) Tetragonale Familie $S^+(\Gamma) \triangleq D_4$.
Einfaches Gitter Γ_4, *zentriertes Gitter* Γ_4^M.

e) **Trigonale Familie.** $S^+(\Gamma) \triangleq D_6$ *oder* D_3.
Hexagonales Gitter Γ_6, *rhomboedrisches Gitter* Γ_3.

f) **Kubische Familie.** $S^+(\Gamma) \triangleq O$.
Einfaches Gitter Γ_c, *flächenzentriertes Gitter* Γ_c^F, *innenzentriertes Gitter* Γ_c^M,

Beweis. Nach 12.7 kommen für $S^+(\Gamma)$ bis auf arithmetische Äquivalenz nur 14 Gruppen in Frage. Daher gibt es höchstens die angegebenen Äquivalenzklassen von Gittern, und diese sind alle verschieden. Zu zeigen bleibt, daß es zu jeder der 14 Gruppen G ein Gitter Γ mit $G = S^+(\Gamma)$ gibt. Für $G \triangleq O$ ist nichts zu beweisen. Für die übrigen 10 Gruppen $G \neq C_1$ gibt es jedenfalls Gitter $\Gamma = \langle v_1, v_2, v_3\rangle_{\mathbb{Z}}$ und $\Gamma_0 = \langle e_1, e_2, e_3\rangle_{\mathbb{Z}}$ mit $G \leq S^+(\Gamma)$ und $\Gamma_0 = \Gamma\{G\}$. Wählen wir dabei $\|e_3\| \geq 3\max(\|e_1\|, \|e_2\|)$, so ist $G\langle e_1, e_2\rangle = \langle e_1, e_2\rangle$ für alle $G \in S(\Gamma)$. Wählen wir also das Netz $\langle e_1, e_2\rangle$ nicht spezieller, als es die Gruppe G erfordert, vgl. 7.7, so wird $G = S^+(\Gamma)$.

Schließlich sei $G = C_1$. Es sei $\Gamma = \langle v_1, v_2, v_3\rangle_{\mathbb{Z}}$ mit $v_1 = e_1$, $v_2 = \frac{1}{3}e_1 + e_2$, $v_3 = \frac{1}{4}e_1 + e_3$. Dabei sei e_1, e_2, e_3 eine Orthonormalbasis. Wir zeigen $S(\Gamma) = \{\pm E\}$:

Es sei $0 \neq v = \sum_1^3 a_j v_j \in \Gamma$ mit $\|v\|^2 = (a_1 + \frac{1}{3}a_2 + \frac{1}{4}a_3)^2 + a_2^2 + a_3^2 \leq \|v_2\|^2 = 10/9$.
Ist $a_i^2 \neq 0$ für ein $i \geq 2$, so ist $a_i^2 = 1$ und $a_j = 0$ für $j \neq i$.
Ist $a_2^2 = a_3^2 = 0$, so ist $a_1^2 = 1$. Daher ist $v \in \{\pm v_1, \pm v_2, \pm v_3\}$.
Für alle $G \in S(\Gamma)$ ist also $Gv_j = \varepsilon_j v_j$ mit $\varepsilon_j = \pm 1$. Wegen

$$\frac{1}{i+1} = v_1 \cdot v_i = Gv_1 \cdot Gv_i = \frac{\varepsilon_1 \varepsilon_i}{i+1} \text{ folgt } \varepsilon_1 = \varepsilon_2 = \varepsilon_3.$$

12.10 Definition. Bei der Bezeichnung der arithmetischen Kristallklassen ordnen wir den Gruppen G das Gitter niedrigster Symmetrie zu, auf dem G operiert.

$G \in \Sigma_1$: $G(\Gamma_1)$;

$G \in \Sigma_2$: $G(\Gamma_2)$, $G(\Gamma_2^M)$;

$G \in \Sigma_{22}$: $G(\Gamma_{22})$, $G(\Gamma_{22}^C)$, $G(\Gamma_{22}^F)$, $G(\Gamma_{22}^M)$;

$G \in \Sigma_3$: $G(\Gamma_6)$, $G(\Gamma_3)$;

$G \in \Sigma_6$: $G(\Gamma_6)$;

$G \in \Sigma_c$: $G(\Gamma_c)$, $G(\Gamma_c^F)$, $G(\Gamma_c^M)$.

In 12.9 haben wir z.B. tetragonale Gitter Γ dadurch definiert, daß $S^+(\Gamma) \triangleq D_4$ ist. Für die Parameter des einfachen Gitters oder Untergitters muß nach 12.3 dann a = b, $\alpha = \beta = \gamma = 90°$ gelten. Klar ist auch, daß $c \neq a$ sein muß, da sonst Γ kubisch wäre. Es stellt sich nun die Frage, ob umgekehrt diese Bedingungen an die Parameter garantieren, daß das Gitter tetragonal ist. Für einfache Gitter lautet die Antwort ja. Für zentrierte tetragonale Gitter muß zusätzlich $c \neq \sqrt{2}\,a$ sein, wie man an der folgenden Zeichnung erkennt:

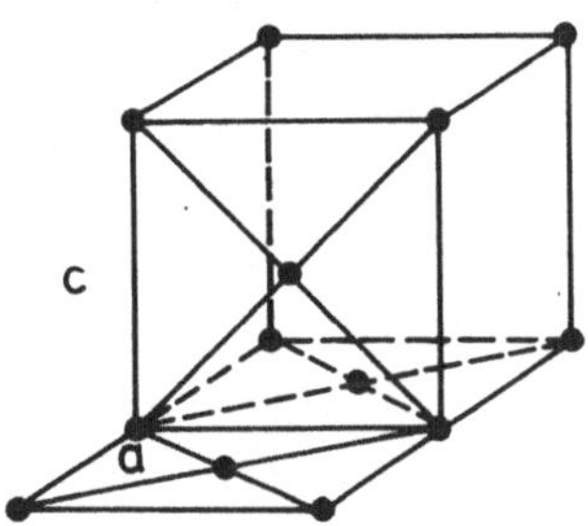

Das skizzierte flächenzentrierte kubische Gitter ist zugleich ein bezüglich D_4 innenzentriertes Gitter: der tetragonale Parameter a ist gleich der halben Länge der Flächendiagonale des Würfels, während c gleich seiner Kantenlänge ist. Wir haben also $c = \sqrt{2}\,a$.

Es ist nun nicht schwer zu sehen, daß $c = \sqrt{2}\,a$ die einzige Ausnahme ist, denn wir wissen ja, daß als Ausnahmen nur die 3 kubischen Gitter in Frage kommen: Die Drehgruppe $S^+(\Gamma_c^F)$ des flächenzentrierten kubischen Gitters besitzt bis auf arithmetische Äquivalenz nur eine Untergruppe D_4, und bezüglich D_4 entfällt die Unterscheidung zwischen Flächen- und Innenzentrierung. Für die beiden anderen kubischen Gitter liefert diese Überlegung lediglich die Bedingung $c \neq a$.

Wir geben nun noch die etwas versteckten Übergänge zwischen anderen Gittern an. Nützlich ist die folgende Übersicht, aus der hervorgeht, welche der in 12.3 und 12.4 definierten Gitterklassen spezieller sind als andere.

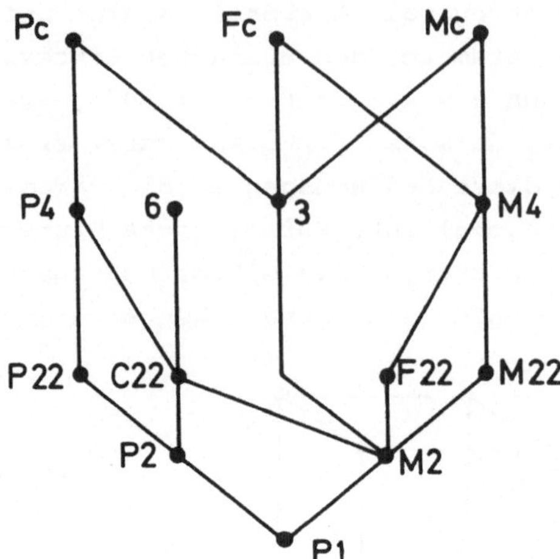

Primitive Gitter sind mit P bezeichnet. Der Punkt F22 zum Beispiel ist mit M4 durch eine nach oben führende Linie verbunden, was bedeutet:

1) F_{22}^{F}-Gitter sind im Sinne von 7.5b) allgemeiner als F_{4}^{M}-Gitter.

2) Bei spezieller Wahl der Parameter -nämlich wenn zwei der 3 Gitterkonstanten a,b,c gleich sind- werden F_{22}^{F}-Gitter zu F_{4}^{M}-Gittern.

Für die folgenden Gitter gibt es keine Überraschungen:

a) F_4-Gitter sind für $c \neq a = b$ stets tetragonal.

b) In F_{22}-, F_{22}^{F}- und F_{22}^{M}-Gittern können wir $a \leq b \leq c$ annehmen. Genau wenn $a < b < c$ gilt, sind diese Gitter orthorhombisch.

c) In F_{22}^{C}-Gittern können wir $a \leq b$ annehmen. Genau wenn $a < b \neq \sqrt{3}\, a$ gilt, sind diese Gitter orthorhombisch. (Über c braucht nichts vorausgesetzt zu werden. Für $b = \sqrt{3}\, a$ wird das Gitter hexagonal.)

d) F_2-Gitter sind genau dann monoklin, wenn das Netz N senkrecht zur Digyre keine besonderen Symmetrien besitzt. Wählen wir in N eine reduzierte Zelle, so bedeutet dies nach 7.4a), daß

$$0 < g^2 < a^2 < b^2 \text{ mit } g^2 = 2ab \cos \beta$$

gelten muß. (Als Digyre haben wir die c-Achse und nicht, wie in der Literatur oft üblich ist, die b-Achse gewählt.)

Natürlich brauchen wir das hexagonale und die 3 kubischen Gitter nicht zu betrachten.

In den verbleibenden Gittern sind die Zusammenhänge komplizierter.

e) F_4^M-Gitter sind für $a \neq c \neq 2\sqrt{a}$ stets tetragonal.

f) F_3-Gitter sind für $c^2 \neq 6a^2, \frac{3}{2}a^2, \frac{3}{8}a^2$ stets rhomboedrisch.

Übersichtlicher werden diese Bedingungen, wenn man nicht die hexagonale Zelle, sondern die rhomboedrische (also die Basis v_1, v_2, v_3 aus 12.4d) wählt. Die Bedingungen für den Rhomboederwinkel $\alpha = \sphericalangle(v_1, v_2)$ lauten dann $\cos \alpha \neq \frac{1}{2}, 0, -\frac{1}{3}$. Für die Ausnahmewerte $\cos \alpha = \frac{1}{2}, 0, -\frac{1}{3}$ wird das F_3-Gitter kubisch flächenzentriert, einfach, bzw. innenzentriert; $\arccos \frac{1}{2} = 60°$ ist der Winkel zwischen zwei Flächendiagonalen, $\arccos 0 = 90°$ der Winkel zwischen zwei Kanten und $\arccos -\frac{1}{3} = 109°28'$ der Winkel zwischen zwei Raumdiagonalen des Würfels.

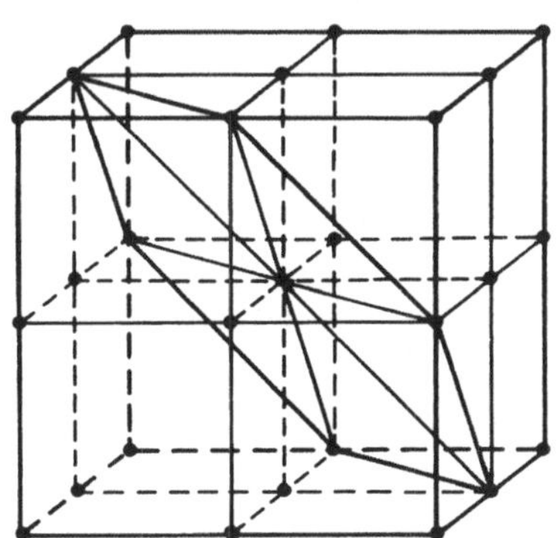

Würfel und Sechseck

g) Für zentrierte monokline Gitter ist die Bedingung, daß das Netz N senkrecht zur Digyre das allgemeine sein muß, nur mit Einschränkungen richtig. Das Netz N kann zwar nicht rechteckig, quadratisch oder hexagonal sein, wohl aber rhombisch (= zentriert rechteckig), wenn die Projektionen der Zentrierungspunkte des Gitters auf den Rhombenkanten und nicht auf den Rhombendiagonalen liegen. Ist N rhombisch oder allgemein, so muß noch sichergestellt werden, daß das Gitter nicht vom Typ F_3 ist. Liegt ein F_3-Gitter vor, so ist $3c^2 = a^2$ und N hat die folgende Gestalt:

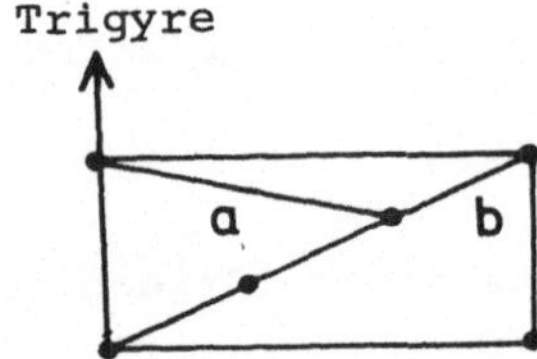

Die Diagonale des Rechtecks (oder Quadrats) wird in 3 gleiche Teile zerlegt. Obwohl ein solches Netz mit Recht als speziell anzusehen ist, braucht es keine besonderen Symmetrien zu besitzen.

h) Am kompliziertesten sind die Parameterbedingungen für trikline Gitter. Die quadratische Form eines ganz beliebigen Gitters können wir in der Gestalt $\sum_{1\leq i\leq j\leq 3} f_{ij}x_ix_j$ annehmen, wobei alle f_{ij} mit $i<j$ negativ oder alle ≥ 0 sind und außerdem gilt

$$f_{11}\leq f_{22}\leq f_{33},\quad 0\leq|f_{12}|\leq f_{11},\quad 0\leq|f_{13}|\leq f_{11},\quad 0\leq|f_{23}|\leq f_{22},$$
$$0\leq f_{11}+f_{22}+f_{12}+f_{13}+f_{23}.$$

Haben wir nun in allen diesen Ungleichungen das echte Kleinerzeichen, so ist das Gitter triklin. Diese Bedingung ist zwar hinreichend, nicht aber notwendig. Wir gehen darauf in § 13 näher ein. An dieser Stelle mag die Feststellung genügen, daß es jedenfalls sehr viele trikline Gitter gibt.

Aufgaben

A 12.1* (Schwarzenberger) Es sei H die Gruppe aller (n,n)-Diagonalmatritzen mit Eigenwerten ± 1, also $|H| = 2^n$.

Man zeige, daß die Anzahl der Konjugiertenklassen von zu H isomorphen ganzzahligen Matrizengruppen gleich der Anzahl der Bahnen von S_n auf der Menge der Unterräume Φ von $\Omega = (GF(2))^n$ mit $(0,\dots,0,1,0,\dots,0) \notin \Phi$ ist. Dabei sei die Operation von S_n auf Ω wie in A 11.1 definiert. Hinweis: Man definiere ein einfaches Gitter für H und bestimme alle Zentrierungen.

A 12.2* Es sei $\Gamma = \langle v_1,\dots,v_n\rangle_{\mathbb{Z}}$ ein Gitter, weiter sei $\mathcal{H} \leq S(\Gamma)$ mit $H^2 = E$ für alle $H \in \mathcal{H}$. Man zeige:

a) Es gibt ein eindeutig bestimmtes maximales Gitter $\Gamma\{\mathcal{H}\} = \langle e_1,\dots,e_n\rangle_{\mathbb{Z}} \subseteq \Gamma$, so daß die Basisvektoren $e_1,\dots,e_n$ Eigenwerte für alle $H \in \mathcal{H}$ sind.

b) Für das Gitter $\Gamma\{\mathcal{H}\}$ aus a) ist $|\mathcal{H}|\Gamma \subseteq \Gamma\{\mathcal{H}\}$.

c) Es sei $V = \mathbb{R}^8$ der Hilbertraum mit $(x_0,\dots,x_7)\cdot(y_0,\dots,y_7) = \sum_i x_i y_i$. Wir betragen in V die Basis

$\frac{1}{8}(1,1,1,1,1,1,1,1)$, $\frac{1}{4}(0,0,0,0,1,1,1,1)$, $\frac{1}{4}(0,0,1,1,0,0,1,1)$,

$\frac{1}{4}(0,1,0,1,0,1,0,1)$, $\frac{1}{2}(0,0,0,0,0,0,1,1)$, $\frac{1}{2}(0,0,0,0,0,1,0,1)$,

$\frac{1}{2}(0,0,0,1,0,0,0,1)$, $(0,0,0,0,0,0,0,1)$

und das von diesen 8 Vektoren aufgespannte Gitter Γ.
Weiter seien S_1,S_2,S_3 die Diagonalmatrizen mit den Eigenwerten

$(1,1,1,1,-1-1-1-1)$, $(1,1,-1,-1,1,1,-1,-1)$, $(1,-1,1,-1,1,-1,1,-1)$.

Wir setzen $\mathcal{H} = \langle S_1,S_2,S_3\rangle$. Dann ist $\mathcal{H} \leq S(\Gamma)$ und $\Gamma\{\mathcal{H}\} = \{(z_0,\dots,z_7) \mid z_i \in \mathbb{Z}\}$. Weiter hat die abelsche Gruppe $\Gamma/\Gamma\{\mathcal{H}\}$ den Exponenten $8 = |\mathcal{H}|$.

§ 13*. DIE REDUKTIONSBEDINGUNGEN FÜR TERNÄRE QUADRATISCHE FORMEN

<u>13.1 Definition</u>. Es sei Γ ein ternäres Gitter.
Eine Basis v_1, v_2, v_3 von Γ heißt <u>reduziert</u>, wenn v_1, v_2, v_3 ein Minimalsystem von Γ ist mit

$$v_1 \cdot v_2 \geq 0,\ v_1 \cdot v_3 \geq 0,\ v_2 \cdot v_3 \geq 0$$

oder

$$v_1 \cdot v_2 < 0,\ v_1 \cdot v_3 < 0,\ v_2 \cdot v_3 < 0.$$

<u>13.2 Hilfssatz</u>. *Es sei* w_1, w_2, w_3 *ein Minimalsystem des Gitters* Γ.
(Ein solches existiert nach 2.15a) *und ist nach* 2.17b) *eine Gitterbasis.) Dann gibt es eine reduzierte Basis* v_1, v_2, v_3 *mit* $v_i = \pm w_i$, $1 \leq i \leq 3$.

<u>Beweis</u>. Wir setzen $a_{ij} = w_i \cdot w_j$. Ist die Wahl $v_i = w_i$, $1 \leq i \leq 3$, nicht erlaubt, so haben wir mit $\{r,s,t\} = \{1,2,3\}$ einen der Fälle:

$a_{rs} = 0,\ a_{rt} \leq 0,\ a_{st} \leq 0.$

$a_{rs} \geq 0,\ a_{rt} = 0,\ a_{st} \leq 0.$

$a_{rs} > 0,\ a_{rt} < 0,\ a_{st} < 0.$

$a_{rs} < 0,\ a_{rt} > 0,\ a_{st} > 0.$

Wir setzen dann $v_r = w_r$, $v_s = w_s$ und $v_t = -w_t$.

<u>13.3 Beispiele</u>. a) Das kubische Gitter $\Gamma_c = \langle e_1, e_2, e_3 \rangle_{\mathbb{Z}}$ gehöre zur Form $x_1^2 + x_2^2 + x_3^2$. Dann ist e_1, e_2, e_3 eine reduzierte Basis von Γ_c.

b) Es sei $v_1 = \frac{1}{2}(-e_1 + e_2 + e_3)$, $v_2 = \frac{1}{2}(e_1 - e_2 + e_3)$, $v_3 = \frac{1}{2}(e_1 + e_2 - e_3)$.
Dann ist v_1, v_2, v_3 eine reduzierte Basis von Γ_c^M mit der Form
$\frac{3}{4}(x_1^2 + x_2^2 + x_3^2) - \frac{1}{2}(x_1 x_2 + x_1 x_3 + x_2 x_3)$.

c) Es sei $u_1 = \frac{1}{2}(e_2+e_3)$, $u_2 = \frac{1}{2}(e_1+e_3)$, $u_3 = \frac{1}{2}(e_1+e_2)$

und $w_1 = \frac{1}{2}(e_1+e_2)$, $w_2 = \frac{1}{2}(e_1-e_2)$, $w_3 = \frac{1}{2}(e_1+e_3)$.

Dann sind u_1,u_2,u_3 und w_1,w_2,w_3 reduzierte Basen von Γ_c^F mit den

Formen $\frac{1}{2}(x_1^2+x_2^2+x_3^2+x_1x_2+x_1x_3+x_2x_3)$ bzw. $\frac{1}{2}(x_1^2+x_2^2+x_3^2+x_1x_3+x_2x_3)$.
Es gibt also (anders als im ebenen Fall, vgl. 7.4) keine Symmetrie $G \in \mathcal{S}(\Gamma_c^F)$ mit $w_i = Gu_i$, $1 \leq i \leq 3$.

13.4 Hilfssatz. *Es sei* $v_1,\dots,v_n$ *eine Basis des reellen Hilbertraums* V, *dabei sei* $n \leq 4$.

a) *Für alle* $u = \sum_{i=1}^{k} s_i v_i \in V$ *mit* $u \neq \pm v_k$, $s_i \in \{0,1,-1\}$ *und* $s_k \neq 0$

sei $\|v_k\| \leq \|u\|$. *Auch sei* $\|v_1\| \leq \dots \leq \|v_n\|$

Dann ist $\|v_k\| \leq \|v\|$ *für alle* k *und*

$$v = \sum_{i=1}^{n} x_i v_i \in V \text{ mit } v \neq \pm v_k,\ x_i \in \mathbb{Z} \quad \text{und } (x_k,\dots,x_n) \neq 0.$$

b) *Die Aussage in* a) *bleibt richtig, wenn überall* " $\leq$ " " $<$ " *ersetzt wird.*

Beweis. (Minkowski, Werke II, S 78). Wir führen eine Induktion nach der lexikographischen Ordnung von $(n, \sum_{i=1}^{n} |x_i|)$. Für $n = 1$ ist die Behauptung richtig. Es sei also $n \geq 2$. Wir können $x_i \geq 0$ für alle i annehmen, denn andernfalls ersetzen wir, ohne die Voraussetzungen zu ändern, alle v_i mit $x_i < 0$ durch $-v_i$. Weiter können wir $x_i > 0$ für alle i annehmen, denn im Falle $x_i = 0 \neq x_k$ lassen wir v_i weg und erhalten $\|v\| \geq \|v_k\|$ (bzw. $\|v\| > \|v_k\|$) nach Induktionsannahme, und im Falle $x_k = 0$ gibt es ein $k' > k$ mit $x_{k'} \neq 0$, also $\|v\| \geq \|v_{k'}\| \geq \|v_k\|$.

Von den Zahlen $x_1,\dots,x_n$ sei nun x_j die letzte der kleinsten.
Wir setzen $v' = v-w$ mit $w = \sum_{i \neq j} x_j v_i$, $1 \leq i \leq n$.

Dann ist $v' = \sum_1^n x_i' v_i$ mit $x_i' \geq 0$, $x_n' > 0$ und $\sum_1^n x_i' < \sum_1^n x_i$.

Also ist $\|v'\| \geq \|v_n\|$ nach Induktionsannahme. Mit $a_{ik} = v_i \cdot v_k$ haben wir weiter

$$\|v\|^2-\|v'\|^2 = 2v\cdot w-\|w\|^2$$

$$= 2\sum_i \sum_{k\neq j} x_i x_j a_{ik} - \sum_{i\neq j}\sum_{k\neq j} x_j^2 a_{ik}$$

$$= 2\sum_{i\neq j}(x_i x_j \sum_{k\neq j} a_{ik}) + 2\sum_{k\neq j} x_j^2 a_{jk} - \sum_{i\neq j}(x_j^2 \sum_{k\neq j} a_{ik})$$

$= A+B$ mit

$$A = 2\sum_{i\neq j}((x_i-x_j)x_j \sum_{k\neq j} a_{ik}) \quad \text{und}$$

$$B = \sum_{i\neq j}(x_j^2 \sum_{k\neq j} a_{ik}) + 2\sum_{k\neq j} x_j^2 a_{jk}$$

$$= x_j^2(\sum_i \sum_{k\neq j} a_{ik} + \sum_{k\neq j} a_{jk})$$

$$= x_j^2(\sum_i \sum_{k\neq j} a_{ik} + \sum_{i\neq j} a_{ij})$$

$$= x_j^2(\sum_{i,k} a_{ik} - a_{jj})$$

$$= x_j^2(\|v_1+\ldots+v_n\|^2-\|v_j\|^2).$$

Die Voraussetzung mit $u = \sum_i v_i$ liefert also $B \geq 0$.

Ebenfalls ist $A \geq 0$, denn für $i\neq j$ und $n \leq 4$ ist $\sum_{k\neq j} a_{ik}$ gleich a_{ii} plus höchstens 2 weitere Summanden a_{ik}, dabei ist $\|v_i+v_k\|^2 \geq \|v_k\|^2$, also $a_{ii}+2a_{ik} \geq 0$. Insgesamt erhalten wir $\|v\|^2 \geq \|v'\|^2 \geq \|v_n\|^2 \geq \ldots \geq \|v_1\|^2$.

13.5 Satz. (Seeber). *Es seien* $f_{ij} \in \mathbb{R}$, $1 \leq i \leq j \leq 3$, *dabei sei*
$f_{12} \geq 0$, $f_{13} \geq 0$, $f_{23} \geq 0$ *oder* $f_{12} < 0$, $f_{13} < 0$, $f_{23} < 0$.
Genau dann gibt es ein Gitter Γ *und eine reduzierte Basis* v_1, v_2, v_3 *von* Γ *mit* $f_{ii} = \|v_i\|^2$ *und* $f_{ij} = 2v_i\cdot v_j$ *für* $i\neq j$, *wenn folgende Reduktionsbedingungen erfüllt sind:*

$$0 < f_{11} \leq f_{22} \leq f_{33},$$

$$|f_{12}| \leq f_{11},\ |f_{13}| \leq f_{11},\ |f_{23}| \leq f_{22},$$

$$0 \leq s := f_{11}+f_{22}+f_{12}+f_{13}+f_{23}.$$

Beweis. Es sei v_1, v_2, v_3 eine reduzierte Basis mit den angegebenen Skalarprodukten. Dann sind die Voraussetzungen von 13.4a) erfüllt. Wir haben also

1) $\|v_k\|^2 \leq \|\pm v_k + v_i\|^2$ für $i \neq k$. Dies liefert $|f_{12}| \leq f_{11}$, $|f_{13}| \leq f_{11}$ und $|f_{23}| \leq f_{22}$.

2) $\|v_3\|^2 \leq \|s_1v_1+s_2v_2+v_3\|^2$ mit $|s_1| = |s_2| = 1$, also

$0 \leq f_{11}+f_{22}+s_1s_2f_{12}+s_1f_{13}+s_2f_{23}$.

Wegen 1) ist dies nur dann eine neue Bedingung, wenn $s_1 = s_2 = 1$ ist und die f_{ij} mit $i < j$ negativ sind.

Nun seien umgekehrt die Reduktionsbedingungen erfüllt. Wegen 13.4a) ist nur noch zu zeigen, daß $V = \langle v_1, v_2, v_3\rangle_{\mathbb{R}}$ mit der durch (f_{ij}) definierten symmetrischen Bilinearform ein Hilbertraum ist.
Nach 7.2 ist zunächst $U = \langle v_1, v_2\rangle_{\mathbb{R}}$ ein Hilbertraum. Also gibt es eine Basis v_1, v_2, v von V mit $v \in U^{\perp}$. Wir zeigen

$D = \det(v_i \cdot v_j) > 0$, dann ist $v \cdot v > 0$. Jedenfalls ist

$D = f_{11}f_{22}f_{33}+\frac{1}{4}(f_{12}f_{13}f_{23}-f_{11}f_{23}^2-f_{22}f_{13}^2-f_{33}f_{12}^2) \geq 0.$

Sind die f_{ij} mit $i \neq j$ nicht negativ, so folgt $D \geq \frac{1}{4}f_{11}f_{22}f_{33} > 0$.

Sind sie negativ und wäre $D = 0$, so wäre $|f_{ij}| = f_{11}$ für alle i,j, also $s = -f_{11} < 0$.

13.6 Folgerung. *Es sei* Γ *ein Gitter mit einer reduzierten Basis* v_1, v_2, v_3. *Mit den Bezeichnungen von* 13.5 *sei weiter*

$f_{11} < f_{22} < f_{33}$, $0 < |f_{12}| < f_{11}$, $0 < |f_{13}| < f_{11}$, $0 < |f_{23}| < f_{22}$ *und* $0 < s$.

Ist dann w_1, w_2, w_3 *eine andere reduzierte Basis von* Γ, *so ist* $w_i = -v_i$ *für* $1 \leq i \leq 3$. *Insbesondere ist* $S(\Gamma) = \{\pm E\}$.

Beweis. Wir zeigen $w_k = \pm v_k$ für $1 \leq k \leq 3$. Wegen $0 < |f_{ij}|$ müssen dann die drei Vorzeichen gleich sein.

Es sei bereits $w_{k'} = \pm v_{k'}$ für $k' < k$ gezeigt. Angenommen, es wäre $w_k \neq \pm v_k$. Dann ist $w_k \notin \langle v_1, \ldots, v_{k-1}\rangle_{\mathbb{R}}$. Da nach Voraussetzung in den Reduktionsbedingungen 13.5 überall " < " steht, ist nach 13.4b) also $\|v_k\| < \|w_k\|$. Dies widerspricht aber 2.15c).
Für $G \in S(\Gamma)$ ist Gv_1, Gv_2, Gv_3 eine reduzierte Basis, daher ist $G = \pm E$.

13.7 Hilfssatz. *Es sei* Γ *ein Gitter mit einem Minimalsystem* v_1, v_2, v_3. *Weiter sei* $v = av_1+bv_2+v_3 \in \Gamma$ *mit* $\|v\| = \|v_3\|$. *Dann ist* $|a|, |b| \leq 1$.

Beweis. Es sei wieder $f_{ii} = \|v_i\|^2$ und $f_{ij} = 2v_i \cdot v_j$, $i \neq j$. Wir haben $\|v\|^2 = \|v_3\|^2$, also

(1) $\quad a^2f_{11}+b^2f_{22}+abf_{12}+af_{13}+bf_{23} = 0.$

Fall I. Es sei $abf_{12} \geq 0$.

Wegen $a^2f_{11}+af_{13} = |a| \; (|a|f_{11} \pm f_{13}) \geq 0$ und $b^2f_{22}+bf_{23} \geq 0$ liefert (1) dann

$0 = abf_{12} = a(af_{11}+f_{13}) = b(bf_{22}+f_{23})$, also $|a|, |b| \leq 1$.

Tritt Fall I nicht ein, so haben wir ohne Beschränkung der Allgemeinheit

Fall II. Es sei $a > 0$, $b < 0$, $f_{12} > 0$.

Es ist $\|\pm v_1+v\|^2 \geq \|v_3\|^2 = \|v\|^2$, also $|2v_1 \cdot v| \leq \|v_1\|^2$,

(2) $|2af_{11}+bf_{12}+f_{13}| \leq f_{11}$,

und ebenso $\|\pm v_2+v\|^2 \geq \|v\|^2$,

(3) $|af_{12}+2bf_{22}+f_{23}| \leq f_{22}$.

Aus (2) und (3) erhalten wir

$f_{11} \geq 2af_{11}+bf_{12}+f_{13} \geq (2a+b-1)f_{11}$, also $1 \geq 2a+b-1$,

$-f_{22} \leq af_{12}+2bf_{22}+f_{23} \leq (a+2b+1)f_{22}$, also $-1 \leq a+2b+1$,

zusammen also $2a+b \leq 2 \leq a+2b+4$, $\qquad$ (*)

$$a-b \leq 4, \quad 1 \leq a \leq 4+b \leq 3.$$

a=3: $3 \leq 4+b$, $6+b \leq 2$ nach (*), Widerspruch.

a=2: $2 \leq 4+b$, $4+b \leq 2$, $b = -2$.

$0 = 4f_{11}+4f_{22}-4f_{12}+2f_{13}-2f_{23}$ nach (1)

$\quad = (4f_{11}-2f_{12}+2f_{13})+(4f_{22}-2f_{12}-2f_{23})$,

$f_{11} = f_{12} = -f_{13} = f_{22} = f_{23}$,

$f_{11}+f_{22}-f_{12}+f_{13}-f_{23} \;\; = -f_{11} < 0$

Widerspruch zu $||v_1-v_2+v_3||^2 \geq ||v_3||^2$.

Daher ist $a = 1$ und $2 \leq 2b+5$ nach (*), also $b = -1$.

<u>13.8 Beispiel</u>. Das Gitter $\Gamma = \langle v_1,v_2,v_3\rangle_{\mathbb{Z}}$ gehöre zur quadratischen Form $\sum_{i\leq j} f_{ij}x_ix_j$. Dabei sei

$f_{11} < f_{22} < f_{33}$, $0 < |f_{12}| < f_{11}$, $0 < |f_{13}| < f_{11}$, $0 < |f_{23}| < f_{22}$ und $0 = s$.

a) Die einzigen reduzierten Basen von Γ sind $\pm(v_1,v_2,v_3)$ und $\pm(-v_1,-v_2,v_1+v_2+v_3)$.

b) Genau dann ist Γ triklin, wenn $f_{11}+f_{13} \neq f_{22}+f_{23}$ ist.

<u>Beweis.</u> a) Es sei w_1,w_2,w_3 eine reduzierte Basis von Γ.
Wegen $f_{22} < f_{33}$ ist dann $w_1,w_2 \in U = \langle v_1,v_2\rangle$, also $w_{1,2} = c_{1,2}\, v_{1,2}$ mit $c_{1,2} = \pm 1$ nach 7.4a). Weiter ist $w_3 \notin U$, also $\pm w_3 = av_1+bv_2+v_3$. Ist $\pm w_3 = v_3$, so folgt $(w_1,w_2,w_3) = \pm(v_1,v_2,v_3)$, man beachte $f_{ij} \neq 0$. Es sei nun $\pm w_3 \neq v_3$. Wegen $s = o$ ist nach 13.7 dann $a = b = 1$, denn die anderen Möglichkeiten sind mit anderen Gleichungen in den Reduktionsbedingungen gekoppelt. Für $i \leq 2$ haben wir $2v_i\cdot(v_1+v_2+v_3) = 2f_{ii}+f_{12}+f_{i3} > 0$. Auch ist $f_{12} < 0$ wegen $s = 0$. Daher ist $c_1 = c_2 = -1$.

b) Nach a) ist Γ genau dann nicht triklin, wenn es ein $G \in \mathcal{S}(\Gamma)$ gibt mit $Gv_1 = -v_1$, $Gv_2 = -v_2$, $Gv_3 = v_1+v_2+v_3$.
Wir erhalten die Bedingungen

$-(2f_{11}+f_{12}+f_{13}) = f_{13}$, also $0 = 2f_{11}+f_{12}+2f_{13}$, und

$-(2f_{22}+f_{12}+f_{23}) = f_{23}$, also $0 = 2f_{22}+f_{12}+2f_{23}$.

Wegen $s = f_{11}+f_{22}+f_{12}+f_{13}+f_{23} = 0$ können wir die beiden Bedingungen zusammenfassen zu $f_{11}+f_{13} = f_{22}+f_{23}$.

<u>13.9 Satz</u>. (Seeber, Dirichlet). *Es seien* v_1,v_2,v_3 *und* w_1,w_2,w_3 *Minimalsysteme des Gitters* Γ. *Weiter sei* $w_j = \sum_{i=1}^{3} a_{ij}v_i$. *Dann ist* $|a_{ij}| \leq 1$ *für alle* i *und* j.

Beweis. a) Es sei $w_i \in \langle v_1\rangle$. Dann ist w_i eine Basis von $\langle v_1\rangle_{\mathbb{Z}}$, also ist $w_i = \pm v_1$.

b) Es sei $w_i \in \langle v_1,v_2\rangle - \langle v_1\rangle$. Für $i \neq 3$ folgt $\|w_i\| = \|v_2\|$ nach 2.15c). Für $i = 3$ ist $w_1 \notin \langle v_1,v_2\rangle$ oder $w_2 \notin \langle v_1,v_2\rangle$, also $\|w_1\| = \|v_3\|$ oder $\|w_2\| = \|v_3\|$, also ebenfalls $\|w_i\| = \|v_2\|$.
Daher ist v_1,w_i eine Basis von $\langle v_1,v_2\rangle_{\mathbb{Z}}$. Setzen wir $w_i = av_1 \pm v_2$, so folgt $|a| \leq 1$.

c) Es sei $w_i \notin \langle v_1,v_2\rangle$. Wegen $\|w_i\| = \|v_3\|$ folgt dann die Behauptung aus 13.7.

13.10 Definition. Es sei Γ ein Gitter von V (und $\dim V \geq 4$).
Eines Basis $v_1,\ldots,v_n$ von Γ heißt reduziert, wenn für $1 \leq k \leq n$ gilt:
Ist $v_1,\ldots,v_{k-1},v,w_{k+1},\ldots,w_n$ eine Basis von Γ, so ist $\|v\| \geq \|v_k\|$.

(Für $n \leq 3$ sind die Basen dieser Eigenschaft nach 2.17 die Minimalsysteme).

13.11 Satz. (Minkowski). *Es seien* $v_1,\ldots,v_n$ *und* $w_1,\ldots,w_n$ *reduzierte Basen des Gitters* Γ. *Weiter sei* $w_j = \sum_{i=1}^{n} a_{ij}v_i$. *Dann gibt es eine nur von* n *abhängige Konstante* c_n *mit* $|a_{ij}| \leq c_n$ *für alle* i *und* j.

Beweis. Minkowski, Werke II, 53-100. Eine erheblich vereinfachte Version des Minkowskischen Beweises, die freilich weniger scharfe Schranken liefert, gibt v.d. Waerden, Acta Math. 96(1957),265-309. Dieser Beweis ist recht elementar, er benutzt ähnliche Schlüsse wie in 2.17.

13.12 Satz (Jordan). *Es gibt bei vorgegebener Dimension des Hilbertraums nur endlich viele arithmetische Klassen von kristallographischen Punktgruppen.*

Beweis. Dies folgt unmittelbar aus 13.11, da Symmetrien offenbar reduzierte Basen in reduzierte Basen überführen.

Der Satz von Jordan läßt sich verallgemeinern zu einem Satz von Zassenhaus über Moduln von Ordnungen, vgl. § 79 in Curtis & Reiner:

"Representation theory of finite groups and associative algebras", New York, London 1962.

13.13 Satz (Bieberbach). *Es gibt bei vorgegebener Dimension des Raumes nur endlich viele Äquivalenzklassen von Raumgruppen.*

Beweis. Nach dem Satz 13.12 von Jordan genügt es zu zeigen, daß es bei vorgegebener Punktgruppe nur endlich viele Äquivalenzklassen von Raumgruppen gibt. Dies folgt aber aus 6.15a).

13.14 Kugelpackungen. Es sei S eine Teilmenge des n-dimensionalen Raumes. Wir setzen voraus, daß für jedes $s \in S$ die Zahl $k_s = \min \{ \|s-t\| \mid s \neq t \in S\}$ existiert und gleich einer Konstanten k ist. Ähnlich wie in 3.17 definieren wir die Kammer

$$F_s = \{v \mid \|v-s\| \leq \|v-t\| \text{ für alle } t \in S\}$$

von s. Die Menge F_s ist konvex und wird, falls sie beschränkt ist, von endlich vielen Hyperebenen begrenzt, hat also ein wohldefiniertes Volumen $V_n(F_s)$. Die größte Kugel um s, die ganz in F_s liegt, hat den Durchmesser k, also das Volumen

$$c_n k^n \text{ mit } c_n = (\sqrt{\pi})^n / 2^n \Gamma(\tfrac{n}{2}+1).$$

Sind nun alle Kammern F_s gleich groß, so bezeichnen wir als Kugelpackungsdichte von S die Zahl

$$\rho_S := \frac{k^n}{V_n(F_s)},$$

wobei wir den Faktor c_n im Zähler der Einfachheit halber weggelassen haben. Ist S speziell die Bahn einer Raumgruppe G mit dem Gitter Γ und der Punktgruppe H, so erhalten wir nach A 3.3

$$\rho_S = \frac{k^n}{m_s \sqrt{D_\Gamma}}, \quad s \in S \text{ beliebig,}$$

$$m_s = |\{G \in G \mid Gs = s\}| = |T_s H T_{-s} \cap G|$$

wo D_Γ die Diskriminante von Γ ist. Für $S = \Gamma$ wird

$$\rho_\Gamma = \frac{k^n}{\sqrt{D_\Gamma}},$$

wir nennen dann die Kugelpackung gitterartig.

Nach A 13.1 sind die Γ_c^F-Gitter die ternären Gitter mit dichtester gitterartiger Kugelpackung $\rho = \sqrt{2}$ (kubisch dichteste Kugelpackung). Diese Kugelpackung setzt sich aus zueinander parallelen hexagonalen Kugelschichten zusammen. Weitere ebenso dichte, aber nicht gitterartige Kugelpackungen erhält man, wenn man beachtet, daß jede hexagonale Schicht auf zwei verschiedene Weisen auf die bereits vorhandenen Schichten gelegt werden kann. Bei diesen Kugelpackungen ist jede Kugel von 12 Nachbarn umgeben.

Es besteht die noch unbewiesene Vermutung, daß für jede dreidimensionale Kugelpackung $\rho_S \leq \sqrt{2}$ ist. Bei den Beweisversuchen entsteht zum Beispiel folgende Schwierigkeit: Wir betrachten 12 gleich große Kugeln, deren Mittelpunkte auf den Ecken eines regelmäßigen Ikosaeders angeordnet seien und die eine dreizehnte ebenso große Kugel von außen berühren. Dann haben die Außenkugeln noch etwas Spielraum. Es ist daher schon recht schwierig zu zeigen, daß eine Kugel von höchstens 12 gleich großen Kugeln berührt werden kann. Für weitere Informationen, vgl. man L. Fejes Tôth: "Lagerungen in der Ebene, auf der Kugel und im Raum", Berlin, Göttingen, Heidelberg 1953.

Aufgaben

A 13.1 Es sei v_1, v_2, v_3 ein Minimalsystem des Gitters Γ zur Form $ax_1^2+bx_2^2+cx_3^2+gx_1x_2+hx_1x_3$ mit $0 \leq g \leq a \leq b \leq c$.

a) Wie in A 7.1 sei $r = \frac{ab(a+b-g)}{4D}$ mit $4D = 4ab-g^2$. Man zeige:

Es ist $2d(b-r) \geq ab^2$, wobei Gleichheit genau für $a = b$, $g \in \{0,a\}$ besteht.

b) Man zeige: Für die Diskriminante D_Γ von Γ gilt $abc \leq 2D_\Gamma$, wobei Gleichheit genau für kubisch flächenzentrierte Gitter besteht.

Anleitung: Es gibt Zahlen $h,s,t \geq 0$ mit

$$D_\Gamma = Dh,\ c = h+s = b+t,\ s \leq r,$$

r,D wie in a). Man leite hieraus die Ungleichung

$$2Dh-abc \geq (2D(b-r)-ab^2)+(2D-ab)t$$

her. Entsprechend 13.3c) gibt es für 2Dh = abc zwei Fälle.

c) Es sei ρ_Γ die Kugelpackungsdichte eines ternären Gitters. Man zeige

$$\rho_\Gamma \leq \sqrt{2} ,$$

wobei Gleichheit genau für die Γ_c^F-Gitter besteht.

d) Man zeige, daß die Kugelpackungsdichte der Γ_c^M-Gitter gleich $\frac{3}{4}\sqrt{3}$ ist.

A 13.2 Man beweise den folgenden "Austauschsatz":

Es seien v_1,v_2,v_3 linear unabhängige Vektoren eines ternären Gitters Γ mit $\|v_1\| \leq \|v_2\| \leq \|v_3\|$. Weiter sei v_1,v_2,v_3 kein Minimalsystem von Γ, aber v_1,v_2 ein Minimalsystem von $\langle v_1,v_2\rangle_{\mathbb{Z}}$. Für geeignete $s_1,s_2 \in \{0,1,-1\}$ sind dann $v_1,v_2,v = s_1v_1+s_2v_2+v_3$ linear unabhängige Vektoren von Γ mit $\|v\| < \|v_3\|$.

§ 14. DIE 230 RAUMGRUPPEN

Für die ternären Punktgruppen $H(\Gamma)$ verwenden wir die Bezeichnungen von 12.7 und 12.10. Es sei e_1, e_2, e_3 die $\mathbb{Z}$-Basis des zu H gehörigen Untergitters $\Gamma\{H\}$, vgl. 12.2. Mit der Schreibweise

$$A \in S(\Gamma_4^M)$$

drücken wir aus, daß $S(\Gamma_4^M)$ die Viererdrehung enthält, welche bezüglich e_1, e_2, e_3 die Matrix $\begin{pmatrix} 0 & -1 & 0 \\ 1 & 0 & 0 \\ 0 & 0 & 1 \end{pmatrix}$ besitzt, vgl. 12.3.

Für die Berechnung der Kohomologiegruppe $F(C_4, \Gamma_4^M)$ ist es jedoch notwendig eine Gitterbasis heranzuziehen, also zum Beispiel mit der Matrix $A^M = \begin{pmatrix} 0 & -1 & -1 \\ 1 & 0 & 0 \\ 0 & 0 & 1 \end{pmatrix}$ zu rechnen, vgl. 12.5. Wie wir in 6.15 gesehen haben, werden die Raumgruppen zur Punktgruppe $H(\Gamma)$ durch die Bahnen des Normalisators $N_{GL(\Gamma)}(H)$ auf $F(H,\Gamma)$ beschrieben.

<u>14.1 Hilfssatz.</u> *Es sei $H(\Gamma)$ eine Punktgruppe, wir setzen $N = N_{GL(\Gamma)}(H)$.*

a) *Für trikline Punktgruppen $G \in \Sigma_1$ ist $N = GL(\Gamma)$ unendlich.*

b) *Es sei $H \in \Sigma_2$ und $\Gamma = \Gamma_2$. Dann ist*
$N = \{G \in GL(\Gamma) \mid Ge_3 = \pm e_3,\ Ge_{1,2} \in \langle e_1, e_2\rangle\}$ *unendlich.*

c) *Es sei $H \in \Sigma_2$ und $\Gamma = \Gamma_2^M$. Dann ist*

$$N = \left\{ \begin{pmatrix} a & b & 0 \\ c & d & 0 \\ 0 & 0 & \pm 1 \end{pmatrix} \in GL(\mathbb{Z}^3) \;\middle|\; a+b \equiv c+d \equiv 1 \bmod 2 \right\} \text{ unendlich.}$$

d) *Es sei $H \triangleq D_2^i$ oder $H \triangleq D_2$. Dann ist*

$$N = \{U \in GL(\Gamma) \mid Ue_i = \pm e_i,\} \cong O^i.$$

e) *Es sei* $H \triangleq D_2^+$ *aber* $H(\Gamma) \not\sim D_{2b}^+(\Gamma_{22}^C)$. *Dann ist*

$$N = \{U \in GL(\Gamma) \mid Ue_3 = \pm e_3,\ Ue_i = \pm e_{i'}\} \cong D_4^i.$$

f) *Es sei* $H(\Gamma) = D_{2b}^+(\Gamma_{22}^C)$. *Dann ist* $N = D_{22}^i(\Gamma_{22}^C)$.

g) *Es sei* $H \in \Sigma_4$. *Dann ist* $N = D_4^i(\Gamma)$.

h) *Es sei* $H \in \Sigma_3 \cup \Sigma_6$ *und* $\Gamma = \Gamma_6$. *Dann ist* $N = D_6^i(\Gamma_6)$.

i) *Es sei* $H \in \Sigma_3$ *und* $\Gamma = \Gamma_3$. *Dann ist* $N = D_3^i(\Gamma_3)$.

j) *Es sei* $H \in \Sigma_c$. *Dann ist* $N = O^i(\Gamma)$.

Beweis. g) Es sei $U \in N$. Dann ist $U^{-1}AU$ eine Viererdrehung aus $\langle H,-E\rangle$, also gleich $A^{\pm 1}$. Daher ist $AU = UA^{\pm 1}$. Es folgt $AUe_3 = Ue_3$, also $Ue_3 = \pm e_3$. Weiter ist $A^2Ue_1 = -Ue_1$, also $Ue_1 \in N_q = \langle e_1,e_2\rangle_{\mathbb{Z}}$ und ebenso $Ue_2 \in N_q$. Auch ist $AUe_1 = \pm Ue_2$, also $Ue_1 \cdot Ue_2 = 0$ und $\|Ue_1\| = \|Ue_2\|$. Da Ue_1, Ue_2 eine $\mathbb{Z}$-Basis von N_q ist, folgt nach 7.4 nun $U \in S(\Gamma) = D_4^i(\Gamma)$. Die Gleichung $N = D_4^i(\Gamma)$ ergibt sich nun durch Inspektion der Liste 12.7d).

c) Es sei $U \in N$. Ähnlich wie in g) folgt zunächst $Ue_3 = \pm e_3$ und $Ue_{1,2} \in \langle e_1,e_2\rangle$. Es sei $Ue_1 = ae_1+ce_2$, $Ue_2 = be_1+de_2$.
Wegen $\frac{1}{2}(e_1+e_2+e_3) \in \Gamma$ und $e_3 \in \Gamma$ ist dann $\frac{1}{2}((a+b)e_1+(c+d)e_2+e_3) \in \Gamma$, also $\frac{1}{2}((a+b-1)e_1+(c+d-1)e_2) \in \Gamma$. Daher ist $a+b \equiv c+d \equiv 1(2)$.
Sind umgekehrt die Kongruenzen erfüllt, so ist

$$\begin{pmatrix} a & b & 0 \\ c & d & 0 \\ 0 & 0 & \pm 1 \end{pmatrix} \in N.$$

j) Es sei $U \in N$. Wir haben $K = \{E, I_1, I_2, I_3\} \subset H$, und K ist der einzige zu D_2 isomorphe Normalteiler von $\{H \in H \mid \det H = 1\}$. Daher ist $U \in N_{GL(\Gamma)}(K)$, also $Ue_i = \pm e_{i'}$, also $U \in O^i$.

Der Beweis der restlichen Teile ist ähnlich.

14.2 Hilfssatz. *Es sei $\mathcal{H} \leq S(\Gamma)$ für ein Gitter Γ.*
Dann ist $U\bar{\nu} = \bar{\nu}$ für alle $U \in \mathcal{H}$ und $\bar{\nu} \in F(\mathcal{H},\Gamma)$.

Beweis. Offenbar ist $\mathcal{H} \leq N_{GL(\Gamma)}(\mathcal{H})$. Wegen $U \in \mathcal{H}$ haben wir

$$U\ \nu(U^{-1}HU) \equiv U(\nu(U^{-1}) + U^{-1}\nu(H) + U^{-1}H\nu(U)) \mod \Gamma$$

$$U(-U^{-1}\nu(U) + U^{-1}\nu(H) + U^{-1}H\nu(U)) \mod \Gamma$$

$$= \nu(H) - (E-H)\nu(U).$$

Setzen wir $\nu^*(U) = U\nu(U^{-1}HU)$, so ist $\nu^* \| \nu$, also $\overline{\nu^*} = \bar{\nu}$.

14.3 Hilfssatz. *Es sei Γ ein Gitter mit $\Gamma = \Delta_1 \oplus \Delta_2$.*

a) *Es ist*

$$L(\mathcal{H},\Gamma) \cong L(\mathcal{H},\Delta_1) \oplus L(\mathcal{H},\Delta_2) \quad \textit{und} \quad F(\mathcal{H},\Gamma) \cong F(\mathcal{H},\Delta_1) \oplus F(\mathcal{H},\Delta_2).$$

b) *Es sei $Hv = v$ für alle $v \in \Delta_1$ und $H \in \mathcal{H}$. Dann ist $F(\mathcal{H},\Delta_1)$ isomorph zur additiven Gruppe $\mathrm{Hom}(\mathcal{H},(\mathbb{R}/\mathbb{Z})^m)$ aller Gruppenhomomorphismen von $\mathcal{H}$ nach $(\mathbb{R}/\mathbb{Z})^m$. Dabei ist m der Rang von Δ_1.*

Beweis. a) Für $\nu: \mathcal{H} \to \langle\Gamma\rangle_{\mathbb{R}}$ sei

$$\nu(H) = \mu_1(H) + \mu_2(H) \text{ mit } \mu_i(H) \in \langle\Delta_i\rangle_{\mathbb{R}}.$$

Die Frobeniusschen Kongruenzen für ν lauten

$$\mu_i(HH') \equiv \mu_i(H) + H\ \mu_i(H') \mod \Delta_i.$$

Genau dann ist $\nu \| \nu^*$, wenn $\mu_1 \| \mu_1^*$ und $\mu_2 \| \mu_2^*$ ist.

b) Es sei $v_1,\dots,v_m$ eine $\mathbb{Z}$-Basis von Δ_1, weiter sei $\mu_1(H) = \sum_{i=1}^{m} x_i(H)v_i$ mit $x_i(H) \in \mathbb{R}$. Die Frobeniusschen Kongruenzen lauten nun

$$x_i(HH') \equiv x_i(H) + x_i(H') \mod 1.$$

Aus $\bar{\mu}_1 = 0$ folgt $x_i(H) \in \mathbb{Z}$ für alle H und i. Daher ist jedem $\bar{\mu}_1 \in F(\mathcal{H},\Delta_1)$ bijektiv ein Homomorphismus von $\mathcal{H}$ nach $(\mathbb{R}/\mathbb{Z})^m$ zugeordnet.

Wir beginnen nun mit der systematischen Aufzählung der Kristallgruppen:

14.4 Satz. *Die beiden Punktgruppen $C_1(\Gamma_1)$ und $C_1^i(\Gamma_1)$ des triklinen Systems besitzen als einzige Kristallgruppen die 0-Erweiterungen, die von Schoenflies mit C_1^1 und C_i^1 bezeichnet werden. (Die internationalen Bezeichnungen findet man am Ende dieses Abschnitts.)*

Beweis. Für $C_1(\Gamma_1)$ ist die Aussage trivial, für $C_1^i(\Gamma_1)$ folgt sie aus 6.22.

14.5 Satz. *Wir bestimmen die Kohomologiegruppen $F(H,\Gamma)$, die Bahnen von $N_{GL(\Gamma)}(H)$ und die 13 Kristallgruppen des monoklinen Systems.*

a) $F(C_2,\Gamma_2) = \langle\bar{\nu}\rangle$ *mit* $\nu(I_3) = \frac{1}{2}e_3$.
Kristallgruppen: C_2^1, C_2^2.

b) $F(C_2,\Gamma_2^M) = 0$. *Kristallgruppe:* C_2^3.

c) $F(C_2^-,\Gamma_2) = \langle\bar{\nu}_1\rangle \oplus \langle\bar{\nu}_2\rangle$ *mit* $\nu_i(S_3) = \frac{1}{2}e_i$.
Bahnen: $\{0\}$, $\{\bar{\nu}_1, \bar{\nu}_2, \bar{\nu}_1+\bar{\nu}_2\}$.

Kristallgruppen: C_s^1, C_s^2.

d) $F(C_2^-,\Gamma_2^M) = \langle\bar{\nu}\rangle$ *mit* $\nu(S_3) = \frac{1}{2}e_1$.
Kristallgruppen: C_s^3, C_s^4.

e) $F(C_2^i,\Gamma_2) = \bigoplus_{i=1}^{3} \langle\bar{\nu}_i\rangle$ *mit* $\nu_i(-E) = 0$, $\nu_i(I_3) = \frac{1}{2}e_i$.

Bahnen: $\{0\}$, $\{\bar{\nu}_3\}$, $\{\bar{\nu}_1,\bar{\nu}_2,\bar{\nu}_1+\bar{\nu}_2\}$, $\{\bar{\nu}_1+\bar{\nu}_3,\bar{\nu}_2+\bar{\nu}_3,\bar{\nu}_1+\bar{\nu}_2+\bar{\nu}_3\}$.

Kristallgruppen: C_{2h}^1, C_{2h}^2, C_{2h}^4, C_{2h}^5.

f) $F(C_2^i,\Gamma_2^M) = \langle\bar{\nu}\rangle$ *mit* $\nu(I_3) = 0$, $\nu(S_3) = \frac{1}{2}e_1$.

Kristallgruppen: C_{2h}^3, C_{2h}^6.

Beweis. Setzen wir

$$\Gamma_2 = \Delta \oplus \mathbb{Z}\, e_3,\ \Delta = \langle e_1,e_2\rangle_{\mathbb{Z}},$$

und

$$\Gamma_2^M = \Delta' \oplus \mathbb{Z}\, e_1,\ \Delta' = \langle w_1,w_2\rangle_{\mathbb{Z}} \quad \text{mit } w_{1,2} = \tfrac{1}{2}(e_3 \pm (e_1+e_2)),$$

so ist 14.3 anwendbar. Operiert dabei H auf Δ oder Δ' treu, so können wir § 8 benutzen.

a) 14.3a) und b), man beachte $I_3e_{1,2} = -e_{1,2}$, $I_3e_3 = e_3$.

b) $I_3w_1 = w_2$, $I_3e_1 = -e_1$; 8.2b).

c) Wegen $S_3 = -I_3$ erhalten wir $F(C_2^-,\Gamma_2)$ aus 14.3a) und b). Nach 14.1b) gibt es Elemente $U_1,U_2 \in N$ mit $\bar{\nu}_1+\bar{\nu}_2 = U_1\bar{\nu}_1 = U_2\bar{\nu}_2$, man beachte $U_i^{-1}S_3U_i = S_3$.

d) 8.2b)

e) Es sei $\bar{\nu} \in F(C_2^i,\Gamma_2)$. Nach 6.22 ist etwa $\nu(-E) = 0$. Wir setzen $\nu(I_3) = \begin{pmatrix} x \\ y \\ z \end{pmatrix}$ und erhalten mit 6.23 die Bedingungen $(E+I_3)\nu(I_3) = \begin{pmatrix} 0 \\ 0 \\ 2z \end{pmatrix} \equiv 0$ und $\begin{pmatrix} x \\ y \\ z \end{pmatrix} \equiv \begin{pmatrix} -x \\ -y \\ -z \end{pmatrix}$, also $2x \equiv 2y \equiv 2z \equiv 0$. Aus $\bar{\nu} = 0$ folgt $2\begin{pmatrix} a \\ b \\ c \end{pmatrix} \equiv 0$ und $(E-I_3)\begin{pmatrix} a \\ b \\ c \end{pmatrix} = \begin{pmatrix} 2a \\ 2b \\ 0 \end{pmatrix}$ $\begin{pmatrix} x \\ y \\ z \end{pmatrix}$ mit $a,b,c \in \mathbb{R}$, also $x \equiv y \equiv z \equiv 0$.

Die Bahnen ergeben sich wieder mit 14.1b).

f) Nach 8.3b) ist $F(C_2^i,\Delta') = 0$. Setzen wir $\nu(I_3) = 0$ und $\nu(S_3) = xe_1$, so folgt $2x \equiv 0$ nach 6.23. $\bar{\nu} = 0$: $x \equiv 0$.

<u>**14.6 Hilfssatz.**</u> *Es sei* $\Gamma = \langle e_1,\ldots,e_n\rangle_{\mathbb{Z}}$ *ein Gitter. Weiter sei*

$$H_m = \langle S_1,\ldots,S_m\rangle \leq S(\Gamma),\ 1 \leq m \leq n,\ \mathit{mit}$$

$$S_ie_i = -e_i \text{ und } S_ie_j = e_j \quad (1 \leq i \leq m,\ 1 \leq j \leq n,\ i \neq j).$$

a) *Es ist*

$$F(H_m,\Gamma) = \{\bar{\nu}_\Phi \mid \Phi \subseteq \{(i,j) \mid 1 \leq i \leq m,\ 1 \leq j \leq n,\ i \neq j\}\}$$

$$\mathit{mit}\ \nu_\Phi(S_i) = \frac{1}{2}\sum_{\{j \mid (i,j) \in \Phi\}} e_j.$$

Dabei ist $\bar{\nu}_\Phi \neq \bar{\nu}_\Psi$ *für* $\Phi \neq \Psi$, *also* $|F(H_m,\Gamma)| = 2^{m(n-1)}$.

b) *Es sei* $m = n$ *oder* $m = n-1$. *Dann ist*

$$N_{GL(\Gamma)}(H_m) = \{U \in GL(\Gamma) \mid Ue_j = \pm e_{j'},\ \mathit{mit}\ n' = n\ \mathit{für}\ m = n-1\}.$$

Die Bahnen von $N_{GL(\Gamma)}(H_m)$ *auf* $F(H_m,\Gamma)$ *sind* $\{\bar{\nu}_{P\Phi} \mid P\}$.

Dabei ist P *eine beliebige Permutation der Ziffern* 1,...,n *mit*

$Pn = n$ *für* $m = n-1$ *und* $P\Phi := \{(Pi,Pj) \mid (i,j) \in \Phi\}$.

Beweis. a) Nach 14.3a) genügt es, $F(H_m, \mathbb{Z} e_j)$ für $1 \leq j \leq n$ zu berechnen. Zunächst sei $j > m$. Nach 14.3b) haben wir für $F(H_m, \mathbb{Z} e_j)$ die 2^m Vertreter $\nu_{j,f}$ $f:\{1,\ldots,m\} \to \{0,1\}$, mit $\nu_{j,f}(S_i) = \frac{f(i)}{2}e_j$.
Nun sei $j \leq m$. Mit $H_m^* = \langle S_i \mid i \neq j\rangle$ gibt es dann für $F(H_m^*, \mathbb{Z} e_j)$ die 2^{m-1} Vertreter $\nu_{j,f}$ mit $f(j) = 0$. Auch ist $H_m = H_m^* \langle S_j\rangle$.
Setzen wir $\nu_{j,f}(S_j) = xe_j$, so liefert 6.23 keine Bedingung:
$x - \frac{f(i)}{2} \equiv \frac{f(i)}{2} + x$, $i \neq j$. $\bar{\nu}_{j,f} = 0$: $\nu_{j,f}(S_j) \equiv 0$, x beliebig.
Daher haben wir für $F(H_m, \mathbb{Z} e_j)$ die 2^{m-1} Vertreter $\nu_{j,f}$ mit $\nu_{j,f}(S_j) = 0$.

Durch Zusammensetzen erhalten wir die $2^{m(n-1)}$ Lösungen

$$\nu_{(f_1,\ldots,f_n)}(S_i) = \frac{1}{2}\sum_{j=1}^{n} f_j(i)e_j,\quad f_j: \{1,\ldots,m\} \to \{0,1\},\ f_i(i) = 0.$$

Mit $\Phi = \{(i,j) \mid f_j(i) = 1\}$ folgt nun a).

b) Es sei $U \in N_{GL(\Gamma)}(H_m)$. Dann ist $T_i = US_iU^{-1}$ eine Spiegelung aus H_m mit $T_i(Ue_i) = -Ue_i$. Also ist $T_i = S_{i'}$ und $Ue_i = \pm e_{i'}$, $1 \leq i,i' \leq m$.
Im Falle $m = n-1$ ist $T_i(Ue_n) = Ue_n$ für alle i, also $Ue_n = \pm e_n$.
Daher ist in beiden Fällen $N_{GL(\Gamma)}(H_m) = \{U \in GL(\Gamma) \mid Ue_j = \pm e_{Pj},\ P \in S_m\}$.
Wir haben also

$$U\nu_\Phi(U^{-1}S_iU) = U\nu_\Phi(S_{P^{-1}i}) \equiv \frac{1}{2}\sum e_{Pj},\ \text{Summe über alle } j \text{ mit } (P^{-1}i,j) \in \Phi,$$
$$= \nu_{P\Phi}.$$

14.7 Interpretation (Schwarzenberger). a) In 14.6 sei $m = n$. Dann beschreibt Φ einen Graphen mit den Punkten $1,\ldots,n$, wobei i und j durch einen Pfeil $i \to j$ verbunden werden, falls $(i,j) \in \Phi$ ist. Wegen $(i,i) \notin \Phi$ darf der Graph keine Schlingen haben. Zwei Graphen sind gemäß 14.6b) als äquivalent anzusehen, wenn sie durch eine Permutation der Punkte ineinander übergehen. Wir können daher die Numerierung der Punkte ganz weglassen.

Für $n = 3$ erhalten wir 16 Kristallgruppen zur Punktgruppe $D_2^i(\Gamma_{22})$, die durch folgende Graphen repräsentiert werden:

D_{2h}^{1} D_{2h}^{5} D_{2h}^{13} D_{2h}^{9} D_{2h}^{3} D_{2h}^{11} D_{2h}^{16} D_{2h}^{8}

D_{2h}^{15} D_{2h}^{7} D_{2h}^{10} D_{2h}^{12} D_{2h}^{4} D_{2h}^{14} D_{2h}^{6} D_{2h}^{2}

b) In 14.6 sei $m = n-1$. Wieder beschreibt Φ einen gerichteten Graphen ohne Schlingen und Doppelbindungen. Jedoch ist jetzt der Punkt n von den anderen Punkten zu unterscheiden. Von ihm dürfen keine Pfeile ausgehen. Für $n = 3$ erhalten wir 10 Kristallgruppen zur Punktgruppe $D_2^+(\Gamma_{22})$, die durch folgende Graphen repräsentiert werden:

C_{2v}^{1} C_{2v}^{4} C_{2v}^{2} C_{2v}^{8} C_{2v}^{7}

C_{2v}^{5} C_{2v}^{3} C_{2v}^{9} C_{2v}^{6} C_{2v}^{10}

14.8 Satz. *Wir bestimmen die 59 Kristallgruppen des orthorhombischen Systems.*

a) $F(D_2,\Gamma_{22}) = \bigoplus_{i=1}^{3} \langle\bar{\nu}_i\rangle$ *mit* $\nu_1(I_1) = 0,\quad \nu_1(I_2) = \frac{1}{2}e_3,\quad \nu_1(I_3) = \frac{1}{2}e_3$

$$\nu_2(I_1) = \tfrac{1}{2}e_1,\quad \nu_2(I_2) = 0,\quad \nu_2(I_3) = \tfrac{1}{2}e_1$$
$$\nu_3(I_1) = \tfrac{1}{2}e_2,\quad \nu_3(I_2) = \tfrac{1}{2}e_2,\quad \nu_3(I_3) = 0.$$

Bahnen: $\{0\}$, $\{\bar{\nu}_1,\bar{\nu}_2,\bar{\nu}_3\}$, $\{\bar{\nu}_1+\bar{\nu}_2,\bar{\nu}_1+\bar{\nu}_3,\bar{\nu}_2+\bar{\nu}_3\}$, $\{\bar{\nu}_1+\bar{\nu}_2+\bar{\nu}_3\}$.

Kristallgruppen: $D_2^1,\ldots,D_2^4$.

b) $F(D_2,\Gamma_{22}^C) = \langle\bar{\nu}\rangle$ *mit* $\nu(I_1) = 0$, $\nu(I_3) = \frac{1}{2}e_3$.

Kristallgruppen: D_2^6, D_2^5.

c) $F(D_2,\Gamma_{22}^F) = 0$. *Kristallgruppe:* D_2^7.

d) $F(D_2,\Gamma_{22}^M) = \langle\bar{\nu}\rangle$ *mit* $\nu(I_1) = 0,\ \nu(I_2) = \frac{1}{2}e_2$.

Kristallgruppen: $D_2^8,\ D_2^9$.

e) $|F(D_2^+,\Gamma_{22})| = 16$. *Die* 10 *Bahnen und Kristallgruppen* $C_{2v}^1,\dots,C_{2v}^{10}$ *sind in* 14.7b) *beschrieben.*

f) $F(D_{2a}^+,\Gamma_{22}^C) = \langle\bar{\nu}_1\rangle\oplus\langle\bar{\nu}_2\rangle$ *mit* $\nu_i(S_j) = \delta_{ij}\ \frac{1}{2}e_3,\ 1 \leq i,j \leq 2$.

Bahnen: $\{0\},\ \{\bar{\nu}_1,\bar{\nu}_2\},\ \{\bar{\nu}_1+\bar{\nu}_2\}$.

Kristallgruppen: $C_{2v}^{11},\ C_{2v}^{12},\ C_{2v}^{13}$.

g) $F(D_{2b}^+,\Gamma_{22}^C) = \langle\bar{\nu}_1\rangle\oplus\langle\bar{\nu}_2\rangle$ *mit* $\nu_1(I_1) = 0,\ \nu_1(S_3) = \frac{1}{2}e_1,$
$\nu_2(I_1) = 0,\ \nu_2(S_3) = \frac{1}{2}e_3.$

Bahnen: $\{0\},\ \{\bar{\nu}_1\},\ \{\bar{\nu}_2\},\ \{\bar{\nu}_1+\bar{\nu}_2\}$.

Kristallgruppen: $C_{2v}^{14},\dots,C_{2v}^{17}$.

h) $F(D_2^+,\Gamma_{22}^F) = \langle\bar{\nu}\rangle$ *mit* $\nu(S_1) = \frac{1}{4}(e_2+e_3),\ \nu(S_2) = \frac{1}{4}(e_3+e_1)$.

Kristallgruppen: $C_{2v}^{18},\ C_{2v}^{19}$.

i) $F(D_2^+,\Gamma_{22}^M) = \langle\bar{\nu}_1\rangle\oplus\langle\bar{\nu}_2\rangle$ *mit* $\nu_i(S_j) = \delta_{ij}e_3,\ 1 \leq i,j \leq 2$.

Bahnen: $\{0\},\ \{\bar{\nu}_1+\bar{\nu}_2\},\ \{\bar{\nu}_1,\bar{\nu}_2\}$.

Kristallgruppen: $C_{2v}^{20},\ C_{2v}^{21},\ C_{2v}^{22}$.

j) $|F(D_2^i,\Gamma_{22})| = 64$. *Die* 16 *Bahnen und Kristallgruppen* $D_{2h}^1,\dots,D_{2h}^{16}$ *sind in* 14.7a) *beschrieben.*

k) $F(D_2^i,\Gamma_{22}^C) = \bigoplus_1^3 \langle\bar{\nu}_i\rangle$ *mit* $\nu_i(S_j) = 0$ *für* $i \neq j$
$\nu_1(S_1) = \nu_2(S_2) = \frac{1}{2}e_3,\ \nu_3(S_3) = \frac{1}{2}e_1 \equiv \frac{1}{2}e_2.$

Bahnen:
$\{\bar{\nu}_1,\bar{\nu}_2\},\ \{\bar{\nu}_1+\bar{\nu}_3,\bar{\nu}_2+\bar{\nu}_3\},\ \{0\},\ \{\bar{\nu}_1+\bar{\nu}_2\},\ \{\bar{\nu}_3\},\ \{\bar{\nu}_1+\bar{\nu}_2+\bar{\nu}_3\}$.

Kristallgruppen: $D_{2h}^{17},\dots,D_{2h}^{22}$.

l) $F(D_2^i,\Gamma_{22}^F) = \langle\bar{\nu}\rangle$ *mit* $\nu(S_1) = \frac{1}{4}(e_2+e_3)$, $\nu(S_2) = \frac{1}{4}(e_3+e_1)$, $\nu(-E) = 0$.

Kristallgruppen: D_{2h}^{23}, D_{2h}^{24}.

m) $F(D_2^i,\Gamma_{22}^M) = \bigoplus_1^3 \langle\bar{\nu}_i\rangle$ *mit* $\nu_i(S_j) = \delta_{ij}\,\frac{1}{2}e_{i+1}$ *(zyklisch)*.

Bahnen: $\{0\}$, $\{\bar{\nu}_1+\bar{\nu}_2,\bar{\nu}_1+\bar{\nu}_3,\bar{\nu}_2+\bar{\nu}_3\}$, $\{\bar{\nu}_1+\bar{\nu}_2+\bar{\nu}_3\}$, $\{\bar{\nu}_1,\bar{\nu}_2,\bar{\nu}_3\}$.

Kristallgruppen: $D_{2h}^{25},\ldots,D_{2h}^{28}$.

Beweis. a) $\nu(I_1) = \begin{pmatrix} x\\ y\\ z\end{pmatrix}$, $\nu(I_2) = \begin{pmatrix} x'\\ y'\\ z'\end{pmatrix}$.

6.23: $\begin{pmatrix} x+x'\\ y-y'\\ z-z'\end{pmatrix} \equiv \begin{pmatrix} x'-x\\ y'+y\\ z'-z\end{pmatrix}$, also $2x \equiv 2y' \equiv 0$, $2z \equiv 2z'$.

$\bar{\nu} = 0$: $\begin{pmatrix} 0\\ 2b\\ 2c\end{pmatrix} \equiv \begin{pmatrix} x\\ y\\ z\end{pmatrix}, \begin{pmatrix} 2a\\ 0\\ 2c\end{pmatrix} \equiv \begin{pmatrix} x'\\ y'\\ z'\end{pmatrix}$, also $x \equiv y' \equiv 0$, $z \equiv z'$, y und x' beliebig.

Lösungen $[\bar{\nu}(I_1),\nu(I_2)]$:

$\left[\begin{pmatrix} 0\\ 0\\ 0\end{pmatrix}, \begin{pmatrix} 0\\ 0\\ 1/2\end{pmatrix}\right], \left[\begin{pmatrix} 1/2\\ 0\\ 0\end{pmatrix}, \begin{pmatrix} 0\\ 0\\ 0\end{pmatrix}\right], \left[\begin{pmatrix} 0\\ 1/2\\ 0\end{pmatrix}, \begin{pmatrix} 0\\ 1/2\\ 0\end{pmatrix}\right]$ sowie die Summen.

Der Normalisator von D_2 ist $O^i = \langle R,A\rangle$, vgl. 14.1d). Wir haben

$$A^{-1}I_1A = I_2,\quad A^{-1}I_2A = I_1,$$
$$R^{-1}I_1R = I_3,\quad R^{-1}I_2R = I_1,$$

$(A\circ\nu_1)(I_1) = \frac{1}{2}e_3$, $(A\circ\nu_1)(I_2) = 0$, $A\bar{\nu}_1 = \bar{\nu}_1$,

$(A\circ\nu_2)(I_1) = 0$, $(A\circ\nu_2)(I_2) = \frac{1}{2}e_2$, $A\bar{\nu}_2 = \bar{\nu}_3$,

$(A\circ\nu_3)(I_1) = \frac{1}{2}e_1$, $(A\circ\nu_3)(I_2) = \frac{1}{2}e_1$, $A\bar{\nu}_3 = \bar{\nu}_2$,

$(R\circ\nu_1)(I_1) = \frac{1}{2}e_1$, $(R\circ\nu_1)(I_2) = 0$, $R\bar{\nu}_1 = \bar{\nu}_2$

und ebenso $R\bar{\nu}_2 = \bar{\nu}_3$, $R\bar{\nu}_3 = \bar{\nu}_1$.

Daher erhalten wir die angegebenen Bahnen.

b) Mit $N_r' = \langle e_1,e_2\rangle_{\mathbb{Z}}$ ist $F(D_2,N_r') = 0$. Setzen wir $\nu(I_1) = 0$, $\nu(I_3) = xe_3$, so folgt $2x \equiv 0$. $\bar{\nu} = 0$: $x \equiv 0$.

f),g),k) Ähnlich wie b). In g) ist $\nu(I_1) = 0$ nach 14.5b), in k) $\nu(S_{1,2}) \in \langle e_3\rangle$.

c) $\nu(I_1^F) = 0$ nach 14.5b).

$$\nu(I_2^F) = \begin{pmatrix} x \\ y \\ z \end{pmatrix},\ I_1^F = \begin{pmatrix} -1 & -1 & -1 \\ 0 & 0 & 1 \\ 0 & 1 & 0 \end{pmatrix},\ I_2^F = \begin{pmatrix} 0 & 0 & 1 \\ -1 & -1 & -1 \\ 1 & 0 & 0 \end{pmatrix}.$$

$$6.23:\ x+z \equiv 0,\ \begin{pmatrix} x \\ y \\ z \end{pmatrix} \equiv \begin{pmatrix} -x-y-z \\ z \\ y \end{pmatrix},\ \text{also } y \equiv z \equiv -x.$$

$$\begin{pmatrix} 2a+b+c \\ b-c \\ c-b \end{pmatrix} \equiv 0,\ \begin{pmatrix} a-c \\ a+2b+c \\ c-a \end{pmatrix} \equiv \begin{pmatrix} x \\ y \\ z \end{pmatrix}\ \text{ist lösbar mit } b \equiv c \equiv -a,\ 2a \equiv x.$$

d) $\nu(I_1^M) = 0$ nach 14.5b).

$$\nu(I_2^M) = \begin{pmatrix} x \\ y \\ z \end{pmatrix},\ I_1^M = \begin{pmatrix} 1 & 0 & 1 \\ 0 & -1 & 0 \\ 0 & 0 & -1 \end{pmatrix},\ I_2{}^M = \begin{pmatrix} -1 & 0 & 0 \\ 0 & 1 & 1 \\ 0 & 0 & -1 \end{pmatrix}.$$

$$6.23:\ 2y+z \equiv 0,\ \begin{pmatrix} x+z \\ -y \\ -z \end{pmatrix} \equiv \begin{pmatrix} x \\ y \\ z \end{pmatrix},\ \text{also } z \equiv 0,\ 2y \equiv 0.$$

$$\bar{\nu} = 0:\ \begin{pmatrix} -c \\ 2b \\ 2c \end{pmatrix} \equiv 0,\ \begin{pmatrix} x \\ y \\ z \end{pmatrix} \equiv \begin{pmatrix} 2a \\ -c \\ 2c \end{pmatrix},\ \text{also } x \text{ beliebig, } y \equiv 0.$$

l) Setze $\nu(-E) = \begin{pmatrix} x \\ y \\ z \end{pmatrix}$, $\nu(S_{1,2}{}^F) = 0$ oder $\begin{pmatrix} 1/2 \\ 0 \\ 0 \end{pmatrix}, \begin{pmatrix} 0 \\ 0 \\ 1/2 \end{pmatrix}$ (wegen h)).

$\nu(-E)-\nu(S_{1,2}^F) \equiv \nu(S_{1,2}^F)+S_{1,2}\nu(-E)$, also $S_{1,2}^F\nu(-E) \equiv \nu(-E)$, also $-z \equiv y \equiv x$.

$$\bar{\nu} = 0:\ \begin{pmatrix} -b-c \\ b+c \\ b+c \end{pmatrix} \equiv \nu(S_1^F),\ \begin{pmatrix} a+c \\ -a-c \\ a+c \end{pmatrix} \equiv \nu(S_2^F),\ \begin{pmatrix} 2a \\ 2b \\ 2c \end{pmatrix} \equiv \begin{pmatrix} x \\ y \\ z \end{pmatrix},$$

also $-c \equiv b \equiv a$, $\nu(S_{1,2}) \equiv 0$, x,y,z beliebig.

Daher können wir $\nu(-E) = 0$ setzen.

h),i),m) ähnlich.

<u>14.9 Definition.</u> Es sei V der dreidimensionale Raum.
Die Kristallgruppen G und G^* von V heißen <u>windungsäquivalent</u>, wenn

es ein $A = T_s H \in AGL(V)$ mit $\det H > 0$ und $G^* = AGA^{-1}$ gibt.

Die Windungsäquivalenz verfeinert die bisher betrachtete affine Äquivalenz (Isomorphie) nur geringfügig: Legt man die Windungsäquivalenz zugrunde, so gibt es 230 und für den anderen Äquivalenzbegriff 219 Kristallgruppen.

14.10 Folgerungen. a) *Zerfällt die Äquivalenzklasse einer Kristallgruppe G bei der Windungsäquivalenz, so entstehen genau 2 Klassen, nämlich die Klasse von* $G = \bigcup_{H \in G_0} T_\Gamma T_{\nu(H)} H$ *und die Klasse von* $(-E)G(-E) = \bigcup_{H \in G_0} T_\Gamma T_{-\nu(H)} H$. *Wir sagen, die beiden Klassen seien zueinander* *enantiomorph*.

b) *Ähnlich wie in* 6.15 *definiert jede Bahn von*

$$N_{SL(\Gamma)}(H) = \{U \in N_{GL(\Gamma)}(H) \mid \det U = 1\}$$

auf $F(H,\Gamma)$ *eine Windungsäquivalenzklasse von Kristallgruppen mit* $G_0 \sim H$.

c) *Ist* $2\bar{\nu} = 0$ *für alle* $\bar{\nu} \in F(H,\Gamma)$, *so ist die Windungsäquivalenz mit der Äquivalenz gleichbedeutend. Daher kommt im triklinen, monoklinen und orthorhombischen System keine Aufspaltung vor.*

d) *Besitzt die Punktgruppe H ein Element der Determinante* -1, *so ist die Windungsäquivalenz nach* 14.2 *mit der Äquivalenz gleichbedeutend. Daher braucht der Begriff der Windungsäquivalenz für die Ornamentgruppen nicht betrachtet zu werden.*

14.11 Satz. *Wir bestimmen die* 68 (*bzw.* 65) *Kristallgruppen des tetragonalen Systems.*

a) $F(C_4,\Gamma_4) = \langle\bar{\nu}\rangle$ *mit* $\nu(A) = \frac{1}{4}e_3$.

Bahnen: $\{0\}$, $\{\bar{\nu},-\bar{\nu}\}$, $\{2\bar{\nu}\}$.

Kristallgruppen: C_4^1, (C_4^2, C_4^4), C_4^3.

Die Gruppen C_4^2 *und* C_4^4 *sind äquivalent aber nicht windungsäquivalent.*

b) $F(C_4,\Gamma_4^M) = \langle\bar{\nu}\rangle$ *mit* $\nu(A) = \frac{1}{2}e_2+\frac{1}{4}e_3$.

Kristallgruppen: C_4^5, C_4^6.

c) $F(C_4^-.\Gamma_4) = 0$. *Kristallgruppe:* S_4^1.

d) $F(C_4^-,\Gamma_4^M) = 0$. *Kristallgruppe:* S_4^2.

e) $F(C_4^i,\Gamma_4) = \langle\bar{\nu}_1\rangle\oplus\langle\bar{\nu}_2\rangle$ *mit* $\nu_i(-A) = 0$, $\nu_1(-E) = \frac{1}{2}e_3$,

$\nu_2(-E) = \frac{1}{2}(e_1+e_2)$.

Bahnen: $\{0\}$, $\{\bar{\nu}_1\}$, $\{\bar{\nu}_2\}$, $\{\bar{\nu}_1+\bar{\nu}_2\}$.

Kristallgruppen: $C_{4h}^1,\ldots,C_{4h}^4$.

f) $F(C_4^i,\Gamma_4^M) = \langle\bar{\nu}\rangle$ *mit* $\nu(-A) = 0$, $\nu(-E) = \frac{1}{2}e_2+\frac{1}{2}e_3$, $2\bar{\nu} = 0$.

Kristallgruppen: C_{4h}^5, C_{4h}^6.

g) $F(D_4,\Gamma_4) = \langle\bar{\nu}_1\rangle\oplus\langle\bar{\nu}_2\rangle$ *mit* $\nu_1(A) = 0$, $\nu_1(I_1) = \frac{1}{2}(e_1+e_2)$

$\nu_2(A) = \frac{1}{4}e_3$, $\nu_2(I_1) = 0$.

Bahnen: $\{0\}$, $\{\bar{\nu}_1\}$, $\{\bar{\nu}_2,-\bar{\nu}_2\}$, $\{\bar{\nu}_1+\bar{\nu}_2,-(\bar{\nu}_1+\bar{\nu}_2)\}$, $\{2\bar{\nu}_2\}$, $\{\bar{\nu}_1+2\bar{\nu}_2\}$.

Kristallgruppen: D_4^1, D_4^2, (D_4^3,D_4^7), (D_4^4,D_4^8), D_4^5, D_4^6.

h) $F(D_4,\Gamma_4^M) = \langle\bar{\nu}\rangle$ *mit* $\nu(A) = \nu(I_1) = \frac{1}{2}e_2+\frac{1}{4}e_3$.

Kristallgruppen: D_4^9, D_4^{10}.

i) $F(D_4^+,\Gamma_4) = \bigoplus_{i=1}^{3} \langle\bar{\nu}_i\rangle$ *mit* $\nu_1(A) = \frac{1}{2}e_3$, $\nu_1(S_1) = 0$

$\nu_2(A) = 0$, $\nu_2(S_1) = \frac{1}{2}e_3$

$\nu_3(A) = 0$, $\nu_3(S_1) = \frac{1}{2}(e_1+e_2)$.

Bahnen: $\{0\}$, $\{\bar{\nu}_3\}$, $\{\bar{\nu}_1+\bar{\nu}_2\}$, $\{\bar{\nu}_1+\bar{\nu}_2+\bar{\nu}_3\}$, $\{\bar{\nu}_2\}$, $\{\bar{\nu}_2+\bar{\nu}_3\}$, $\{\bar{\nu}_1\}$, $\{\bar{\nu}_1+\bar{\nu}_3\}$.

Kristallgruppen: $C_{4v}^1,\ldots,C_{4v}^8$.

j) $F(D_4^+,\Gamma_4^M) = \langle\bar{\nu}_1\rangle\oplus\langle\bar{\nu}_2\rangle$ *mit* $\nu_1(A) = 0$, $\nu_1(S_1) = \frac{1}{2}(e_1+e_2)$

$\nu_2(A) = \frac{1}{2}e_2+\frac{1}{4}e_3$, $\nu_2(S_1) = 0$.

Bahnen: $\{0\}$, $\{\bar{\nu}_1\}$, $\{\bar{\nu}_2\}$, $\{\bar{\nu}_1+\bar{\nu}_2\}$.

Kristallgruppen: $C_{4v}^9, \ldots, C_{4v}^{12}$.

k) $F(D_{4a}^-, \Gamma_4) = \langle\bar{\nu}_1\rangle \oplus \langle\bar{\nu}_2\rangle$ *mit* $\nu_i(-A) = 0$, $\nu_1(I_1) = \frac{1}{2}e_3$,
$\nu_2(I_1) = \frac{1}{2}(e_1+e_2)$.

Bahnen: $\{0\}$, $\{\bar{\nu}_1\}$, $\{\bar{\nu}_2\}$, $\{\bar{\nu}_1+\bar{\nu}_2\}$.

Kristallgruppen: $D_{2d}^1, \ldots, D_{2d}^4$.

l) $F(D_{4b}^-, \Gamma_4) = \langle\bar{\nu}_1\rangle \oplus \langle\bar{\nu}_2\rangle$ *mit* $\nu_i(-A) = 0$, $\nu_1(I) = \frac{1}{2}e_3$,
$\nu_2(I) = \frac{1}{2}(e_1+e_2)$.

Bahnen: $\{0\}$, $\{\bar{\nu}_1\}$, $\{\bar{\nu}_2\}$, $\{\bar{\nu}_1+\bar{\nu}_2\}$.

Kristallgruppen: $D_{2d}^5, \ldots, D_{2d}^8$.

m) $F(D_{4b}^-, \Gamma_4^M) = \langle\bar{\nu}\rangle$ *mit* $\nu(-A) = 0$, $\nu(I) = \frac{1}{2}e_3$.

Kristallgruppen: D_{2d}^9, D_{2d}^{10}.

n) $F(D_{4a}^-, \Gamma_4^M) = \langle\bar{\nu}\rangle$ *mit* $\nu(-A) = 0$, $\nu(I_1) = \frac{1}{2}e_2+\frac{1}{4}e_3$, $2\bar{\nu} = 0$.

Kristallgruppen: D_{2d}^{11}, D_{2d}^{12}.

o) $F(D_4^i, \Gamma_4) = \bigoplus_{i=1}^{4} \langle\bar{\nu}_i\rangle$ *mit* $\nu_1(A) = \frac{1}{2}e_3$, $\nu_1(S_1) = 0$, $\nu_1(-E) = 0$
$\nu_2(A) = 0$, $\nu_2(S_2) = \frac{1}{2}e_3$, $\nu_2(-E) = 0$
$\nu_3(A) = 0$, $\nu_3(S_1) = \frac{1}{2}(e_1+e_2)$, $\nu_3(-E) = 0$
$\nu_4(A) = 0$, $\nu_4(S_1) = 0$, $\nu_4(-E) = \frac{1}{2}(e_1+e_2)$.

Bahnen:
$\{0\}$, $\{\bar{\nu}_2\}$, $\{\bar{\nu}_3+\bar{\nu}_4\}$, $\{\bar{\nu}_2+\bar{\nu}_3+\bar{\nu}_4\}$, $\{\bar{\nu}_3\}$, $\{\bar{\nu}_2+\nu_3\}$, $\{\bar{\nu}_4\}$, $\{\bar{\nu}_2+\bar{\nu}_4\}$,
$\{\bar{\nu}_1\}$, $\{\bar{\nu}_1+\bar{\nu}_2\}$, $\{\bar{\nu}_1+\bar{\nu}_3+\bar{\nu}_4\}$, $\{\bar{\nu}_1+\bar{\nu}_2+\bar{\nu}_3+\bar{\nu}_4\}$, $\{\bar{\nu}_1+\bar{\nu}_3\}$, $\{\bar{\nu}_1+\bar{\nu}_2+\bar{\nu}_3\}$,
$\{\bar{\nu}_1+\bar{\nu}_4\}$, $\{\bar{\nu}_1+\bar{\nu}_2+\bar{\nu}_4\}$.

Kristallgruppen: $D_{2h}^1, \ldots, D_{4h}^{16}$.

p) $F(D_4^i, \Gamma_4^M) = \langle\bar{\nu}_1\rangle \oplus \langle\bar{\nu}_2\rangle$ *mit* $\nu_1(-A) = 0$, $\nu_1(I') = \frac{1}{2}e_3$, $\nu_1(-E) = 0$
$\nu_2(-A) = 0$, $\nu_2(I') = 0$, $\nu_2(-E) = \frac{1}{2}e_2+\frac{1}{4}e_3$.

Bahnen: $\{0\}$, $\{\bar\nu_1\}$, $\{\bar\nu_2\}$, $\{\bar\nu_1+\bar\nu_2\}$.

Kristallgruppen: $D^{17}_{4h},\ldots,D^{20}_{4h}$.

<u>Beweis.</u> a) $F(C_4,\Gamma_4)$: 14.3, 8.1. Nach 14.1g) ist

$$U\nu(U^{-1}AU) \equiv \det U\,\nu(A) \text{ für alle } U \in N = D^i_4.$$

Daher ist $\{\bar\nu,-\bar\nu\}$ eine Bahn von N, die bei D_4 zerfällt.

b) Mit $\nu(A^M) = \begin{pmatrix} x\\ y\\ z\end{pmatrix}$, $A^M = \begin{pmatrix} 0 & -1 & -1\\ 1 & 0 & 0\\ 0 & 0 & 1\end{pmatrix}$ und $T = (E+A+A^2+A^3)^M = \begin{pmatrix} 0 & 0 & -2\\ 0 & 0 & -2\\ 0 & 0 & 4\end{pmatrix}$

ist $T\nu(A^M) \equiv 0$, also $2z \equiv 0$. $\bar\nu = 0$: $\begin{pmatrix} a+b+c\\ b-a\\ 0\end{pmatrix} \equiv \begin{pmatrix} x\\ y\\ z\end{pmatrix}$, also $z \equiv 0$, x,y beliebig.

Lösung: $x = -\frac{1}{4}$, $y = \frac{1}{4}$, $z = \frac{1}{2}$.

c),d) 6.22

e) $\nu(-A) = 0$ nach c). 6.23: $\nu(-E) = \begin{pmatrix} x\\ y\\ z\end{pmatrix} \equiv \begin{pmatrix} y\\ -x\\ -z\end{pmatrix}$, also $x \equiv y$, $2x \equiv 2z \equiv 0$.

$\bar\nu = 0$: $x \equiv y \equiv z \equiv 0$. Normalisator: $\langle C^i_4, I_1\rangle$, 14.2

f) $\nu(-A^M) = 0$ nach d). 6.23: $\nu(-E) = \begin{pmatrix} x\\ y\\ z\end{pmatrix} \equiv \begin{pmatrix} y+z\\ -x\\ -z\end{pmatrix}$, also $2x \equiv z$, $y \equiv -x$, $2z \equiv 0$.

$\bar\nu = 0$: $z \equiv 0$, $x \equiv -y$. Lösung: $x = -\frac{1}{4}$, $y = \frac{1}{4}$, $z = \frac{1}{2}$.

g) $F(D_4,\Gamma_4)$: 14.3, 8.4. Bahnen: vgl. a).

h) $\nu(A^M) = \frac{1}{2}e_2+\frac{1}{4}e_3 = \begin{pmatrix} -1/4\\ 1/4\\ 1/2\end{pmatrix}$ oder 0 nach b).

$\nu(A^M)+A^M\nu(I_1^M) \equiv \nu(I_1^M)+I_1^M\,\nu((A^{-1})^M) \equiv \nu(I_1^M)-(AI_1)^M\nu(A^M)$ mit

$(AI_1)^M = I^M = \begin{pmatrix} 0 & 1 & 1\\ 1 & 0 & 1\\ 0 & 0 & -1\end{pmatrix}$.

i) $F(D^+_4,\Gamma_4)$: 14.3. Nach 8.4 ist $F(D^+_4,\langle e_1,e_2\rangle_{\mathbb{Z}}) = \{0,\bar\nu_3\}$ mit

$\nu_3(A) = 0$, $\nu_3(S_1) = \frac{1}{2}(e_1+e_2)$. Die Faktorkommutatorgruppe von D^+_4 ist die Kleinsche Vierergruppe. Daher ist $F(D^+_4,\mathbb{Z}\,e_3) = \langle\bar\nu_1\rangle\oplus\langle\bar\nu_2\rangle$ mit

$\nu_2(A) = 0$, $\nu_2(S_1) = \frac{1}{2}e_3$, $\nu_1(A) = \frac{1}{2}e_3$, $\nu_1(S_1) = 0$.

Der Normalisator von D_4^+ ist $\langle D_4^+,-E\rangle$, also haben wir nach 14.2 triviale Aktion.

o) Für $\nu|_{D_4^+}$ können wir die 8 Lösungen aus i) wählen.

$\nu(-E)-\nu(H) \equiv \nu(H)+H\nu(-E)$, $H \in D_4^+$, also $\nu(-E) = \begin{pmatrix} x \\ y \\ z \end{pmatrix} \equiv H\nu(-E)$. Es folgt

$x \equiv y$, $2x \equiv 0$. $\bar{\nu} = 0$: $x \equiv y \equiv 0$.

<u>14.12 Satz.</u> *Wir bestimmen die 25 (bzw. 22) Kristallgruppen des trigonalen Systems.*

a) $F(C_3,\Gamma_6) = \langle\bar{\nu}\rangle$ *mit* $\nu(D) = \frac{1}{3}e_3$.

Bahnen: $\{0\}$, $\{\bar{\nu},-\bar{\nu}\}$.

Kristallgruppen: C_3^1, (C_3^2, C_3^3).

b) $F(C_3,\Gamma_3) = 0$. *Kristallgruppe:* C_3^4.

c) $F(C_3^i,\Gamma_6) = 0$. *Kristallgruppe:* C_{3i}^1.

d) $F(C_3^i,\Gamma_3) = 0$. *Kristallgruppe:* C_{3i}^2.

e) $F(D_{3b},\Gamma_6) = \langle\bar{\nu}\rangle$ *mit* $\nu(D) = \frac{1}{3}e_3$, $\nu(I') = 0$.

Bahnen: $\{0\}$, $\{\bar{\nu},-\bar{\nu}\}$.

Kristallgruppen: D_3^1, (D_3^3, D_3^5).

f) $F(D_{3a},\Gamma_6) = \langle\bar{\nu}\rangle$ *mit* $\nu(D) = \frac{1}{3}e_3$, $\nu(I) = 0$.

Bahnen: $\{0\}$, $\{\bar{\nu},-\bar{\nu}\}$.

Kristallgruppen: D_3^2, (D_3^4, D_3^6).

g) $F(D_3,\Gamma_3) = 0$. *Kristallgruppe:* D_3^7.

h) $F(D_{3a}^+,\Gamma_6) = \langle\bar{\nu}\rangle$ *mit* $\nu(D) = 0$, $\nu(S) = \frac{1}{2}e_3$.

Kristallgruppen: C_{3v}^1, C_{3v}^3.

i) $F(D_{3b}^+,\Gamma_6) = \langle\bar{\nu}\rangle$ *mit* $\nu(D) = 0$, $\nu(S') = \frac{1}{2}e_3$.

Kristallgruppen: C_{3v}^2, C_{3v}^4.

j) $F(D_3^+,\Gamma_3) = \langle\bar{\nu}\rangle$ *mit* $\nu(D) = 0,\ \nu(S) = \frac{1}{2}e_3$.

Kristallgruppen: $C_{3v}^5,\ C_{3v}^6$.

k) $F(D_{3b}^i,\Gamma_6) = \langle\bar{\nu}\rangle$ *mit* $\nu(-D) = 0,\ \nu(I') = \frac{1}{2}e_3$.

Kristallgruppen: $D_{3d}^1,\ D_{3d}^2$.

l) $F(D_{3a}^i,\Gamma_6) = \langle\bar{\nu}\rangle$ *mit* $\nu(-D) = 0,\ \nu(I) = \frac{1}{2}e_3$.

Kristallgruppen: $D_{3d}^3,\ D_{3d}^4$.

m) $F(D_3^i,\Gamma_3) = \langle\bar{\nu}\rangle$ *mit* $\nu(-D) = 0,\ \nu(I) = \frac{1}{2}e_3$.

Kristallgruppen: $D_{3d}^5,\ D_{3d}^6$.

<u>Beweis:</u> a) $F(C_3,\Gamma_6)$: 14.3, 8.1. Nach 14.1h) ist

$$U\nu(U^{-1}DU) \equiv \det U\ \nu(D) \text{ für alle } U \in N = D_6^i.$$

Daher ist $\{\bar{\nu},-\bar{\nu}\}$ eine Bahn von N, die bei D_6 zerfällt.

b) Setzen wir $\nu(R) = \begin{pmatrix} x \\ y \\ z \end{pmatrix}$, $R = D^Z$, vgl. 12.5g), so haben wir

$0 \equiv (E+R+R^2)\nu(R) \bmod \Gamma_3$, also $x+y+z \equiv 0 \bmod 1$. Die Kongruenz

$(E-R)\begin{pmatrix} a \\ b \\ c \end{pmatrix} = \begin{pmatrix} a-c \\ b-a \\ c-b \end{pmatrix} \equiv \begin{pmatrix} x \\ y \\ z \end{pmatrix}$, ist daher erfüllbar: a beliebig, $b = a+y$, $c = b+z$.

c),d) 6.22.

e) Nach 8.5 können wir $\nu(D) = xe_3$ und $\nu(I') = ye_3$ setzen und erhalten $3x \equiv 0$. $\bar{\nu} = 0$: $x \equiv 0$, $2c \equiv y$.
Da sich die 3 Lösungen aus a) also eindeutig fortsetzen lassen, erhält man dieselben Bahnen wie in a).

f) Wie e) mit $\nu(I) = ye_3$.

g) Wir setzen $\nu(R) = 0$ und $\nu(I') = \begin{pmatrix} x \\ y \\ z \end{pmatrix}$ und erhalten

$$(E+I')\nu(I') = \begin{pmatrix} x-y \\ y-x \\ 0 \end{pmatrix} \equiv 0 \text{ und } R\nu(I') = \begin{pmatrix} z \\ x \\ y \end{pmatrix} \equiv \begin{pmatrix} x \\ y \\ z \end{pmatrix}, \text{ also } x \equiv y \equiv z.$$

Die Kongruenzen $R\begin{pmatrix} a \\ b \\ c \end{pmatrix} \equiv \begin{pmatrix} a \\ b \\ c \end{pmatrix}$ und $(E-I')\begin{pmatrix} a \\ b \\ c \end{pmatrix} \equiv \begin{pmatrix} a+b \\ b+a \\ 2c \end{pmatrix} \equiv \begin{pmatrix} x \\ y \\ z \end{pmatrix}$

sind lösbar mit $a \equiv b \equiv c$ und $2a \equiv x$.

h), i) Dies folgt aus 8.5 und 14.3, denn für jeden Homomorphismus $\alpha: D_3^+ \to \mathbb{R}/\mathbb{Z}$ ist $D \in$ Kern α.

j) Wir setzen $\nu(R) = 0$, $\nu(S') = \begin{pmatrix} x \\ y \\ z \end{pmatrix}$ und erhalten $2z \equiv 0$, $x \equiv y \equiv z$.

$\bar{\nu} = 0$: $a \equiv b \equiv c$, $a-b \equiv x$, also $x \equiv y \equiv z \equiv 0$. Auch ist $v_1+v_2+v_3 = e_3$.

k) Wir setzen $\nu(-D) = 0$, $\nu(I') = \begin{pmatrix} x \\ y \\ z \end{pmatrix}$ und erhalten mit $-D = \begin{pmatrix} 0 & 1 & 0 \\ -1 & 1 & 0 \\ 0 & 0 & -1 \end{pmatrix}$

$-D\begin{pmatrix} x \\ y \\ z \end{pmatrix} = \begin{pmatrix} y \\ -x+y \\ -z \end{pmatrix} \equiv \begin{pmatrix} x \\ y \\ z \end{pmatrix}$, $x \equiv y \equiv 0$, $2z \equiv 0$. $\bar{\nu} = 0$: $z = 2c \equiv 0$.

l) Wie k) mit $\nu(I) = \begin{pmatrix} x \\ y \\ z \end{pmatrix}$.

m) Wie k) mit $\nu(-R) = 0$, $\nu(I') = \begin{pmatrix} x \\ y \\ z \end{pmatrix}$: $x \equiv y$, $\begin{pmatrix} -z \\ -x \\ -y \end{pmatrix} \equiv \begin{pmatrix} x \\ y \\ z \end{pmatrix}$, $x+z \equiv y+x \equiv z+y \equiv 0$,

also $x \equiv y \equiv z$, $2x \equiv 0$. $\bar{\nu} = 0$: $a \equiv -c \equiv b \equiv -a$, $a+b \equiv x \equiv y$, $2c \equiv z$, also $x \equiv y \equiv z \equiv 0$.

<u>14.13 Satz.</u> *Wir bestimmen die 27 (bzw. 23) Kristallgruppen des hexagonalen Systems.*

a) $F(C_6, \Gamma_6) = \langle\bar{\nu}\rangle$ *mit* $\nu(B) = \frac{1}{6}e_3$.

Bahnen: $\{0\}$, $\{\bar{\nu}, -\bar{\nu}\}$, $\{2\bar{\nu}, -2\bar{\nu}\}$, $\{3\bar{\nu}\}$.

Kristallgruppen: C_6^1, (C_6^2, C_6^3), (C_6^4, C_6^5), C_6^6.

b) $F(C_6^-, \Gamma_6) = 0$. *Kristallgruppe:* C_{3h}^1.

c) $F(C_6^i, \Gamma_6) = \langle\bar{\nu}\rangle$ *mit* $\nu(-B) = 0$, $\nu(-E) = \frac{1}{2}e_3$.

Kristallgruppen: C_{6h}^1, C_{6h}^2.

d) $F(D_6, \Gamma_6) = \langle\bar{\nu}\rangle$ *mit* $\nu(B) = \frac{1}{6}e_3$, $\nu(I) = 0$.

Bahnen: $\{0\}$, $\{\bar{\nu}, -\bar{\nu}\}$, $\{2\bar{\nu}. -2\bar{\nu}\}$.

Kristallgruppen: D_6^1, (D_6^2, D_6^3), (D_6^4, D_6^5), D_6^6.

e) $F(D_6^+,\Gamma_6) = \langle\bar{\nu}_1\rangle\oplus\langle\bar{\nu}_2\rangle$ *mit* $\nu_1(B) = 0, \quad \nu_1(S) = \frac{1}{2}e_3$
$\nu_2(B) = \frac{1}{2}e_3, \ \nu_2(S) = 0.$

Bahnen: $\{0\}, \{\bar{\nu}_1\}, \{\bar{\nu}_1+\bar{\nu}_2\}, \{\bar{\nu}_2\}$.

Kristallgruppen: $C_{6v}^1,\ldots,C_{6v}^4$.

f) $F(D_{6b}^-,\Gamma_6) = \langle\bar{\nu}\rangle$ *mit* $\nu(-B) = 0, \ \nu(I') = \frac{1}{2}e_3$.

Kristallgruppen: D_{3h}^1, D_{3h}^2.

g) $F(D_{6a}^-,\Gamma_6) = \langle\bar{\nu}\rangle$ *mit* $\nu(-B) = 0, \ \nu(I) = \frac{1}{2}e_3$.

Kristallgruppen: D_{3h}^3, D_{3h}^4.

h) $F(D_6^i,\Gamma_6) = \langle\bar{\nu}_1\rangle\oplus\langle\bar{\nu}_2\rangle$ *mit* $\nu_1(B) = \nu_1(-E) = 0, \ \nu_1(S) = \frac{1}{2}e_3$
$\nu_2(B) = \frac{1}{2}e_3, \ \nu_2(-E) = \nu_2(S) = 0.$

Bahnen: $\{0\}, \{\bar{\nu}_1\}, \{\bar{\nu}_1+\bar{\nu}_2\}, \{\bar{\nu}_2\}$.

Kristallgruppen: $D_{6h}^1,\ldots,D_{6h}^4$.

Beweis. e) Wir erhalten $F(D_6^+,\Gamma_6)$ mit 14.3 und 8.5, denn die Faktorkommutatorgruppe von D_6^+ ist die Kleinsche Vierergruppe. Der Normalisator $D_6^i = \langle D_6^+,-E\rangle$ operiert wegen 14.2 trivial.

h) Für $\nu|_{D_6^+}$ können wir die Lösungen aus e) ansetzen.

Für alle $H \in D_6^+$ ist dann $2\nu(H) \equiv 0$, also $\nu(-E) \equiv H\nu(-E)$.

Mit $\nu(-E) = \begin{pmatrix} x \\ y \\ z \end{pmatrix}$ erhalten wir $y \equiv -x$, $3x \equiv 0$. Ist dabei $\nu|_{D_6^+} = 0$,

so ist $\bar{\nu} = 0$, denn dann besitzen die Kongruenzen $2\begin{pmatrix} a \\ b \\ c \end{pmatrix} \equiv \begin{pmatrix} a \\ y \\ z \end{pmatrix}$, $(E-H)\begin{pmatrix} a \\ b \\ c \end{pmatrix} \equiv 0$

die Lösung $a \equiv -x$, $b \equiv x$, $2a \equiv z$. Daher können wir $\nu(-E) = 0$ setzen.

Die Beweise der übrigen Teile brauchen nicht genauer ausgeführt zu werden.

14.14 Satz. *Wir bestimmen die* 36 *(bzw.* 35*) Kristallgruppen des kubischen Systems.*

a) $F(T,\Gamma_c) = \langle\bar{\nu}\rangle$ *mit* $\nu(R) = 0$, $\nu(I_1) = \frac{1}{2}(e_1+e_2)$.

Kristallgruppen: T^1, T^4.

b) $F(T,\Gamma_c^F) = 0$. *Kristallgruppe:* T^2.

c) $F(T,\Gamma_c^M) = \langle\bar{\nu}\rangle$ *mit* $\nu(R) = 0$, $\nu(I_1) = \frac{1}{2}e_2$.

Kristallgruppen: T^3, T^5.

d) $F(T^i,\Gamma_c) = \langle\bar{\nu}_1\rangle\oplus\langle\bar{\nu}_2\rangle$ *mit* $\nu_{1,2}(-R) = 0$, $\nu_1(I_1) = \frac{1}{2}(e_1+e_2)$,

$$\nu_2(I_1) = \frac{1}{2}(e_1+e_3).$$

Bahnen: $\{0\}$, $\{\bar{\nu}_1+\bar{\nu}_2\}$, $\{\bar{\nu}_1,\bar{\nu}_2\}$.

Kristallgruppen: T_h^1, T_h^2, T_h^6.

e) $F(T^i,\Gamma_c^F) = \langle\bar{\nu}\rangle$ *mit* $\nu(-R) = 0$, $\nu(I_1) = \frac{1}{4}(e_2+e_3)$.

Kristallgruppen: T_h^3, T_h^4.

f) $F(T^i,\Gamma_c^M) = \langle\bar{\nu}\rangle$ *mit* $\nu(-R) = 0$, $\nu(I_1) = \frac{1}{2}e_3$.

Kristallgruppen: T_h^5, T_h^7.

g) $F(O,\Gamma_c) = \langle\bar{\nu}\rangle$ *mit* $\nu(R) = \nu(I') = 0$, $\nu(I_1) = \frac{1}{2}e_1+\frac{1}{4}(e_2-e_3)$.

Bahnen: $\{0\}$, $\{\bar{\nu},-\bar{\nu}\}$, $\{2\bar{\nu}\}$.

Kristallgruppen: O^1, (O^6,O^7), O^2.

h) $F(O,\Gamma_c^F) = \langle\bar{\nu}\rangle$ *mit* $\nu(R) = \nu(I') = 0$, $\nu(I_1) = \frac{1}{4}(e_2+e_3)$.

Kristallgruppen: O^3, O^4.

i) $F(O,\Gamma_c^M) = \langle\bar{\nu}\rangle$ *mit* $\nu(R) = \nu(I') = 0$, $\nu(I_1) = \frac{1}{4}(-e_2+e_3)$, $2\bar{\nu} = 0$.

Kristallgruppen: O^5, O^8.

j) $F(O^-,\Gamma_c) = \langle\bar{\nu}\rangle$ *mit* $\nu(R) = \nu(I_1) = 0$, $\nu(S') = \frac{1}{2}(e_1+e_2+e_3)$.

Kristallgruppen: T_d^1, T_d^4.

k) $F(O^-,\Gamma_c^F) = \langle\bar{\nu}\rangle$ *mit* $\nu(R) = \nu(I_1) = 0,\ \nu(S') = \frac{1}{2}e_3$.

Kristallgruppen: $T_d^2,\ T_d^5$.

l) $F(O^-,\Gamma_c^M) = \langle\bar{\nu}\rangle$ *mit* $\nu(R) = 0,\ \nu(I_1) = \frac{1}{2}(e_1+e_2),$

$$\nu(S') = \frac{1}{4}(e_1+e_2+e_3).$$

Kristallgruppen: $T_d^3,\ T_d^6$.

m) $F(O^i,\Gamma_c) = \langle\bar{\nu}_1\rangle\oplus\langle\bar{\nu}_2\rangle$ *mit* $\nu_{1,2}(-R) = 0,\ \nu_1(I') = \frac{1}{2}(e_1+e_2+e_3),$

$$\nu_1(I_1) = 0$$

$$\nu_2(I') = 0,$$

$$\nu_2(I_1) = \frac{1}{2}(e_2+e_3).$$

Bahnen: $\{0\},\ \{\bar{\nu}_1+\bar{\nu}_2\},\ \{\bar{\nu}_1\},\ \{\bar{\nu}_2\}$.

Kristallgruppen: $O_h^1,\dots,O_h^4$.

n) $F(O^i,\Gamma_c^F) = \langle\bar{\nu}_1\rangle\oplus\langle\bar{\nu}_2\rangle$ *mit* $\nu_{1,2}(-R) = 0,\ \nu_1(I') = \frac{1}{2}e_3,\ \nu_1(I_1) = 0$

$$\nu_2(I') = 0,\ \nu_2(I_1) = \frac{1}{4}(e_2+e_3).$$

Bahnen: $\{0\},\ \{\bar{\nu}_1\},\ \{\bar{\nu}_2\},\ \{\bar{\nu}_1+\bar{\nu}_2\}$,

Kristallgruppen: $O_h^5,\dots,O_h^8$,

o) $F(O^i,\Gamma_c^M) = \langle\bar{\nu}\rangle$ *mit* $\nu(-R) = 0,\ \nu(I') = \frac{1}{4}(e_1+e_2+e_3),$

$$\nu(I_1) = \frac{1}{2}(e_1+e_2).$$

Kristallgruppen: $O_h^9,\ O_h^{10}$.

Beweis. a) Es sei $\bar{\nu} \in F(T,\Gamma_c)$. Nach 14.12b) können wir $\nu(R) = 0$ setzen. Wir wenden 6.23 an mit $H = T$, $A = \{E,I_1,I_2,I_3\} = \langle I_1,I_2\rangle$ und $B = \langle R\rangle$. Folgende Gleichungen sind nach 6.23b) auszuwerten:

$$I_1^2 = I_2^2 = E,\ I_3 = I_1I_2 = I_2I_1,\ I_1R = RI_3,\ I_2R = RI_1.$$

Mit $\nu(I_1) = \begin{pmatrix} x \\ y \\ z \end{pmatrix}$ erhalten wir also die Kongruenzen:

$$\nu(I_2) \equiv R\nu(I_1) = \begin{pmatrix} z \\ x \\ y \end{pmatrix},$$

$$\nu(I_1) \equiv R\nu(I_3), \text{ also } \nu(I_3) \equiv \begin{pmatrix} y \\ z \\ x \end{pmatrix},$$

$$\begin{pmatrix} y \\ z \\ x \end{pmatrix} \equiv \begin{pmatrix} x \\ y \\ z \end{pmatrix} + \begin{pmatrix} z \\ -x \\ -y \end{pmatrix} \equiv \begin{pmatrix} z \\ x \\ y \end{pmatrix} + \begin{pmatrix} -x \\ y \\ -z \end{pmatrix},$$

$$2x \equiv 0.$$

Es folgt $z \equiv x+y$, $2x \equiv 0$, $2y \equiv 2z$.

$$\bar{\nu} = 0: \begin{pmatrix} a \\ b \\ c \end{pmatrix} \equiv R\begin{pmatrix} a \\ b \\ c \end{pmatrix}, \quad (E-I_1)\begin{pmatrix} a \\ a \\ a \end{pmatrix} \equiv \begin{pmatrix} 0 \\ 2a \\ 2a \end{pmatrix} \equiv \begin{pmatrix} x \\ y \\ z \end{pmatrix}, \text{ also } x \equiv 0,\ y \equiv z.$$

Also gibt es die beiden inäquivalenten Lösungen $x \equiv y \equiv z \equiv 0$ und $x \equiv y \equiv \frac{1}{2}$, $z \equiv 0$.

b) Mit $I_1^F = \begin{pmatrix} -1 & -1 & -1 \\ 0 & 0 & 1 \\ 0 & 1 & 0 \end{pmatrix}$, $I_2^F = \begin{pmatrix} 0 & 0 & 1 \\ -1 & -1 & -1 \\ 1 & 0 & 0 \end{pmatrix}$, $R^F = R$, $\nu(R) = 0$ und

$\nu(I_1^F) = \begin{pmatrix} x \\ y \\ z \end{pmatrix}$ wird

$$\begin{pmatrix} y \\ z \\ x \end{pmatrix} \equiv \begin{pmatrix} x \\ y \\ z \end{pmatrix} + \begin{pmatrix} -x-y-z \\ y \\ x \end{pmatrix} \equiv \begin{pmatrix} z \\ x \\ y \end{pmatrix} + \begin{pmatrix} z \\ -x-y-z \\ x \end{pmatrix},$$

also $y \equiv 2z$, $x \equiv z+x$, $y \equiv z \equiv 0$. Da

$(E-I_1^F)\begin{pmatrix} a \\ a \\ a \end{pmatrix} = \begin{pmatrix} 4a \\ 0 \\ 0 \end{pmatrix} \equiv \begin{pmatrix} x \\ 0 \\ 0 \end{pmatrix}$ eine Lösung a besitzt, ist $\bar{\nu} = 0$.

c) Bezüglich der Gitterbasis $v = \frac{1}{2}(-e_1+w_2+e_3)$, Rv, R^2v gehören zu I_1, I_2 die Matrizen

$$I_1^* = \begin{pmatrix} -1 & 0 & 0 \\ -1 & 0 & 1 \\ -1 & 1 & 0 \end{pmatrix}, \quad I_2^* = \begin{pmatrix} 0 & -1 & 1 \\ 0 & -1 & 0 \\ 1 & -1 & 0 \end{pmatrix}.$$

Setzen wir $\nu(I_1^*) = \begin{pmatrix} x \\ y \\ z \end{pmatrix}$, so wird $\begin{pmatrix} y \\ z \\ x \end{pmatrix} \equiv \begin{pmatrix} x \\ y \\ z \end{pmatrix} + \begin{pmatrix} -z \\ -z+y \\ -z+x \end{pmatrix} \equiv \begin{pmatrix} z \\ x \\ y \end{pmatrix} + \begin{pmatrix} -y+z \\ -y \\ x-y \end{pmatrix}$,

$$(E+I_1^*)\nu(I_1^*) = \begin{pmatrix} 0 \\ -x+y+z \\ -x+y+z \end{pmatrix} \equiv 0, \quad (E+I_2^*)\begin{pmatrix} z \\ x \\ y \end{pmatrix} = \begin{pmatrix} z-x+y \\ 0 \\ z-x+y \end{pmatrix} \equiv 0,$$

also $x \equiv y+z$, $2z \equiv 2y$.

$\bar{\nu} = 0$: $(E-I_1)\begin{pmatrix} a \\ a \\ a \end{pmatrix} = \begin{pmatrix} 2a \\ a \\ a \end{pmatrix} \equiv \begin{pmatrix} x \\ y \\ z \end{pmatrix}$, also $y \equiv z$.

Inäquivalente Lösungen: $x \equiv y \equiv z \equiv 0$ und $x \equiv z \equiv \frac{1}{2}$, $y \equiv 0$.
Auch ist $v+R^2v = e_2$.

d) Es sei etwa $\nu(-R) = 0$ und $\nu(I_1) = \begin{pmatrix} x \\ y \\ z \end{pmatrix}$. Wie in a) erhalten wir

$2x \equiv 0$, $2y \equiv 2z$, $z \equiv x+y$, die zusätzliche Gleichung $\nu(I_2) \equiv -R\nu(I_1)$ liefert $2x \equiv 2y \equiv 2z$.

Aus $\bar{\nu} = 0$ folgt $x \equiv y \equiv z \equiv 0$, denn neben $a \equiv b \equiv c$ haben wir jetzt noch $2a \equiv 0$. Daher ist $|\mathcal{F}(\mathcal{T}^i,\Gamma_c)| = 4$.

Wegen $I' = \begin{pmatrix} 0 & -1 & 0 \\ -1 & 0 & 0 \\ 0 & 0 & -1 \end{pmatrix} \in \mathcal{O}-\mathcal{T}$ ist der Normalisator von $\mathcal{T}^i$ nach 14.1j)

gleich $\langle \mathcal{T}^i, I' \rangle$, wobei $\mathcal{T}^i$ trivial operiert. Wegen

$$RI' = I'R^{-1} \text{ und } I_1I' = I'I_2$$

ist daher $(I' \circ \nu_1)(-R) = 0$ und
$(I' \circ \nu_1)(I_1) = I'\nu(I_2) = \frac{1}{2}I'(e_2+e_3) \equiv \frac{1}{2}(e_1+e_3) = \nu_2(I_1)$.
Dies liefert die angegebenen Bahnen.

e) Mit $\nu(-R) = 0$ und $\nu(I_1^F) = \begin{pmatrix} x \\ y \\ z \end{pmatrix}$ erhalten wir wie in b)

$y \equiv z \equiv 0$ und zusätzlich $2x \equiv 0$. Aus $\bar{\nu} = 0$ folgt $\nu = 0$ wegen $2a \equiv 0$.

f) Mit $\nu(-R) = 0$ und $\nu(I_1^*) = \begin{pmatrix} x \\ y \\ z \end{pmatrix}$ erhalten wir wie in c)

$x \equiv y+z$, $2x \equiv 2y \equiv 2z \equiv 0$. $\nu = 0$: $x \equiv 0$, $y \equiv z$. Lösung: $x \equiv \frac{1}{2}$, $y \equiv \frac{1}{2}$, $z \equiv 0$.

g) Wegen $RI' = I'R^{-1}$ ist $\langle R,I' \rangle \sim \mathcal{D}_3(\Gamma_3)$. Dabei ist $\mathcal{F}(\mathcal{D}_3,\Gamma_3) = 0$ nach 14.12g). Wir setzen daher

$$\nu(I_1) = \begin{pmatrix} x \\ y \\ z \end{pmatrix} \text{ und } \nu(R) = \nu(I') = 0.$$

Wie in a) erhalten wir $2x \equiv 0$, $2y \equiv 2z$, $z \equiv x+y$.

Aus $I_1I' = I'I_2$ folgt $\begin{pmatrix} x \\ y \\ z \end{pmatrix} \equiv I'\begin{pmatrix} z \\ x \\ y \end{pmatrix} = \begin{pmatrix} -x \\ -z \\ -y \end{pmatrix}$, also $z \equiv -y$, also $x \equiv -2y$, $4y \equiv 0$.

Daher gibt es die Lösung $x \equiv \frac{1}{2}$, $y \equiv \frac{1}{4}$, $z \equiv -\frac{1}{4}$ und ihre Vielfachen.

$\bar{\nu} = 0$: $x \equiv 0$, $y \equiv z \equiv 2a$, $(E-I')\begin{pmatrix} a \\ a \\ a \end{pmatrix} \equiv 0$, also $x \equiv y \equiv z \equiv 0$.

Der Normalisator von $\mathcal{O}(\Gamma_c)$ ist gleich $\langle\mathcal{O},-E\rangle$. Dies liefert die angegebenen Bahnen.

h) Wie in g) setzen wir $\nu(I_1^F) = \begin{pmatrix} x \\ y \\ z \end{pmatrix}$ und $\nu(R) = \nu(I') = 0$.

Man beachte, daß die Drehung I' für die Basen e_1, e_2, e_3 und $\frac{1}{2}(e_2+e_3)$, $\frac{1}{2}(e_1+e_3)$, $\frac{1}{2}(e_1+e_2)$ dieselbe Matrix hat.

Wie in b) erhalten wir $y \equiv z \equiv 0$. Aus $I_1^F I' = I' I_1^F$ folgt $2x \equiv 0$.

$\bar{\nu} = 0$: $4a \equiv x$, $(E-I')\begin{pmatrix} a \\ a \\ a \end{pmatrix} \equiv \begin{pmatrix} 2a \\ 2a \\ 2a \end{pmatrix} \equiv 0$, also $x \equiv 0$.

i) Wie in g) setzen wir $\nu(I_1^*) = \begin{pmatrix} x \\ y \\ z \end{pmatrix}$ und $\nu(R) = \nu(I') = 0$.

Man beachte, daß die Drehung I' für die Basen e_1, e_2, e_3 und $\frac{1}{2}(-e_1+e_2+e_3)$, $\frac{1}{2}(e_1-e_2+e_3)$, $\frac{1}{2}(e_1+e_2-e_3)$ dieselbe Matrix hat.

Wie in c) erhalten wir $x \equiv y+z$, $2z \equiv 2y$.

Aus $I_1^* I' = I' I_2^*$ folgt $z \equiv -y$, also $x \equiv 0$, $4y \equiv 0$, $z \equiv -y$.

$\bar{\nu} = 0$: $2a \equiv 0$, $a \equiv y \equiv z$. Lösung: $x \equiv 0$, $y \equiv \frac{1}{4}$, $z \equiv -\frac{1}{4}$.

j)-o) Ähnlich wie g)-i) unter Benutzung von 14.12h) und m). Man beachte, daß in hexagonalen Koordinaten e_3 ein kürzester Vektor $\neq 0$ auf der Dreierachse ist, in kubischen Koordinaten dagegen $e_1+e_2+e_3$ bzw. $\frac{1}{2}(e_1+e_2+e_3)$ für Γ_c^M. In den Fällen k) und n) erhält man auf diesem Wege eine andere Lösung als die angegebenen "Standardlösungen".

BEZEICHNUNGEN FÜR DIE 230 RAUMGRUPPEN

Triklines System. (2)

$P1$	$P\bar{1}$
C_1^1	C_i^1

Monoklines System. (13)

a) Primitives Gitter (8)

Pm	Pb	$P2$	$P2_1$	$P2/m$	$P2_1/m$	$P2/b$	$P2_1/b$
C_s^1	C_s^2	C_2^1	C_2^2	C_{2h}^1	C_{2h}^2	C_{2h}^4	C_{2h}^5

b) Zentriertes Gitter (5)

Bm	Bb	$B2$	$B2/m$	$B2/b$
C_s^3	C_s^4	C_2^3	C_{2h}^3	C_{2h}^6

Orthorhombisches System. (59)

a) Primitives Gitter (30)

$P222$	$P222_1$	$P2_12_12$	$P2_12_12_1$
D_2^1	D_2^2	D_2^3	D_2^4

$P2mm$	$P2mc2_1$	$Pcc2$	$Pma2$	$Pca2_1$	$Pnc2$	$Pmn2_1$	$Pba2$	$Pna2_1$	$Pnn2$
C_{2v}^1	C_{2v}^2	C_{2v}^3	C_{2v}^4	C_{2v}^5	C_{2v}^6	C_{2v}^7	C_{2v}^8	C_{2v}^9	C_{2v}^{10}

$Pmmm$	$Pnnn$	$Pccm$	$Pban$	$Pmma$	$Pnna$	$Pmna$	$Pcca$
D_{2h}^1	D_{2h}^2	D_{2h}^3	D_{2h}^4	D_{2h}^5	D_{2h}^6	D_{2h}^7	D_{2h}^8

$Pbam$	$Pccn$	$Pbcm$	$Pnnm$	$Pmmn$	$Pbcn$	$Pbca$	$Pnma$
D_{2h}^9	D_{2h}^{10}	D_{2h}^{11}	D_{2h}^{12}	D_{2h}^{13}	D_{2h}^{14}	D_{2h}^{15}	D_{2h}^{16}

b) Innenzentriertes Gitter (9)

$I222$	$I2_12_12_1$	$I2mm$	$Iba2$	$Ima2$	$Immm$	$Ibam$	$Ibca$	$Imma$
D_2^8	D_2^9	C_{2v}^{20}	C_{2v}^{21}	C_{2v}^{22}	D_{2h}^{25}	D_{2h}^{26}	D_{2h}^{27}	D_{2h}^{28}

c) Basiszentriertes Gitter (15)

$C222$	$C222_1$	$C2mm$	$C2_1mc$	$A2cc$	$A2mm$	$A2bm$	$A2ma$	$A2ba$
D_2^6	D_2^5	C_{2v}^{11}	C_{2v}^{12}	C_{2v}^{13}	C_{2v}^{14}	C_{2v}^{15}	C_{2v}^{16}	C_{2v}^{17}

$Cmmm$	$Cmcm$	$Cmca$	$Cccm$	$Cmma$	$Ccca$
D_{2h}^{19}	D_{2h}^{17}	D_{2h}^{18}	D_{2h}^{20}	D_{2h}^{21}	D_{2h}^{22}

d) Flächenzentriertes Gitter (5)

$F222$	$F2mm$	$Fdd2$	$Fmmm$	$Fddd$
D_2^7	C_{2v}^{18}	C_{2v}^{19}	D_{2h}^{23}	D_{2h}^{24}

Tetragonales System. (68)

a) Primitives Gitter (49)

$P4$	$P4_1$	$P4_3$	$P4_2$	$P4/m$	$P4_2/m$	$P4/n$	$P4_2/n$
C_4^1	C_4^2	C_4^4	C_4^3	C_{4h}^1	C_{4h}^2	C_{4h}^3	C_{4h}^4

$P422$	$P42_12$	$P42_122$	$P4_322$	$P4_12_12$	$P4_32_12$	$P4_222$	$P4_22_12$
D_4^1	D_4^2	D_4^3	D_4^7	D_4^4	D_4^8	D_4^5	D_4^6

$P4mm$	$P4bm$	$P4_2cm$	$P4_2nm$	$P4cc$	$P4nc$	$P4_2mc$	$P4_2b_c$
C_{4v}^1	C_{4v}^2	C_{4v}^3	C_{4v}^4	C_{4v}^5	C_{4v}^6	C_{4v}^7	C_{4v}^8

$P\bar{4}$	$P\bar{4}2m$	$P\bar{4}2c$	$P\bar{4}2_1m$	$P\bar{4}2_1c$	$P\bar{4}m2$	$P\bar{4}c2$	$P\bar{4}b2$	$P\bar{4}n2$
S_4^1	D_{2d}^1	D_{2d}^2	D_{2d}^3	D_{2d}^4	D_{2d}^5	D_{2d}^6	D_{2d}^7	D_{2d}^8

$P4/mmm$	$P4/mcc$	$P4/nbm$	$P4/nnc$	$P4/mbm$	$P4/mnc$	$P4/nmm$	$P4/ncc$
D_{4h}^1	D_{4h}^2	D_{4h}^3	D_{4h}^4	D_{4h}^5	D_{4h}^6	D_{4h}^7	D_{4h}^8

$P4_2/mmc$	$P4_2/mcm$	$P4_2/nbc$	$P4_2/nnm$	$P4_2/mbc$	$P4_2/mnm$	$P4_2/nmc$	$P4_2/ncm$
D_{4h}^{9}	D_{4h}^{10}	D_{4h}^{11}	D_{4h}^{12}	D_{4h}^{13}	D_{4h}^{14}	D_{4h}^{15}	D_{4h}^{16}

b) Zentriertes Gitter (19)

$I4$	$I4_1$	$I4/m$	$I4_1/a$	$I422$	$I4_122$	$I4mm$	$I4cm$	$I4_1md$	$I4_1cd$
C_4^5	C_4^6	C_{4h}^5	C_{4h}^6	D_4^9	D_4^{10}	C_{4v}^9	C_{4v}^{10}	C_{4v}^{11}	C_{4v}^{12}

$I\bar{4}$	$I\bar{4}m2$	$I4c2$	$I42m$	$I42d$	$I4/mmm$	$I4/mcm$	$I4_1/amd$	$I4_1/acd$
S_4^2	D_{2d}^9	D_{2d}^{10}	D_{2d}^{11}	D_{2d}^{12}	D_{4h}^{17}	D_{4h}^{18}	D_{4h}^{19}	D_{4h}^{20}

Trigonales System. (25)

a) Rhomboedrisches Gitter (7)

$R3$	$R32$	$R\bar{3}$	$R3m$	$R3c$	$R\bar{3}m$	$R\bar{3}c$
C_3^4	D_3^7	C_{3i}^2	C_{3v}^5	C_{3v}^6	D_{3d}^5	D_{3d}^6

b) Hexagonales Gitter (18)

$P3$	$P3_1$	$P3_2$	$P312$	$P3_112$	$P3_212$	$P321$	$P3_121$	$P3_221$
C_3^1	C_3^2	C_3^3	D_3^1	D_3^3	D_3^5	D_3^2	D_3^4	D_3^6

$P\bar{3}$	$P31m$	$P31c$	$P3m1$	$P3c1$	$P\bar{3}1m$	$P\bar{3}1c$	$P\bar{3}m1$	$P\bar{3}c1$
C_{3i}^1	C_{3v}^2	C_{3v}^4	C_{3v}^1	C_{3v}^3	D_{3d}^1	D_{3d}^2	D_{3d}^3	D_{3d}^4

Hexagonales System. (27)

$P6$	$P6_1$	$P6_5$	$P6_2$	$P6_4$	$P6_3$	$P6mm$	$P6cc$	$P6_3cm$	$P6_3mc$
C_6^1	C_6^2	C_6^3	C_6^4	C_6^5	C_6^6	C_{6v}^1	C_{6v}^2	C_{6v}^3	C_{6v}^4

$P622$	$P6_122$	$P6_522$	$P6_222$	$P6_422$	$P6_322$	$P6/m$	$P6_3/m$	$P\bar{6}$
D_6^1	D_6^2	D_6^3	D_6^4	D_6^5	D_6^6	C_{6h}^1	C_{6h}^2	C_{3h}^1

$P\bar{6}m2$	$P\bar{6}c2$	$P\bar{6}2m$	$P\bar{6}2c$	$P6/mmm$	$P6/mcc$	$P6_3/mcm$	$P6_3/mmc$
D_{3h}^1	D_{3h}^2	D_{3h}^3	D_{3h}^4	D_{6h}^1	D_{6h}^2	D_{6h}^3	D_{6h}^4

Kubisches System. (36)

a) Primitives Gitter (15)

$P23$	$P2_13$	$Pm3$	$Pn3$	$Pa3$	$P432$	$P4_232$	$P4_332$	$P4_132$
T^1	T^4	T_h^1	T_h^2	T_h^6	O^1	O^2	O^6	O^7

$P\bar{4}3m$	$P\bar{4}3n$	$Pm3m$	$Pn3n$	$Pm3n$	$Pn3m$
T_d^1	T_d^4	O_h^1	O_h^2	O_h^3	O_h^4

b) Innenzentriertes Gitter (10)

$I23$	$I2_13$	$Im3$	$Ia3$	$I432$	$I4_132$	$I\bar{4}3m$	$I\bar{4}3d$	$Im3m$	$Ia3d$
T^3	T^5	T_h^5	T_h^7	O^5	O^8	T_d^3	T_d^6	O_h^9	O_h^{10}

c) Flächenzentriertes Gitter (11)

$F23$	$Fm3$	$Fd3$	$F432$	$F4_132$	$F\bar{4}3m$	$F\bar{4}3c$	$Fm3m$	$Fm3c$	$Fd3m$	$Fd3c$
T^2	T_h^3	T_h^4	O^3	O^4	T_d^2	T_d^5	O_h^5	O_h^6	O_h^7	O_h^8

Aufgaben

A 14.1 Man gebe vollständige Beweise für 14.8i) und m).

A 14.2 Es sei G die Kristallgruppe mit $G_0 = O^i(\Gamma_c^F)$ und

$$\nu^*|_{O^-} = 0, \quad \nu^*(A) = \frac{1}{4}(e_1+e_2+e_3).$$

Man zeige:

a) $G \sim O_h^7$. (Hinweis: $A = I_1I'$.)

b) Die Punkte G0, $G \in G$, seien mit Kohlenstoffatomen besetzt (Diamant). Dann bilden ein beliebiges C-Atom und seine 4 Nachbarn Mittelpunkt und Eckpunkte eines regelmäßigen Tetraeders.

c) Die Kugelpackungsdichte von $S = \{G0 \mid G \in G\}$ ist $\rho_S = \frac{3}{8}\sqrt{3}$, vgl. 13.14 und A 13.1d).

d) Projiziert man die Punkte G0, $G \in G$, auf die $\langle e_1,e_2\rangle$-Ebene, so entsteht das folgende Bild. (Dabei markieren die Zahlen k, $0 \leq k \leq 3$, alle Punkte der Form $xe_1+ye_2+(\frac{k}{4}+g)e_3$ mit $g \in \mathbb{Z}$, $\|e_i\|$ = Abstand zweier diagonal benachbarter Punkte 0.)

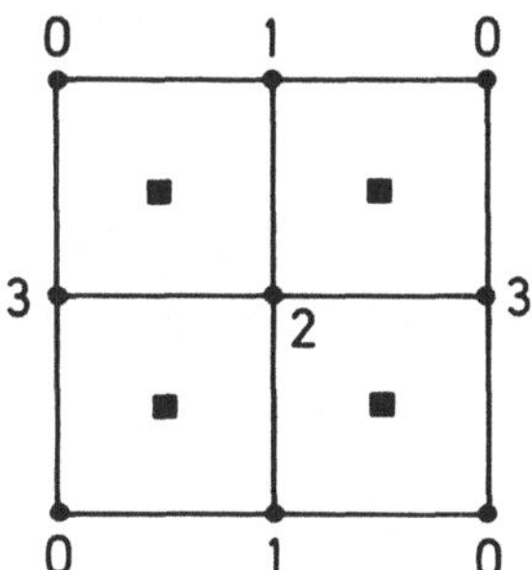

■ : Achsen 4-zähliger Schraubungen

A 14.3 Es sei G die Kristallgruppe mit $G_0 = D_6^i(\Gamma_6)$ und

$$\nu^*(B) = \nu^*(-E) = \frac{1}{2}e_3, \quad \nu^*(S_2) = 0,$$

also $G \sim D_{6h}^4$. Wir besetzen die Punkte G0 und die Punkte $\frac{1}{3}G(e_1-e_2)$, $G \in G$, mit Kohlenstoffatomen, dabei sei $\|e_3\| = 2.7\ \|e_{1,2}\|$ (Graphit-2H). Man zeige, daß der Punkt G0 nur einen Nachbarn in der nächsten Schicht $\frac{1}{2}e_3+\langle e_1,e_2\rangle$ hat, für den Punkt $\frac{1}{3}G(e_2-e_1)$ dagegen 6 Punkte der benachbarten Schicht gleich nah sind.

A 14.4 Es sei $G = O_h^4$. Wir besetzen die Punkte G0, $G \in G$, mit Kupferatomen und die Punkte $\frac{1}{4}G(e_1+e_2+e_3)$, $G \in G$, mit Sauerstoffatomen (Cuprit). Man zeige:

a) Die Cu-Atome bilden ein Γ_c^F-Gitter und die O-Atome ein verschobenes Γ_c^M-Gitter.

b) Die Summenformel der Atomanordnung ist Cu_2O.

c) Wählt man ein Sauerstoffatom als Ursprung, so ergibt sich für O_h^4 die Darstellung

$$\nu^*|_{O^-} = 0, \quad \nu^*(A) = \frac{1}{2}(e_1+e_2+e_3).$$

A 14.5 Die Punkte eines Γ_c^F-Gitters seien mit Zinkatomen und die Punkte des um $\frac{1}{4}(e_1+e_2+e_3)$ verschobenen Gitters mit Schwefelatomen besetzt (Zinkblende, ZnS). Man zeige:

a) Die Invarianzgruppe der Atomanordnung ist T_h^2.
(Bei der Wahl eines Zinkatoms als Ursprung ist $\nu^*|_T = 0$ und $\nu^*(-E) = -\frac{1}{2}(e_1+e_2+e_3)$.)

b) Jedes Schwefelatom bildet den Mittelpunkt des von den 4 benachbarten Zinkatomen gebildeten regelmäßigen Tetraeders und umgekehrt.

§ 15*. RAUMGRUPPEN, DEREN PUNKTGRUPPEN EINE GITTERBASIS PERMUTIEREN

Raumgruppen, deren Punktgruppen auf einer Gitterbasis als zyklische, symmetrische oder alternierende Gruppe operieren, werden von J.J. Burckhardt in § 26 seines Buches: "Die Bewegungsgruppen der Kristallographie", Basel 1947 und 1966, behandelt. Wir leiten hier diese Aussagen aus einem Satz von Shapiro her. Die Bezeichnungen seien wie in 6.13-6.15.

15.1 Satz. *Es seien K und H Gruppen mit* $H = \bigcup_{i=1}^{r} R_i K$, $R_i \in H$, $r = |H:K|$.

Weiter sei m ein H-Modul und n ein K-Teilmodul von m.

a) *Für* $H \in H$ *definieren wir eine Permutation* $i \mapsto Hi$ *der Menge* $\{1,\ldots,r\}$ *durch* $HR_iK = R_{Hi}K$. *Ist* $\mu \in Z^1(K,n)$, *so sei weiter* $\mu^H : H \to m$ *definiert durch*

$$\mu^H(H) = \sum_{i=1}^{r} R_{Hi}\ \mu(R_{Hi}^{-1}HR_i).$$

Dann ist $\mu^H \in Z^1(H,m)$ *und*

$$\bar{\mu}^H := \mu^H + B^1(H,m) \in H^1(H,m) \text{ für } \bar{\mu} = \mu + B^1(K,n) \in H^1(K,n).$$

Weiter ist $\bar{\mu}^H$ *nicht von der Wahl der Restklassenvertreter* R_i *abhängig, und für alle* $\bar{\mu}_1, \bar{\mu}_2 \in H^1(H,m)$ *ist* $(\bar{\mu}_1+\bar{\mu}_2)^H = \bar{\mu}_1{}^H + \bar{\mu}_2{}^H$.

b) *Es sei* $m = n$. *Für* $\bar{\nu} = \nu + B^1(H,m) \in H^1(H,m)$ *sei weiter* $\bar{\nu}_K = \nu|_K + B^1(K,n)$. *Dann ist* $\bar{\nu}_K \in H^1(K,n)$, *und es gilt*

$$(\bar{\nu}_K)^H = |H:K|\ \bar{\nu}.$$

c) (Shapiro). *Es sei* $m = \bigoplus_{i=1}^{r} R_i n$ *der von dem K-Modul n induzierte H-Modul. Dann ist*

$$H^1(K,n) \cong H^1(H,m) \text{ vermöge } \bar{\mu} \to \bar{\mu}^H.$$

Beweis. a) (1) Es ist $\mu^H \in Z^1(H,m)$:

Wegen $HR_iK = R_{Hi}K$ ist $R_{Hi}^{-1}HR_i \in K$. Also ist μ^H definiert.

Weiter ist

$$\begin{aligned}\mu^H(HH') &= \sum_{i=1}^{r} R_{HH'i}\ \mu(R_{HH'i}^{-1}HR_{H'i} \cdot R_{H'i}^{-1}H'R_i) \\ &= \sum_i (R_{HH'i}\ \mu(R_{HH'i}^{-1}HR_{H'i}) + HR_{H'i}\ \mu(R_{H'i}^{-1}H'R_i) \\ &= \mu^H(H) + H\mu^H(H').\end{aligned}$$

(2) Ist $\beta \in B^1(K,n)$, so ist $\beta^H \in B^1(H,m)$. Daher ist $\bar{\mu}^H$ definiert:
Es gibt ein $s \in n$ mit $\beta(K) = (E-K)s$ für alle $K \in K$.
Also ist für alle $H \in H$

$$\begin{aligned}\beta^H(H) &= \sum_{i=1}^{r} R_{Hi}(E-R_{Hi}^{-1}HR_i)s \\ &= (E-H)t \text{ mit } t = \sum_i R_i s.\end{aligned}$$

(3) Es seien $R_i^* = R_iK_i$ mit $K_i \in K$ andere Nebenklassenvertreter.
Dann ist $HR_i^*K = R_{Hi}^*K$. Wegen $\mu(K^{-1}) = -K^{-1}\mu(K)$ ist daher für alle $H \in H$

$$\begin{aligned}\sum_{i=1}^{r} R_{Hi}^*\ \mu(R_{Hi}^{-1}HR_i) &= \sum_i R_{Hi}K_{Hi}\ \mu(K_{Hi}^{-1}R_{Hi}^{-1}HR_iK_i) \\ &= \sum_i R_{Hi}(-\mu(K_{Hi}) + \mu(R_{Hi}^{-1}HR_i) + R_{Hi}^{-1}HR_i\ \mu(K_i)) \\ &= \mu^H(H) - (E-H)s \text{ mit } s = \sum_i R_i\mu(K_i).\end{aligned}$$

(4) Wegen $(\mu_1+\mu_2)^H = \mu_1+\mu_2$ ist $(\bar{\mu}_1+\bar{\mu}_1)^H = \bar{\mu}_1+\bar{\mu}_2$.

b) Offenbar ist $\nu|_K \in Z^1(K,m)$ für alle $\nu \in Z^1(H,m)$ und $\beta|_K \in B^1(K,m)$ für $\beta \in B^1(H,m)$. Daher ist $\bar{\nu}_K$ definiert. Weiter gilt

$$\begin{aligned}(\nu|_K)^H(H) &= \sum_{i=1}^{r} R_{Hi}\ \nu(R_{Hi}^{-1}HR_i) \\ &= \sum_i (-\nu(R_{Hi}) + \nu(H) + H\nu(R_i)) \\ &= r\ \nu(H) - (E-H)s \text{ mit } s = \sum_i \nu(R_i).\end{aligned}$$

c) Es sei etwa $R_1 = E$. Für $x = \sum_{i=1}^{r} R_i y_i \in m$ mit $y_i \in m$ setzen wir

$$\pi x = y_1.$$

Dann ist $\pi K x = K \pi x$ für alle $K \in K$, $x \in m$.
Für $\nu \in Z^1(H,m)$ sei nun $\nu_0 : K \to n$ definiert durch

$$\nu_0(K) = \pi\nu(K).$$

Dann ist $\nu_0 \in Z^1(K,n)$. Ist $\beta \in B^1(H,m)$, so ist $\beta_0 \in B^1(K,n)$. Daher können wir $(\bar{\nu})_0 = \bar{\nu}_0$ setzen, und erhalten einen Homomorphismus $H^1(H,m) \to H^1(K,n)$. Wir zeigen, daß $\bar{\nu} \mapsto \bar{\nu}_0$ die Umkehrabbildung von $\bar{\mu} \mapsto \bar{\mu}^H$ ist.

(1) Es ist $(\nu_0)^H = \bar{\nu}$:

$$\begin{aligned} (\nu_0)^H(H) &= \sum_{i=1}^{r} R_{Hi}\,\pi\nu(R_{Hi}^{-1} H R_i) \\ &= \sum_i R_{Hi}\,\pi(\nu(R_{Hi}^{-1}) + R_{Hi}^{-1}\,\nu(H) - R_{Hi}^{-1} H R_i\,\nu(R_i^{-1})) \\ &= \sum_i R_i \pi R_i^{-1} \nu(H) + (E-H) \sum_i R_i \pi\nu(R_i^{-1}). \end{aligned}$$

Mit $\nu(H) = \sum_j R_j y_j$, $y_j \in n$, ist dabei

$$\pi R_i^{-1}\,\nu(H) = \sum_{\{j \mid R_i^{-1} R_j \in K\}} R_i^{-1} R_j y_j = y_i, \text{ also ist}$$

$$\sum_i R_i\,\pi R_i^{-1}\,\nu(H) = \sum_i R_i y_i = \nu(H).$$

(2) Es ist $(\bar{\mu}^H)_0 = \bar{\mu}$

Wegen $\mu : K \to n$ und $K1 = 1$ für alle $K \in K$ haben wir

$$(\mu^H)_0(K) = \sum_{i=1}^{r} \pi R_{Ki}\,\mu(R_{Ki}^{-1} K R_i) = \mu(K).$$

<u>15.2 Satz.</u> *Die Gruppe $H \leq S(\Gamma)$ operiere transitiv auf einer $\mathbb{Z}$-Basis $v_1,\ldots,v_n$ des Gitters Γ.*

a) *Es sei H_1' die Kommutatorgruppe von $H_1 = \{H \in H \mid Hv_1 = v_1\}$. Dann ist $F(H,\Gamma) \cong H_1/H_1'$.*

b) *Für ein* $H_1 \in \mathcal{H}_1$ *und ein* $m \in \mathbb{N}$ *sei* $\mathcal{H}_1 = \langle H_1, \mathcal{H}_1' \rangle$ *mit* $H_1^m \in \mathcal{H}_1'$ *und* $H_1^i \notin \mathcal{H}_1'$ *für* $1 \leq i < m$. *Dann ist*

$$F(\mathcal{H},\Gamma) = \langle \overline{\mu^{\mathcal{H}}} \rangle \text{ mit } \mu(H_1^i K) = \tfrac{i}{m} v_1, \ 0 \leq i < m, \ K \in \mathcal{H}_1'.$$

c) *Es sei* $\mathcal{H} = S_n$, $n \geq 3$. *Dann gibt es bis auf Äquivalenz genau 2 Raumgruppen mit der Punktgruppe* $\mathcal{H}$.

d) *Es sei* $\mathcal{H} = A_n$, $n \geq 6$. *Dann gibt es bis auf Äquivalenz nur eine Raumgruppe mit der Punktgruppe* $\mathcal{H}$.

Beweis. a) Es sei $R_i \in \mathcal{H}$ mit $R_i v_1 = v_i$. Wir setzen $m = V/\Gamma$ und $n = (\mathbb{R}v_1+\Gamma)/\Gamma \cong \mathbb{R}v_1/\mathbb{Z}v_1$. Wegen $m = \bigoplus_{i=1}^{n} R_i n$ ist nach 15.1c) dann

$$F(\mathcal{H},\Gamma) \cong H^1(\mathcal{H},m) \cong H^1(\mathcal{H}_1,n) = Z^1(\mathcal{H}_1,\mathbb{R}v_1/\mathbb{Z}v_1),$$

Die Elemente von $Z^1(\mathcal{H}_1,\mathbb{R}v_1/\mathbb{Z}v_1)$ sind die Homomorphismen von $\mathcal{H}_1$ in die abelsche Gruppe $\mathbb{R}v_1/\mathbb{Z}v_1 \cong \mathbb{R}/2\pi\mathbb{Z} \cong \mathbb{C}_0 = \{x \in \mathbb{C} \mid |x| = 1\}$, ihre Kerne umfassen $\mathcal{H}_1'$ und ihre Bilder sind von endlicher Ordnung. Daher ist

$$F(\mathcal{H},\Gamma) \cong \operatorname{Hom}(\mathcal{H}_1,\mathbb{C}_0) = \operatorname{Hom}(\mathcal{H}_1/\mathcal{H}_1', \mathbb{C}^\times) \text{ mit } \mathbb{C}^\times = \{x \in \mathbb{C} \mid x \neq 0\}.$$

Die Charaktergruppe $\operatorname{Hom}(\mathcal{H}_1/\mathcal{H}_1', \mathbb{C}^\times)$ ist aber nach dem Dualitätssatz für endliche abelsche Gruppen zu $\mathcal{H}_1/\mathcal{H}_1'$ isomorph, vgl. Huppert, Endliche Gruppen I, S. 488.

b) Wegen $Z^1(\mathcal{H}_1,\mathbb{R}v_1/\mathbb{Z}v_1) = \langle\mu\rangle$, μ wie angegeben, ist dies ein Spezialfall von a).

c), d) Dies sind Spezialfälle von b), man beachte $S_n' = A_n$ und $A_n' = A_n$ für $n \geq 5$.

15.3 Satz. *Es sei* Γ *ein Gitter und* $\mathcal{H} \leq S(\Gamma)$.

a) *Für alle* $\overline{v} \in F(\mathcal{H},\Gamma)$ *ist* $|\mathcal{H}|\overline{v} = 0$.

b) *Ist* p *ein Primteiler von* $|F(\mathcal{H},\Gamma)|$, *so ist* $p \,\big|\, |\mathcal{H}|$.

c) *Es sei* $\mathcal{H}_p$ *eine* p-*Sylowgruppe von* $\mathcal{H}$. *Dann ist* $F(\mathcal{H},\Gamma)_p = \{\overline{\mu}^{\mathcal{H}} \mid \overline{\mu} \in F(\mathcal{H}_p,\Gamma)\}$ *die* p-*Sylowgruppe von* $F(\mathcal{H},\Gamma)$.

Weiter ist $F(H,\Gamma) = \bigoplus_{p\,|\,|H|} F(H,\Gamma)_p$.

Beweis. a) In 15.1b) setzen wir $K = \{E\}$. Dann ist $0 = (\overline{\nu}_K)^H = |H|\overline{\nu}$. (Die Aussage wurde auch in 6.15a) bewiesen.)

b) Wegen $p\,|\,|F(H,\Gamma)|$ gibt es ein $\overline{\nu} \in F(H,\Gamma)$ mit $p\overline{\nu} = 0 \neq \overline{\nu}$. Nach a) ist $|H|\overline{\nu} = 0$. Es folgt $p\,|\,|H|$.

c) Nach b) ist $F(H_p,\Gamma)$ eine p-Gruppe. Also ist $F(H,\Gamma)_p$ in der p-Sylowgruppe P von $F(H,\Gamma)$ enthalten.

Nun sei $\overline{\nu} \in P$. Wir setzen $r = |H:H_p|$ und $p^f = |P|$. Da r und p^f teilerfremd sind, gibt es Zahlen $a,b \in \mathbb{Z}$ mit $1 = ar+bp^f$. Nach a) ist $p^f\overline{\nu} = 0$, nach 15.1b) also $\overline{\nu} = ar\overline{\nu} = a(\overline{\nu}_{H_p})^H = (a\overline{\nu}_{H_p})$ mit $a\overline{\nu}_{H_p} \in F(H_p,\Gamma)$. Es folgt $P = F(H,\Gamma)_p$.

A u f g a b e n

A 15.1 Es sei Γ ein Gitter und $H \leq S(\Gamma)$. Weiter sei $N \trianglelefteq H$, und 0 sei der einzige Vektor v mit Nv = v für alle $N \in N$. Man zeige:

$$F(H,\Gamma) = \bigoplus_{p\,|\,|N|} F(H,\Gamma)_p.$$

Hinweis: A 6.2.

A 15.2 Man beweise den folgenden Satz von Gaschütz:
Es sei A ein abelscher Normalteiler einer Gruppe G. Weiter sei $A \leq H \leq G$ mit $|G:H| = n<\infty$, und es existiere ein Homomorphismus $\tau: A \to A$ mit $\tau(A)^n = A$ für alle $A \in A$. (Dies ist z.B. der Fall, wenn A endlich und $\mathrm{ggT}(|A|,n) = 1$ ist.)

a) Hat A ein Komplement in H, so hat A auch ein Komplement in G.

Hinweis: Es sei $H = AK$ mit $A \cap K = E$. Man setze $\mu(AK) = A$ für $A \in A$, $K \in K$, und $L = \{G \in G\,|\,\mu^G(G) = E\}$. Dabei ist A ein (multiplikativ geschriebener) G-Modul, und μ^G ist wie in 15.1a) definiert. Dann ist $G = AL$ mit $A \cap L = E$.

b) Es seien L und L^* Komplemente von A in G mit $A \cap L = A \cap L^*$. Dann gibt es ein $A \in A$ mit $L^* = ALA^{-1}$.

Hinweis: Man wähle Nebenklassenvertreter R_i, R_i^* von H in G mit $R_i \in L$ und $R_i^* \in L^*$.

§ 16*. IRREDUZIBLE DARSTELLUNGEN VON RAUMGRUPPEN

Es sei G eine Gruppe, weiter sei Φ ein komplexer Hilbertraum endlicher Dimension. Ein Homorphismus D von G in die unitäre Gruppe $U(\Phi) = \{A \in GL(\Phi) | A^t A = E\}$ von Φ heißt eine <u>unitäre Darstellung</u> von G.

<u>16.1 Satz.</u> *Es sei Γ ein Gitter des reellen Hilbertraums V. Weiter sei $D: T_\Gamma \to U(\Phi)$ eine unitäre Darstellung der zu Γ isomorphen Translationengruppe $T_\Gamma = \{T_a | a \in \Gamma\}$. Dann gibt es eine Orthonormalbasis $\phi_1,\dots,\phi_m$ von Φ und Vektoren $k_1,\dots,k_m \in V$ mit*

$$D(T_a)\phi_r = e^{2\pi i k_r \cdot a} \phi_r \quad (r = 1,\dots,m;\ a \in \Gamma).$$

<u>Beweis.</u> Es sei $a_1,\dots,a_n$ eine $\mathbb{Z}$-Basis von Γ. Die paarweise vertauschbaren unitären Abbildungen $D(T_{a_1}),\dots,D(T_{a_n})$ sind bezüglich einer Orthonormalbasis $\phi_1,\dots,\phi_m$ von Φ diagonalisierbar, ihre Eigenwerte sind komplexe Zahlen vom Betrag 1. Daher gibt es Elemente $k_{rs} \in \mathbb{R}$ mit

$$D(T_{a_s})\phi_r = e^{2\pi i k_{rs}}\phi_r \quad (r = 1,\dots,m;\ s = 1,\dots,n).$$

Wir setzen nun

$$k_r = k_{r1}a_1^* + \dots + k_{rn}a_n^*,$$

wo $a_1^*,\dots,a_n^*$ die Basis von V mit $a_s \cdot a_t = \delta_{st}$ $(s,t = 1,\dots,n)$ sei. Für alle $a = \sum_s z_s a_s \in \Gamma$, $z_s \in \mathbb{Z}$, ist dann

$$D(T_a)\phi_r = D(T_{a_1})^{z_1}\dots D(T_{a_n})^{z_n}\phi_r = e^{2\pi i(k_{r1}z_1+\dots+k_{rn}z_n)}\phi_r$$

$$= e^{2\pi i k_r \cdot a}.$$

16.2 Definition. Es sei $D: G \longrightarrow U(\Phi)$ eine unitäre Darstellung der Raumgruppe G. Weiter sei Γ das Gitter von G und Γ^* das zu Γ reziproke Gitter.

a) Die Teilmenge

$$S(D) = \{\bar{k} = k + \Gamma^* \mid \text{Es gibt ein } \phi \in \Phi \text{ mit } \phi \neq 0 \text{ und } D(T_a)\phi = e^{2\pi i k\cdot a} \text{ für alle } a \in \Gamma\}$$

von V/Γ^* heißt der Stern von D.

b) Für jedes $\bar{k} \in S(D)$ setzen wir

$$\Phi_{\bar{k}} = \{\phi \in \Phi \mid D(T_a)\phi = e^{2\pi i k\cdot a}\phi \text{ für alle } a \in \Gamma\}.$$

(Der Unterraum $\Phi_{\bar{k}}$ hängt nur von der Restklasse $\bar{k}$ ab. Ist nämlich $\bar{k} = \overline{k'}$, so ist $k-k' \in \Gamma^*$, also $(k-k')\cdot a \in \mathbb{Z}$, also $e^{2\pi i k\cdot a} = e^{2\pi i k'\cdot a}$.)

16.3 Folgerungen. a) *Es seien* $k, k' \in S(D)$ *mit* $\Phi_{\bar{k}} = \Phi_{\overline{k'}}$. *Dann ist* $\bar{k} = \overline{k'}$.

b) *Es ist* $\Phi = \bigoplus_{\bar{k} \in S(D)} \Phi_{\bar{k}}$.

Beweis. a) Es ist $0 \neq \phi \in \Phi_{\bar{k}} = \Phi_{\overline{k'}}$. Dann ist $e^{2\pi i k\cdot a}\phi = e^{2\pi i k'\cdot a}\phi$, also $(k-k')\cdot a \in \mathbb{Z}$ für alle $a \in \Gamma$. Es folgt $k-k' \in \Gamma^*$, also $\bar{k} = \overline{k'}$.

b) Mit den Bezeichnungen von 16.1 ist jedenfalls

$$\Phi_{\bar{k}} \supseteq \Psi_{\bar{k}} := \langle \phi_r \mid k-k_r \in \Gamma^* \rangle.$$

Nun sei $\phi \in \Phi_{\bar{k}}$, also $D(T_a)\phi = e^{2\pi i k\cdot a}\phi$ für alle $a \in \Gamma$. Dann ist $\phi = \sum_{r=1}^{m} x_r\phi_r$ mit $x_r \in \mathbb{C}$, also $\sum_r x_r e^{2\pi i k_r\cdot a}\phi_r = e^{2\pi i k\cdot a}\sum_r x_r\phi_r$ für alle $a \in \Gamma$. Der Koeffizientenvergleich ergibt $\phi \in \Psi_{\bar{k}}$. Daher ist $\Phi_{\bar{k}} = \Psi_{\bar{k}}$, $S(D) = \{\bar{k}_r \mid r = 1,\ldots,m\}$ und $\Phi = \bigoplus_{\bar{k} \in S(D)} \Phi_{\bar{k}}$.

Es sei $D: G \longrightarrow U(\Phi)$ eine unitäre Darstellung, weiter sei Ψ ein G-invarianter Unterraum von Φ, es sei also $D(G)\,\Psi \subseteq \Psi$ für alle $G \in G$. Dann ist $\Psi^\perp$ ebenfalls G-invariant, und es gilt $\Phi = \Psi \oplus \Psi^\perp$. Daher wird man sich besonders für den Fall interessieren, daß D irreduzibel ist, daß also Φ nur die trivialen G-invarianten Unterräume $\{0\}$ und Φ besitzt und $\Phi \neq \{0\}$ ist.

<u>16.4 Satz.</u> *Es sei* $D: G \longrightarrow U(\Phi)$ *eine irreduzible, unitäre Darstellung der Raumgruppe* G. *Weiter sei* H *die Punktgruppe von* G.

a) *Es sei* $G = T_v H \in G$ *mit* $H \in H$, *weiter sei* $\bar{k} \in S(D)$. *Wir setzen* $H\bar{k} := \overline{Hk}$. *Dann ist*

$$D(G)\Phi_{\bar{k}} = \Phi_{H\bar{k}}.$$

b) *Die Elemente von* $S(D)$ *werden von* H *transitiv vertauscht. Insbesondere ist*

$$\dim \Phi_{\bar{k}} = \text{const. } \textit{für alle } \bar{k} \in S(D).$$

c) *Für* $\bar{k} \in S(D)$ *sei* $G_{\bar{k}} = \{G \in G \mid D(G)\Phi_{\bar{k}} = \Phi_{\bar{k}}\}$ *die* <u>*Trägheitsgruppe*</u> *von* $\bar{k}$ *bezüglich* G. *Dann ist* $G_{\bar{k}}$ *irreduzibel auf* $\Phi_{\bar{k}}$ *dargestellt.*

<u>Beweis.</u> a) Wegen $H\Gamma^* = \Gamma^*$ ist die Festsetzung $H\bar{k} = \overline{Hk}$ wohldefiniert. Es sei $\phi \in \Phi_{\bar{k}}$, wir setzen $\phi' = D(G)\phi$. Für alle $a \in \Gamma$ ist dann

$$\begin{aligned} D(T_a)\phi' &= D(T_a T_v H)\phi = D(T_v H) D(T_{H^{-1}a})\phi \\ &= e^{2\pi i k \cdot H^{-1}a}\, D(G)\phi \\ &= e^{2\pi i Hk \cdot a}\, \phi', \end{aligned}$$

also $\phi' \in \Phi_{H\bar{k}}$. Daher ist $D(G)\Phi_{\bar{k}} = \Phi_{H\bar{k}}$.

b) Es sei $k \in S(D)$. Dann ist

$$\Psi = \langle D(G)\Phi_{\bar{k}} \mid G \in G \rangle = \langle \Phi_{H\bar{k}} \mid H \in H \rangle$$

ein G-invarianter Unterraum $\neq \{0\}$ von Φ. Da D irreduzibel ist, folgt $\Psi = \Phi$. Nach 16.3 ist daher $\{H\bar{k} \mid H \in H\} = S(D)$. Wegen a) erhalten wir insbesondere $\dim \Phi_{\bar{k}} = \text{const.}$

c) Es sei Ψ ein $G_{\bar{k}}$-invarianter Unterraum von $\Phi_{\bar{k}}$. Wir bestimmen für jedes $\bar{k}' \in S(D)$ ein Element $G_{\bar{k}'} \in G$ mit $D(G_{\bar{k}'})\Phi_{\bar{k}} = \Phi_{\bar{k}'}$. Dann ist

$G = \bigcup_{\overline{k'} \in S(D)} G_{\overline{k'}} G_{\overline{k}}$, also $\psi^* := \langle D(G)\psi \mid G \in G\rangle = \bigoplus_{k'} D(G_{\overline{k'}})\psi$

mit $D(G_{\overline{k'}})\psi \subseteq \Phi_{\overline{k'}}$. Da D irreduzibel ist, folgt $\psi^* = \{0\}$ oder $\psi^* = \Phi$. Also ist $\psi = \{0\}$ oder $\psi = \Phi_{\overline{k}}$.

Die Aussage 16.4c) läßt sich umkehren:

16.5 Satz. *Es sei G eine Raumgruppe mit der Punktgruppe H und dem Gitter Γ, weiter sei $D_0 : U \longrightarrow U(\psi)$ eine irreduzible, unitäre Darstellung einer Untergruppe U von G. Für ein $k \in V$ sei dabei*

$U = \{G \in G \mid G = T_v H$ mit $H\overline{k} = \overline{k}\}$ und $D_0(T_a)\phi = e^{2\pi i k \cdot a}\phi$ für alle $a \in \Gamma$ und $\phi \in \psi$. Dann ist die von D_0 induzierte Darstellung $D: G \longrightarrow U(\Phi)$ eine irreduzible, unitäre Darstellung von G mit $U = G_{\overline{k}}$ und $S(D) = \{H\overline{k} \mid H \in H\}$.

Beweis. Wir zerlegen G in die Nebenklassen von U:

$$G = \bigcup_{i=1}^{s} T_{v_i} H_i U.$$

Dabei sei $\{H\overline{k} \mid H \in H\} = \{\overline{k_1}, \dots, \overline{k_s}\}$ mit $\overline{k_1} = \overline{k}$ und $\overline{k_i} = H_i \overline{k}$.
Wir setzen Φ als orthogonale Summe von Unterräumen $\Phi_i = \{T_{v_i} H_i \otimes \phi \mid \phi \in \psi\}$ gleicher Dimension an.
Es sei $G \in G$. Dann gibt es für jedes i einen Index i' und ein $U \in U$ mit $G(T_{v_i} H_i) = (T_{v_{i'}} H_{i'})U$, und wir haben

$$D(G)(T_{v_i} H_i \otimes \phi) = T_{v_{i'}} H_{i'} \otimes D(U)\phi \quad \text{für alle } \phi \in \psi .$$

Die Rechnung von 16.4a) zeigt $\Phi_i = \Phi_{\overline{k_i}}$. Wegen $T_\Gamma \leq U$ ist daher $U = G_{\overline{k}}$.
Es sei Φ^* ein G-invarianter Unterraum von Φ, auf dem G irreduzibel dargestellt ist. Nach 16.4 ist dann $\Phi^* = \bigoplus_{i=1}^{s} \Phi_i^*$ mit $\dim \Phi_i^* = \text{const.}$ und $\Phi_i^* \subseteq \Phi_i$, wobei U irreduzibel auf Φ_1 dargestellt ist. Es folgt $\Phi_1^* = \Phi_1$, also $\Phi^* = \Phi$. Daher ist D irreduzibel.

16.6 Satz. *Die Voraussetzungen seien wie in 16.4, weiter sei*

$K = \{H \in H \mid H\bar{k} = \bar{k}\}$ die Punktgruppe von $U = G_{\bar{k}}$. Für jedes $H \in K$ wählen wir ein v mit $T_v H \in U$ und setzen

$$P(H) = e^{-2\pi i k\cdot v}\, D(T_v H).$$

Dann hängt $P(H)$ nicht von der speziellen Wahl von v ab. Weiter gilt

$$P(H)P(H') = e^{-2\pi i k\cdot(v'-Hv)} P(HH') \quad \textit{für alle } H, H' \in K.$$

Also ist P eine projektive Darstellung der endlichen Gruppe K.

Beweis. Ist $T_{v^*}H \in U$, so ist $v^* = v+a$ mit $a \in \Gamma$, also $D(T_{v^*}H) = D(T_a)D(T_vH) = e^{2\pi i k\cdot a}\, D(T_vH)$ und daher $e^{-2\pi i k\cdot v^*}\, D(T_{v^*}H) = e^{-2\pi i k\cdot v}\, D(T_vH)$. Mit $T_vH, T_{v'}H' \in U$ haben wir weiter
$P(H)P(H') = e^{-2\pi i k\cdot(v+v')} D(T_{v+Hv'}HH') = e^{-2\pi i k\cdot(v'-Hv')} P(HH')$.

16.7 Definition. Die Menge $Z = \{k \in V \mid \|k\| \leq \|k-a\|$ für alle $a \in \Gamma^*\}$ heißt die Brillouin-Zone von Γ^*. (Nach 3.16 enthält Z aus jeder Nebenklasse $k+\Gamma^*$ mindestens ein Element und im Falle $(k+\Gamma^*) \cap Z^0 \neq \emptyset$ genau ein Element. Daher können wir $S(D) = \{\bar{k}_1,\dots,\bar{k}_s\}$ mit $\bar{k}_i \in Z$ ansetzen.)

16.8 Folgerung. *Gehört k zum Innern der Brillouin-Zone, so ist die projektive Darstellung P aus 16.6 eine gewöhnliche.*

Beweis. Für alle $H \in K$ ist $HZ^0 = Z^0$ und $H\bar{k} = \bar{k}$. Ist $k \in Z^0$, so folgt $Hk = k$, also $k\cdot(v'-Hv) = (k-H^{-1}k)\cdot(v'-v) = 0$. Dann ist $P(H)P(H') = P(HH')$ für alle $H, H' \in K$.

LITERATURVERZEICHNIS

Bieberbach, L.: Über die Bewegungsgruppen der Euklidischen Räume. Math. Ann. 72 (1911), 400-412.

Brown, H., Bülow, R., Neubüser, J., Wondratschek, H., Zassenhaus, H.: Crystallographic groups of four-dimensional space. Wiley, New York 1978.

Burckhardt, J.J.: Die Bewegungsgruppen der Kristallographie. 2. Aufl., Birkhäuser, Basel 1966.

Dirichlet, G.P.: Über die Reduktion der positiven quadratischen Formen mit drei unbestimmten ganzen Zahlen (1848). Werke II, Georg Reimer, Berlin 1897, 29-48.

Frobenius, F.G.: Über die unzerlegbaren diskreten Bewegungsgruppen (1911). Gesammelte Abh. III, Springer, Berlin 1968, 507-518.

Hermann C.: Kristallographie in Räumen beliebiger Dimensionszahl. Acta Crystallogr. 2 (1949), 139-145.

International tables for X-ray crystallography. Henry, N.F.M., Londsdale, K., Eds. Vol. I. Symmetry groups. The Kynoch Press, Birmingham 1969.

Klockmann, F.: Lehrbuch der Mineralogie. 16. Auflage überarbeitet von P. Ramdohr und H. Strunz, Enke, Stuttgart 1978.

Landau, L.D. und E.M. Lifschitz: Lehrbuch der theoretischen Physik. Band III (Quantenmechanik), Kap. XII-XIV; Band V (Statistische Physik), Kap. XIII und XIV; Band VII (Elastizitätstheorie), § 10 und § 33; Band IX (Elektrodynamik der Kontinua), Kap. II, XI, XV. Akademie-Verlag Berlin.

v. Laue, M.: Geschichte der Physik. Ullstein, Frankfurt 1959 (4.Aufl.).

Minkowski, H.: Zur Theorie der positiven quadratischen Formen (1887). Gesammelte Abh. I, Teubner, Leipzig 1911, 203-218.

Schur, I.: Über eine Klasse von endlichen Gruppen linearer Substitutionen (1905). Gesammelte Abh. I, Springer 1973, 128-142.

Schwarzenberger, R.L.E.: Crystallograhy in spaces of arbitrary dimension. Proc. Cambridge Phil. Soc. 76 (1974), 23-32.

The use of directed graphs in the enumeration of orthogonal space groups. Acta Crystallogr. A 32 (1976), 356-359.

Weyl, H.: Symmetry. Princeton University Press 1952.

Zassenhaus, H.: Über einen Algorithmus zur Bestimmung der Raumgruppen. Comm.Math.Helv. 21 (1948), 117-141.

SYMBOLE

$|N| \| 2^n$ die Ordnung der Gruppe N teilt 2^n.

$N \trianglelefteq G$ N ist ein Normalteiler der Gruppe G.

$O(V)$, $AO(V)$, $SO(V)$	(1.4; S. 15)
$AGL(V)$	(1.12; S. 22)
G_0, $\Gamma(G)$	(1.13; S. 22)
$GL(\Gamma)$, $S(\Gamma)$	(2.8; S. 31)
$GL(n, \mathbb{Z})$	(§ 5; S. 67)
$N_{GL(\Gamma)}(H)$	(6.9; S. 79)
$\tilde{}$, $\|\|$	(6.9; S. 79)
	(7.5; S. 94)

PERSONEN- UND SACHVERZEICHNIS

affiner Automorphismus 22
affin reduzibel (irreduzibel) 53, 65
Äquivalenz, geometrische 116, 122, 142
Äquivalenz von Gittern 94, 154
- von Punktgruppen (arithm.Ä) 79, 96, 142, 152
- von Raumgruppen 79, 99 ff., 168, 171 ff.

Basis ($\mathbb{Z}$-Basis) eines Gitters 28
-, reduzierte 91, 161, 167
Beugung am Gitter 40 ff.
Bewegung 15
- sgruppe 17
Bieberbach L. (*1886) V, 65, 84, 85, 168
Bragg, W.H. (1862-1942) und W.L. (1890-1971)
- sche Bedingung 39
Bravais, A. (1811-1863)
-, Regel von 39
- gitter 1, 154
- gruppe 31
Brillouin-Zone 209
Brown, H. V
Bülow, R. V, 123
Burckhardt, J.J. V, 200

Cohn-Vossen 66
Curtis und Reiner 167

Digyre 32
Dirichlet, G.P. (1805-1859) 53, 166
- sche Kammer 53
- sches Sechseck 98
diskret 4, 27, 60
Diskriminante 35
Drehung 17

Elastizitätseigenschaften von Kristallen 131
enantiomorp 181
0-Erweiterung 24
Erweiterungsproblem 81
Euklidischer Raum 15

Fedorow, J.S. von (1851-1919) V
Fejes Tóth, L. 169
Friedrich, W. 42
Friesgruppe 5, 20, 25
Frobenius, F.G. (1849-1917) V, 59, 60, 62
- sche Kongruenzen 76, 82
Form, quadratische 32, 91, 161 ff.
Fundamentalbereich 53, 65

Gaschütz, W. 204
Gauß, C.F. (1777-1855) 38
Gitter 1, 27, 154
-, primitives (bzw. zentriertes) 147
-, reziprokes (duales) 37, 206
-, triklines usw. 154
- basis ($\mathbb{Z}$-Basis) 28
- ebene (Γ-Teilraum) 28
Gleitspiegelung 18

Hermann, C. 72
Hermann-Manguinsche Symbole 118, 122, 194 ff.
Hexagyre 32
Hilbert, D. (1862-1943) 66
Hilbertraum 15
Huppert, B. 203

Ikosaeder 107
Indizes einer Gitterebene 37
infinitesimale Bewegung 48
internationale Symbole 7, 122, 194 ff.
Invarianzgruppe 46
Inversion 17
irreduzibel 103, 206
-, affin 53, 65

Jordan, C. (1838-1922) 34
Julia, G. (*1893)

Knipping, P. 42
Kohomologiegruppe, erste 81
Kristall 1
- gitter 1, 198 f.
- gruppe 46
- familie 154
- form 123
- klasse 121
- system 122
Kugelpackungen 168

Lagrange J.L. (1736-1813) 34, 91
Lamé-Koeffizienten 140
Laue, M. von (1879-1960) 42
- Symmetrie 130
- sche Bedingung 41

Miller, W.H. (1801-1880)
- sche Indizes 39, 44 ff.
Minimalsystem 33
Minkowski, H. (1864-1909) 67, 71, 162, 167

Neubüser, J. V, 123
Netz 7, 27, 95

Ohmsches Gesetz 128
Ornamentgruppe 7, 46, 99 ff.
orthogonal 15, 45

periodisch (streng) 46
Piezoelektrizität 131
projektive Darstellung 208
Punktgruppe (kristallogr.) 2, 4, 22, 31, 121
Pyroelektrizität 125

Rang eines Gitters 30
Raumgruppe 2, 46, 65, 168

Schoenflies (1853-1928) V
- sche Symbole 96, 120, 122, 174 ff., 194 ff.
Schraubung 18
Schur, I. (1875-1941) 68, 71
Schwarzenberger, R.L.E. 159, 176
Seeber, L.A. (1793-1855) 34, 163, 166
Shapiro 200
Spiegelung 17
Stern einer irreduziblen Darstellung 206
Symmetrie
- element 2
- gruppe 31
- karte 6
- prinzip 125
symmorph 3

Tetragyre 32
Trägheitsgruppe 207
Translation 15
- enbereich 22
- säquivalenz 79
Trigyre 32

unitäre Gruppe 47, 55 ff., 112
- Darstellung 205

Volvacev 72

Waerden, B.v.d. 36, 73, 143, 167
Weiss'sche Koeffizienten 45
Wigner-Seitz-Symbol 75
Wigner-Seitz-Zelle 53
Windungsäquivalenz 180
Wondratschek, H. V, 123

Zähligkeit einer Achse oder eines Pols 103, 32
Zassenhaus, H. V, 78, 90
Zelle 35

K. Jänich

Lineare Algebra

Ein Skriptum für das erste Semester

Hochschultext
2. Auflage. 1981. 78 Abbildungen und Diagramme.
XI, 236 Seiten. DM 19,80. ISBN 3-540-10470-4

Inhaltsübersicht: Mengen und Abbildungen. – Vektorräume. – Dimensionen. – Lineare Abbildungen. – Matrizenrechnung. – Die Determinante. – Lineare Gleichungssysteme. – Affine Geometrie. – Euklidische Vektorräume. – Klassifikation von Matrizen. – Eigenwerte. – Die Hauptachsen-Transformation. – Antworten zu den Tests. – Literaturverzeichnis. – Symbolverzeichnis. – Register.

Dieses Lehrbuch zur Linearen Algebra hat so großen Anklang gefunden, daß bereits nach einem Jahr eine Neuauflage erforderlich war.

Aus den Besprechungen zur 1. Auflage: „Dieser handliche Text ist ein sehr origineller und ... auch gelungener Versuch, den vielfältigen Anforderungen, welche an einen Einführungskurs in die Lineare Algebra heute gestellt werden, möglichst gleichzeitig Rechnung zu tragen. Auf den etwas mehr als 200 Seiten findet sich der gesamte Standardstoff der Linearen Algebra. ... Die besondere Eigenart des vorliegenden Skriptums besteht jedoch in der sorgfältig geplanten "horizontalen" Aufteilung des Stoffes in mehrere parallel laufende Darstellungsstränge. Ein ganz knapper "bourbakistischer" Kern bietet streng formal das begriffliche Gerüst der Linearen Algebra, circa 80% des Textes macht jedoch eine durch Kleindruck abgehobene Begleitung aus, bestehend aus locker formulierten Erklärungen und motivierenden Einleitungen bishin zu Ratschlägen.
... Dieser Begleittext ... ist ungemein lebendig und abwechslungsreich geschrieben. Eine große Zahl nützlicher Hinweise ... geben dem mathematischen Anfänger wertvolle allgemeine Einblicke in die Arbeitstechnik der modernen Mathematik.
Die zahlreichen Aufgaben werden gar fünffach nach Adressaten und Schwierigkeitsgrad gegliedert; am Ende jedes Kapitels werden Tests, schwierigere "Sternaufgaben" und jeweils Beispiele "für alle" für Mathematiker und für Physiker angeboten. Insgesamt eine sehr interessante und empfehlenswerte Einführung.“

Internationale Mathematische Nachrichten

Springer-Verlag
Berlin
Heidelberg
New York

Modern Crystallography

published in Springer Series in **Solid-State Sciences**

Volume 15
B. K. Vainshtein

Modern Crystallography I

Symmetry of Crystals. Methods of Structural Crystallography

1981. 272 figures, some in color. XVII, 399 pages
Cloth DM 98,–. ISBN 3-540-10052-0

Contents: Crystalline State. – Fundamentals of the Theory of Symmetry. – Geometry of the Crystalline Polyhedron and Lattice. – Structure Analysis of Crystals. – Bibliography. – References. – Subject Index.

Crystallography – the science of symmetry, atomic, and real structure of crystals, crystal growth, methods of crystals synthesis, as well as of properties of crystals – is an important part of modern physics. The theory and methods of crystallography are widely used in chemistry, materials science, biology, and mineralogy. Naturally occuring and synthetic crystals enjoy wide application in industry.
Modern Crystallography provides an encyclopaedic exposition of the field in four volumes written by Soviet authors.
Modern Crystallography I: Crystal Symmetry. Methods of Structural Crystallography is the first volume of this series. It covers the general characteristics of crystalline matter, fundamentals of crystallography and its theoretical basis – the theory of symmetry, and the methods of analyzing the atomic structure of crystals.

"This book is noteworthy for two reasons. Each subject is discussed in depth and with elegance. However, the discussion for each subject is extended into more areas than is generally found in crystallography texts. This will make it essential for everyone's bookshelf."

American Crystallographic Association

Volume 21
B. K. Vainshtein, V. M. Fridkin, V. L. Indenbom

Modern Crystallography II

Structure of Crystals

1982. 345 figures (some in color). Approx. 450 pages
Cloth DM 114,–. ISBN 3-540-10517-4

This second volume of **Modern Crystallography** describes the ideal atomic structure of crystals, the real structure of crystals with its various disturbances, and the electron structure and lattice dynamics. The fundamentals of the theory of chemical bonding between atoms are given, and the geometric representations in the theory of crystalline structure and crystal chemistry, as well as the lattice energy, are considered. The important classes of crystalline structures in inorganic and organic compounds and also the structure of polymers, liquid crystals, biological crystals, and macromolecules are described.
The elements of the electron theory of crystal lattices, which help to classify crystals by their energy spectrum, are presented. Lattice dynamics and phase transitions are discussed. Concepts of the real structure of crystals with its various thermodynamic equilibrium and nonequilibrium disturbances are described. All types of defects are analyzed and described mathematically, with special emphasis on dislocation theory.

In preparation

Volume 36

Modern Crystallography III

Crystal Growth

Editor: **A. A. Chernov**
With contributions by E. I. Givargizov, K. S. Bagdasarov, V. A. Kuznetsov, L. N. Demyanets, A. N. Lobachev
ISBN 3-540-11516-1

Volume 37

Modern Crystallography IV

Physical Properties of Crystals

Editor: **L. A. Shuvalov**
With contributions by A. A. Urusovskaya, I. S. Zheludev, A. V. Zalesskii, S. A. Semiletov, B. N. Grechushnikov, I. G. Chistyakov, S. A. Pikin
ISBN 3-540-11517-X

Springer-Verlag
Berlin
Heidelberg
New York